高等职业教育通信类专业系列教材

光传输系统运行与维护

主　编　贾　璐
副主编　李元元
参　编　包晓蕾　殷　璆

机械工业出版社

本书按照最新的职业教育改革精神，结合近年来课程建设与改革经验编写。以城市光网的建设为背景，全面介绍了光传输网络的硬件结构和网络协议体系，并结合通信工程项目详细介绍了光传输设备的安装调测、光传输业务的开通、光传输系统的维护等方面的操作。引导学生在掌握光传输网络基本理论知识的基础上，重点掌握光传输系统项目施工维护中的各项技能。

本书可分为两个部分。第一部分为第1~5章，主要介绍光传输网络的基本理论知识，包括光纤通信技术的基本概念、光传输系统的通信线缆和发送接收设备、同步数字传输体制等。第二部分为第6~10章，主要介绍光传输系统工程实践操作技能，包括硬件安装、设备调测、业务开通、故障检测及例行维护等方面的技能。

本书可作为高等职业院校通信技术、计算机网络技术等专业的教学用书，也可作为光传输系统工程领域的技术参考用书。

为方便教学，本书有电子课件、课后练习题答案等，凡选用本书作为授课教材的老师，均可通过电话(010-88379564)或QQ(3045474130)咨询，有任何技术问题也可通过以上方式联系。

图书在版编目(CIP)数据

光传输系统运行与维护/贾璐主编. —北京：机械工业出版社，2012.10(2022.8重印)
高等职业教育通信类专业系列教材
ISBN 978-7-111-39935-3

Ⅰ.①光…　Ⅱ.①贾…　Ⅲ.①光通信—数字传输系统—高等职业教育—教材　Ⅳ.①TN929.11

中国版本图书馆CIP数据核字(2012)第234468号

机械工业出版社(北京市百万庄大街22号　邮政编码100037)
策划编辑：曲世海　责任编辑：曲世海
版式设计：霍永明　责任校对：佟瑞鑫
封面设计：赵颖喆　责任印制：常天培
固安县铭成印刷有限公司印刷
2022年8月第1版第6次印刷
184mm×260mm　14.25印张·349千字
标准书号：ISBN 978-7-111-39935-3
定价：45.00元

电话服务	网络服务
客服电话：010-88361066	机　工　官　网：www.cmpbook.com
010-88379833	机　工　官　博：weibo.com/cmp1952
010-68326294	金　　书　　网：www.golden-book.com
封底无防伪标均为盗版	机工教育服务网：www.cmpedu.com

前　言

光传输网是社会发展的重要基础，是国家工业化与信息化融合的重要纽带，也是三大电信运营商的各种业务的承载。目前，“宽带中国·光网城市”工程在全国各地全面实施，构建“百兆进户、千兆进楼、T级出口”的智能宽带网络，将打造一个以宽带化、IP化、扁平化、融合化为核心特征的可管可控的绿色高性能光通信网络。光传输网对国民经济和社会各领域的应用效果及辐射作用将日渐显著，为进一步推动社会信息化进程，实现国家发展做出应有贡献。

光纤通信技术的发展日新月异，传统的光纤通信方面的教材以及教学主要集中在理论部分，教学内容缺乏对相关设备和工程环境的介绍，与企业实际需求严重脱节。故编写一本讲述光传输网技术的教材是十分必要的，既可以使课程教学内容紧贴技术前沿，又能满足高职高专院校教学和职业岗位培训的需求。

本书由贾璐担任主编，李元元担任副主编，包晓蕾、殷瑮参与编写。其中第1、2、4章由贾璐编写，第5、6、7、9章由李元元编写，第3、10章由包晓蕾编写，第8章由殷瑮编写。

本书针对各个不同层级人才的技能要求，叙述内容由浅入深、循序渐进，选取案例贴近工程实际，是一部实用性很强的书籍。

本书邀请了企业专家共同参与编写，在编写过程中，企业专家不仅根据企业对人才岗位技能的要求，对编写大纲提出了很多宝贵的意见，而且提供了大量丰富的工程案例、设计文档、图片，使得本书内容更贴近工程实际。本书选取了大量来自一线工程的插图，使得教材的内容更加生动。本书的编写得到了深圳讯方通信技术有限公司在技术上的支持，在此表示衷心的感谢。

编　者

目　录

学习领域3 光传输系统业务开通

学习领域 4　光传输系统维护

学习领域 5　了解下一代光传输系统

学习领域1

认知光传输系统

第 1 章　光纤通信技术概述

1.1　光纤通信的基本概念

1.1.1　什么是光纤通信

通信科学的发展历史悠久。近代通信技术分为电通信和光通信两类，电通信又分为有线通信和无线通信。电通信已经是相当成熟的通信技术。光通信是利用光导纤维传输光波信号的通信方式，这种通信方式称为光纤通信，是当代通信技术发展的最新成就。

光波是电磁波，其频率比无线电波中的微波频率高 10^4 ~ 10^5 倍，光波范围包括红外线、可见光及紫外线。目前广泛使用的光纤通信工作在近红外区，波谱为 167 ~ 375THz，即波长为 0.8 ~ 1.8μm。光纤通信技术的发展十分迅速，并以其信息容量大、保密性好、体积小、重量轻、无再生中继距离长等优点得到了广泛的应用，已成为现代通信的主要支柱之一，发展前景十分广阔。

1.1.2　光纤通信的发展历史及现状

利用光进行通信并不是一个新概念，我国古代使用的烽火台就是大气光通信的最好例子。后来的手旗、灯光甚至交通红绿灯等均可划入光通信的范畴，但可惜它们所能传递的距离和信息量都是十分有限的。

近代光通信的雏形可追溯到 1880 年贝尔发明的光电话，他用阳光作为光源、硒晶体作为光接收检测器件，通过 200m 的大气空间成功地传送了语音信号。虽然在以后的几十年中，科技工作者对 Bell 的光电话具有浓厚的兴趣，但由于合适光源的缺乏及严重的大气衰减，这种大气通信光电话未能像其他电通信方式那样得到发展。

通信的容量通常用 BL 表示，B 为比特率，L 为中继距离。20 世纪，随着科学技术的进步，通信容量的发展十分迅速。

20 世纪后半叶人们开始认识到，如果用光波作为载波，BL 可能增加几个数量级，然而 50 年代还没有相干光源和合适的传输媒质。1960 年，激光器的发明解决了第一个问题，随后人们的注意力集中到寻找用激光进行通信的途径。20 世纪 60 年代，提出了许多方法解决光传输通道问题，其中最值得注意的是用气体透镜序列进行光限制传输。1966 年，英籍华人高琨博士提出光纤可能是最佳选择，因为它能像铜线传导电子那样导光。但主要的问题是光纤的高损耗，20 世纪 60 年代可能得到的光纤损耗超过了 1000dB/km。这一问题在 1970 年出现了突破，在 1μm 附近波长区光纤损耗降低到约 20dB/km。几乎在同时，室温下运行的 GaAs（镓砷）半导体激光器研究成功。小型光源和低损耗光纤的先后问世，在全世界范围内掀起了发展光纤通信的高潮。进展确实很快，在不到 20 年的时间，BL 增加了几个数量级，在技术上经历了各具特点的五个发展阶段（或五代光通信系统）。光通信整体发展时间表如图 1-1 所示。

1. 第一代光通信系统

紧随研究与发展的步伐，经过许多现场试验后，工作于 0.8μm 的第一代光通信系统于 1978 年正式投入商业应用，其比特率为 20 ~ 100Mbit/s，最大中继间距约为 10km，最大通信容量（BL）约为 500Mbit/s · km。与同轴电缆系统相比，其中继间距长，投资和维护费用低，因此它成为工程和商业运营的追求目标。

2. 第二代光通信系统

在1970年人们就认识到，使光波系统工作于1.3μm时，光纤损耗小于1.0dB/km，且具有最低色散，可大大增加中继距离，这推动了全世界努力发展1.3μm的InGaAs(铟镓砷)半导体激光器和检测器。并在1977年研制成功这种激光器。

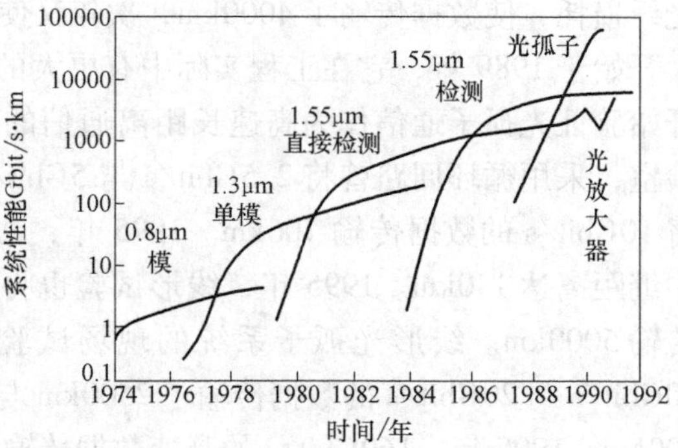

图1-1 光通信整体发展时间表

20世纪80年代初，早期的采用多模光纤的第二代光通信系统问世，其中继距离超过了20km，但由于多模光纤的模间色散，使早期系统的比特率限制在100Mbit/s以下。采用单模光纤能克服这种限制，一个实验室于1981年演示了比特率为2Gbit/s、传输距离为44km的单模光波实验系统，并很快引入商业系统，至1987年，1.3μm单模第二代光通信系统开始投入商业运营，其比特率高达1.7Gbit/s，中继距离约为50km。

3. 第三代光通信系统

第二代光通信系统中继距离受到1.3μm附近光纤损耗(典型值为0.5dB/km)的限制，理论研究发现，石英光纤最低损耗在1.55μm附近，实验技术上于1979年就达到了0.2dB/km的低损耗。然而由于1.55μm处高的光纤色散，而且当时多纵模同时振荡的常规InGaAsP(铟镓砷磷)半导体激光器的谱展宽问题尚未解决，这两个因素推迟了第三代光通信系统的问世。后来的研究发现，色散问题可以通过使用设计在1.5μm附近、具有最小色散的色散位移光纤(DSF)与采用单纵模激光器来克服。在20世纪80年代这两种技术都得到了发展，1985年的传输试验显示，其比特率达到4Gbit/s，中继距离超过100km。至1990年，工作于2.4Gbit/s、1.55μm的第三代光通信系统已能提供通信商业业务，这样的第三代光通信系统，通过精心设计激光器和光接收机，其比特率能超过10Gbit/s。

4. 第四代光通信系统

第四代光通信系统以采用光放大器(OA)增加中继距离和采用频分与波分复用(FDM与WDM)增加比特率为特征，这种系统有时采用零差或外差方案，称为相干光波通信系统，20世纪80年代在全世界得到了发展。在一次试验中利用星形耦合器实现100路622Gbit/s数据复用，传输距离为50km，其信道间串音可以忽略。在另一次试验中，单信道速率为2.5Gbit/s，不用再生器，光纤损耗用光纤放大器(EDFA)补偿，放大器间距为80km，传输距离达2223km。光通信系统采用相干检测技术并不是使用EDFA的先决条件。有的实验室曾使用常规非相干技术实现了2.5Gbit/s·4500km和10Gbit/s·1500km的数据传输，另一实验曾使用循环回路实现了2.4Gbit/s·21000km和5Gbit/s·14000km的数据传输。20世纪90年代初期，光纤放大器的问世引起了光纤通信领域的重大变革。

5. 第五代光通信系统

第五代光通信系统的研究与发展经历了20多年，已取得突破性进展。它基于光纤非线性压缩抵消光纤色散展宽的新概念产生的光孤子，可实现光脉冲信号保形传输，虽然这种基本思想1973年就已提出，但直到1988年才由贝尔(Bell)实验室采用受激喇曼散射增益补偿光纤损耗，使数据传输了4000km，次年又使传输距离延长到6000km。EDFA用于光孤子放大开始于1989年，它在工程实际中有更大的优点，自那以后，国际上一些著名实验室纷纷开始验证光孤子通信作为高速长距离通信的巨大潜力。1990～1992年，在美国与英国的实验室，采用循环回路曾将2.5Gbit/s与5Gbit/s的数据传输10000km以上。日本的实验室则将10Gbit/s的数据传输106km。1995年，法国的实验室则将20Gbit/s的数据传输106km，中继距离达140km。1995年，线形试验也将20Gbit/s的数据传输8100km，40Gbit/s的数据传输5000km。线形光孤子系统的现场试验也在日本东京周围的城域网中进行，分别将10Gbit/s与20Gbit/s的数据传输了2500km与1000km。1994年，80Gbit/s的高速数据传输了500km；1995年，160Gbit/s的高速数据传输了200km。

光通信技术得到巨大发展，目前世界通信业务的90%需经光纤传输。随着光通信系统技术的发展，光通信系统在通信网中的应用得到了相应的发展。现在世界上许多国家都将光通信系统引入了公用电信网、中继网和接入网中。但是目前这种奇特媒质的真正应用还仅仅是在现有电信网络的骨架结构内用光纤代替铜线，使通信网的性能得到了某种改善，降低了成本，而网络的拓扑基本上还是光通信出现之前的模式，光通信的潜力尚未完全发挥。在目前的通信网中，光纤通信技术应用尚属于一种经典应用，在通信的发展中属于第二代通信网（第一代为纯电信网）。进入20世纪90年代后，随着光纤与光波电子技术的发展，光子开关、光逻辑门、光互连、变频、路由器等许多新颖光纤与半导体功能光器件相继问世，在全世界范围内掀起了发展第三代通信网——全光通信网的潮流。这种通信网中，不仅用光波系统传输信号，交换、复用、控制与路由选择等亦全部在光域完成，由此构建真正的光通信网。光通信的发展至今不过50年，但其进展之快，对通信技术影响之大，始所未料，目前大量新的理论与技术研究和发展工作正在继续进行。

1.1.3 光纤通信系统的组成及分类

1. 光纤通信系统的组成

光纤通信系统组成如图1-2所示，主要包括光发射机、光接收机、光纤、中继器和光纤连接器、耦合器等无源器件。

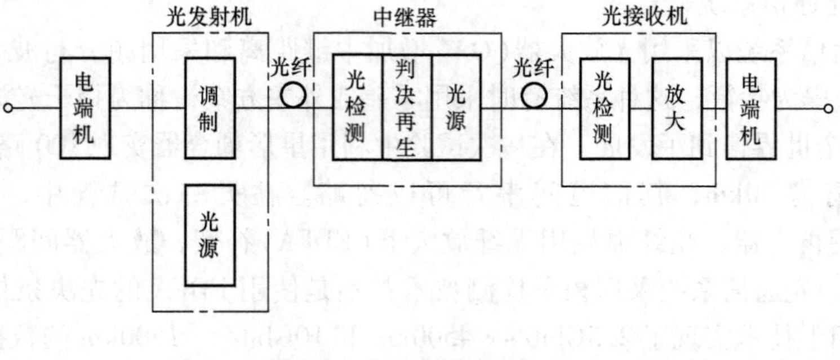

图1-2 光纤通信系统组成

（1）光发射机 光发射机是实现电/光转换的光端机。它由光源、驱动器和调制器组成。其功能是将来自于电端机的电信号对光源发出的光波进行调制，成为已调光波，然后再将已调的光信号耦合到光纤或光缆去传输。电端机就是常规的电子通信设备。

（2）光接收机 光接收机是实现光/电转换的光端机。它由光检测器和光放大器组成。其功能是将光纤或光缆传输来的光信号，经光检测器转变为电信号，然后，再将这微弱的电信号经放大电路放大到足够的电平，送到接收端的电端机去。

（3）光纤或光缆　光纤或光缆构成光的传输通路。其功能是将发信端发出的已调光信号，经过光纤或光缆的远距离传输后，耦合到收信端的光检测器上去，完成传送信息任务。

（4）中继器　中继器由光检测器、光源和判决再生电路组成。它的作用有两个：一个是补偿光信号在光纤中传输时受到的衰减；另一个是对波形失真的脉冲进行补偿。

（5）光纤连接器、耦合器等无源器件　由于光纤或光缆的长度受光纤拉制工艺和光缆施工条件的限制，且光纤的拉制长度也是有限度的(如1km)，因此一条光纤线路可能存在多根光纤相连接的问题。于是，光纤间的连接、光纤与光端机的连接及耦合，对光纤连接器、耦合器等无源器件的使用是必不可少的。

目前实用的光纤通信系统都采用直接检波系统。直接检波系统就是在发送端直接把信号调制到光波上，而在接收端用光电检波管直接把被调制的光波检波为原信号的系统。电端机就是一般电信号设备，例如载波机或电视图像发送与接收设备等。光端机则是把电信号转变为光信号的设备(光发射机)，或把光信号转变为电信号的设备(光接收机)。光发射机的作用是将发送的电信号进行处理，加载在半导体激光器上，使电信号调制光波，然后将此已调制光波送入光导纤维。已调制光波经光导纤维传送至光接收机的半导体光电管上检波，检波后得到的电信号经过适当处理再送接收电端机，然后按一般电信号处理。这就是整个光纤通信的过程，这个过程和一般无线电通信过程是十分相似的。当然，光纤通信的空间传输手段是光导纤维，这与一般无线电通信在空间传输电波的情况是不同的。

直接检波系统的基本优点是构成简单，就当前光波技术水平来讲现实可行。同时，由于光波频率极高，在这样的系统上传送上万路电话、几十路电视并不困难，完全可以满足目前通信的需要。因此直接检波系统是光纤通信当前较多采用的形式。

2. 光纤通信系统的分类

光纤通信系统可以按多种方式进行分类。

（1）按波长分类　可以分为短波长光纤通信系统、长波长光纤通信系统及超长波长光纤通信系统。

1）短波长光纤通信系统，工作波长为0.8～0.9μm，典型值为0.85μm，这种系统的中继距离较短，目前使用较少。

2）长波长光纤通信系统，工作波长为1.0～1.6μm，通常采用1.3μm、1.5μm两种波长。这类系统的中继距离较长，尤其是采用1.5μm零色散位移的单模光纤时，140Mbit/s系统的中继距离可达到100 km。

3）超长波长光纤通信系统，采用非石英光纤，例如卤化物光纤，当工作波长大于2μm时，衰减为10^{-2}～10^{-5}dB/km，可实现1000km无中继传输。

（2）按光纤的模式分类　可以分为多模光纤通信系统和单模光纤通信系统。

1）多模光纤通信系统，采用石英多模梯度光纤作为传输线路，因传输频率受限制，一般应用于140Mbit/s以下的系统。

2）单模光纤通信系统，采用石英单模光纤作为传输线，传输容量大，距离长，目前建设的光纤通信系统都是这一类型的。

（3）按光纤的传输信号分类　分为光纤模拟通信系统和光纤数字通信系统。

1）光纤模拟通信系统，它是用模拟信号直接对光源进行强度调制的系统。

2）光纤数字通信系统，它是用脉冲编码调制(Pulse Code Modulation，PCM)数字电信号直接对光源进行强度调制的系统，其通信距离长，传输质量高，是被广泛采用的系统。

(4) 按传输速率分类　分为低速光纤通信系统和高速光纤通信系统。

1）低速光纤通信系统，一般传输信号速率为2Mbit/s或8Mbit/s。

2）高速光纤通信系统，它的传输信号速率为34Mbit/s、140Mbit/s，有时把速率等于140Mbit/s和高于140Mbit/s的系统才称为高速通信系统，如1.5Gbit/s、2.5Gbit/s等。

(5) 按应用范围分类　分为公用光纤通信系统和专用光纤通信系统。

1）公用光纤通信系统，电信部门应用的光纤通信系统称为公用光纤通信系统，它包括光纤市话中继通信系统、光纤长途通信系统及光纤用户环路通信系统等。

2）专用光纤通信系统，指电信部门以外的各部门应用的光纤通信系统，例如电力、铁路、交通、石油、广播、银行、军事等部门应用的光纤通信系统，统称为专用光纤通信系统。

1.1.4 光纤通信技术的特点及应用

1. 光纤通信技术的特点

光纤通信技术之所以受到人们的极大重视，是因为和其他通信手段相比，其具有无与伦比的优越性，主要表现如下：

(1) 传输频带宽，通信容量大　目前使用的光波频率比微波高$10^3\sim10^4$倍，通信容量可增加$10^3\sim10^4$倍。理论上两根光纤可传送上百万个电话和上百套电话节目。目前已实验成可通数万路电话的系统。

(2) 中继距离远　光纤通信无中继的直通距离可比金属线缆远得多，目前可达100km以上，比同轴电缆大几十倍。

(3) 抗电磁干扰能力强，无串话　光纤是非金属的光导纤维，即使工作在强电磁场附近或处于核爆炸后强大的电磁干扰的环境中，光纤也不会产生感应电压、电流。这有利于传送动态图像(如可视电话和电视节目)，靠近高压输电线和与电气化铁道平行敷设，通信也不受干扰，适于在工厂内部的自动控制和监视系统中应用，也有利于在多雷地区、飞机上以及保密性要求强的军政单位使用。由于光纤信息限制在光纤内传输，不会逸出光纤，所以光缆的光纤之间不会“串话”，即没有纤间串扰，不易被窃听。

(4) 光纤细，光缆轻　光纤直径一般只有几微米到几十微米，相同容量话路光缆，要比电缆轻90%～95%(光缆的重量仅为电缆的1/10～1/20)，直径不到电缆的1/5，故运输和敷设均比铜线电缆方便，并利于在军用战斗机上作信号控制用。

(5) 资源丰富，节约有色金属和能源　光纤的纤芯和包层的主要原料是二氧化硅，资源丰富且价格便宜，取之不尽。而电缆所需的铜、铝矿产则是有限的，采用光纤后可节省大量的铜材。制造10000km光纤比10000km单管同轴铜线节约能源2.64×10^{11}J，折合标准煤为9×10^5kg。

(6) 均衡容易　在工作频带内，光纤对每一频率成分的损耗几乎是相等的，一般不需要在中继站和接收端采取幅度均衡措施。若需要均衡，一般也容易达到要求。

(7) 经济效益好　由于光纤通信具有通信容量大、中继距离长、节省有色金属和敷设方便等优点，因此，其经济效益十分明显。34Gbit/s以上光纤通信系统的价格比同轴电缆便宜30%以上。

（8）抗腐蚀、不怕潮湿　即使光纤因外保护层有小孔、裂缝而进水或受潮，也不会影响光的传递，但进水和受潮对金属导线意味着接地和短路。光纤系统也不存在发生火花的危险，安全性好。

2. 光纤通信技术的应用

光纤可以传输数字信号，也可以传输模拟信号。光纤在通信网、广播电视网与计算机网，以及在其他数据传输系统中，都得到了广泛应用。光纤宽带干线传送网和接入网发展迅速，是当前研究开发应用的主要目标。

光纤的应用主要体现如下：

1）光纤在公用电信网间作为传输线。由于光纤损耗低、容量大、直径小、重量轻和敷设容易，所以特别适合作为市内电话中继及长途干线线路，这也是光纤的主要应用场合。

2）局域网中的应用。这是一种把计算机和智能终端通过光纤连接起来，实现工厂、办公室、家庭自动化的局域网地区数字信息网。

3）光纤宽带综合业务数字网。光纤宽带综合业务数字网除开办传统的电话、高速数据通信外，还开办可视电话、视频会议、远程医疗、远程教育等大容量、高宽带业务。

4）光纤用户线。目前除发展光纤局域网外，还要建设和发展光纤用户线，以实现光纤到小区、光纤到楼、光纤到户。

5）满足不同网络层面的应用。光纤通信的发展方向是把光纤直接通往千家万户。为适应光传输网向更高速率、更大容量、更长距离方向发展，不同层次光通信网络对光纤要求也不尽相同，在核心层面、城域网层面、局域网层面，光纤通信都得到了广泛的应用。

6）应用于专网，作为危险环境下的通信线路。光纤通信主要应用于电力、公路、铁路、矿山等通信专网，诸如发电厂、化工厂、石油库等场所，对于防强电、防辐射、防危险化工品流散、防火灾、防爆炸是非常重要的。因为光纤不导电，没有短路危险，而且通信容量大，故最适合这类系统。

1.1.5　光纤通信的发展趋势

1. 光纤到户

现在移动通信发展速度惊人，但其带宽有限，终端体积不可能太大，显示屏幕受限，因此，人们依然追求性能相对占优的固定终端，希望实现光纤到户。光纤到户（FTTH）的魅力在于它有极大的带宽，它是解决从互联网主干网到用户桌面的“最后一公里”瓶颈现象的最佳方案。随着技术的更新换代，光纤到户的成本大大降低，不久可降到与 DSL 和 HFC 网相当，这使 FTTH 的实用化成为可能。据报道，1997 年日本 NTT 公司就开始发展 FTTH，2000 年后由于成本降低而使用户数量大增。美国在 2002 年前后的 12 个月中，FTTH 的安装数量增加了 200% 以上。在我国光纤到户也是势在必行，目前，我国从沿海到内地兴起光纤到户建设高潮。可以说，光纤到户是光纤通信的一个亮点，伴随着相应技术的成熟与实用化，成本降低到能承受的水平时，FTTH 的大趋势是不可阻挡的。

2. 全光网络

传统的光传输网实现了节点间的全光化，但在网络节点处仍使用电器件，限制了目前通信网干线总容量的提高，因此真正的全光网络成为非常重要的研究课题。全光网络以光节点代替电节点，节点之间也是全光化，信息始终以光的形式进行传输与交换，交换机对用户信息的处理不再按比特进行，而是根据其波长来决定路由。全光网络具有良好的透明性、开放性、兼容性、可靠性、可扩展性，并能提供巨大的带宽、超大容量、极高的处理速度、较低的误码率，网络结构简单，组网非常灵活，可以随时增加新节点而不必安装信号的交换和处理设备。当然，全光网络的发展并不可能独立于众多通信技术，它必须要与因特网、ATM网、移动通信网等相融合。目前，全光网络的发展仍处于初期阶段，但已显示出良好的发展前景。从发展趋势上看，形成一个真正的、以波分复用(WDM)技术与光交换技术为主的光传输网层，建立纯粹的全光网络，消除电光瓶颈已成为未来光通信发展的必然趋势，更是未来信息网络的核心，也是通信技术发展的最高级别，更是理想级别。

3. 向超高速系统的发展

目前，10Gbit/s系统已经开始大批量装备网络，主要在北美，在欧洲、日本和澳大利亚也已开始大量应用。但是，10Gbit/s系统对于光缆极化模式色散比较敏感，而已经敷设的光缆并不一定都能满足开通和使用10Gbit/s系统的要求，需要实际测试、验证合格后才能安装开通，它的比较现实的出路是转向光复用方式。光复用的方式有很多种，但目前只有波分复用(WDM)方式进入了大规模商用阶段，而其他方式尚处于试验研究阶段。

4. 向超大容量WDM系统的演进

采用电的时分复用系统的扩容潜力已尽，然而光纤的200nm可用带宽资源利用率低于1%，还有99%的资源尚待挖掘。如果将多个发送波长适当错开的光源信号同时在一级光纤上传送，则可大大增加光纤的信息传输容量。基于WDM应用的巨大好处及近几年来技术上的重大突破和市场的驱动，WDM系统的发展十分迅速。目前，全球实际敷设的WDM系统已超过3000个，而实用化系统的最大容量已达320Gbit/s(2×16×10Gbit/s)，美国朗讯公司已宣布将推出80个波长的WDM系统，其容量可达200Gbit/s(80×2.5Gbit/s)或400Gbit/s(40×10Gbit/s)。实验室的最高水平则已达到2.6Tbit/s(130×20Gbit/s)。预计不久的将来，实用化系统的容量即可达到1Tbit/s的水平。

5. 实现光联网

上述实用化的波分复用系统尽管具有巨大的传输容量，但基本上是以点到点通信为基础的系统，其灵活性和可靠性还不够理想。如果在光路上也能实现类似SDH在电路上的分插功能和交叉连接功能，则无疑将增加新一层的威力。根据这一基本思路，光联网既可以实现超大容量光传输网，使网络具备扩展性、重构性、透明性，又允许网络的节点数和业务量的不断增长，互连任何系统和不同制式的信号。

6. 开发新一代的光纤

传统的G.652单模光纤在适应上述超高速长距离传输网络的发展需要面已经暴露出力不从心的态势，开发新型光纤已成为开发下一代网络基础设施的重要组成部分。目前，为了适应干线网和城域网的不同发展需要，已出现两种不同的新型光纤，即非零色散光纤(G.655光纤)和全波光纤(无水吸收峰光纤)。其中，全波光纤将是以后开发的重点，也是现在研究的热点。从当前技术发展、成本及应用需求的实际状况看，它距离实现广泛应用于电信接入网这一最终目标还会有一个较长的发展过程。

7. IP Over SDH与IP Over Optical

以IP业务为主的数据业务是当前世界信息业发展的主要推动力，因而能否有效地支持IP业务已成为新技术能否有长远技术寿命的标志。目前，ATM和SDH均能支持IP，分别称为IP Over ATM和IP Over SDH，两者各有千秋。但从长远看，当IP业务量逐渐增加，需要高于2.4Gbit/s 的链路容量时，则有可能最终会省掉中间的SDH层，IP直接在光路上跑，形成时分简单统一的IP网结构(IP Over Optical)。各种IP传送技术都是将在电信网发展的不同时期和网络的不同部分发挥自己应有的作用，但从面向未来的视角看，IP Over Optical 将是最具有长远生命力的技术，特别是随着IP业务逐渐成为网络主导业务后，这种对IP业务最理想的传送技术将会成为未来网络特别是骨干网的主导传送技术。

1.2 光传输网的发展

1.2.1 光传输网的主要通信方式

光载波有无比巨大的通信容量，预测光通信的容量可达40000Gbit/s，如此巨大的天文数字通信容量正在奇迹般地一步一步变为现实，光纤通信未来的发展仍具有巨大的潜力。现有的光传输网络，采用的主要通信方式有以下3种。

1. 同步数字传输体制(SDH)

目前单通路光纤通信系统的实用化水平可达10Gbit/s，采用外调制技术、色散补偿技术和放大自发辐射(ASE)滤波等技术，可以达到40Gbit/s，目前可靠且无误码地传输40Gbit/s信号乃至40Gbit/s以上的信号的技术还处于实验阶段，马上成为商用系统还有一定的困难，但随着科技的不断进步将逐步商品化。

2. 光波分复用(WDM)

WDM系统目前从1528.77nm 到1560.61nm 信道间隔50GHz，可配置80个信道，考虑到未来光传输网的技术规范，只采用64波复用。考虑到多通道WDM受EDFA的可用带宽和窄带光滤器成本等各种技术上和经济上的限制，目前的实用水平已达40×10Gbit/s。实验室水平远远超过这一水平，西门子公司实验室已经完成了80×40Gbit/s 的传输实验；朗讯公司则采用80nm谱宽的光放大器创造了同时放大1022个波长的记录。WDM技术的发展方兴未艾，据估计，160×40Gbit/s 的商用技术不久也将成为现实。

3. 光纤接入网

由于光放大与光中继、色散补偿和抑制光纤非线性效应、光交换、光复用、全光纤器件和光互连与光处理等技术的发展，全光通信网络成为发展的必然趋势。

作为电信网的光纤接入网是当前研究的重要课题，光纤接入网是直接面向用户，通过光纤到路边(FTTC)、光纤到大楼(FTTB)、光纤到家庭(FTTH)等手段，为用户提供各种业务。

以上技术的实现依靠近年来光电子器件的迅速发展。由于光电子器件的发展，光纤通信的实验水平不断发展，也必将带动光纤通信商用系统水平的提高。

1.2.2 光传输网推动电信行业的发展

1. 电信行业面临的挑战

统计数据显示，因特网上的主机数目每年递增30%，主机连接数目每年增加70%，更为重要的是网络正在经历从窄带服务到宽带服务的转变，所有上述因素都使网络业务量每年仍然以高达50%～100%的速率持续增长。但正是蕴藏在电信行业发展之中的强劲内动力，使整个行业从业者普遍感觉到前所未有的发展压力。电信行业目前面临的真正问题在于，虽然电信业务量已经获得而且仍将获得持续增长，但这种业务的持续高增长并没有转化为运营商收入的相应持续高增长，这种情况使得整个电信行业表现出令人尴尬的“增量不增收”的情况。

从运营商的角度出发，导致出现这两种增长不一致的重要原因在于，由于因特网的发展，运营商网络接入收入扁平化，现有窄带用户即使升级为宽带用户也不会给运营商带来更大的额外收益。另外，特别是针对具体光传输网络而言，各大运营商前阶段在基础设施及设备上的过度投资，使光传输网络容量过度膨胀。虽然这种过剩情况将在最近几年时间中随着电信业务的增长而逐渐被消化，但由于这些业务增长主要集中在不能直接带来大量收益的数据业务，运营商的收入增长仍将在较低水平徘徊。因此，网络运营商面临的真正困难主要集中在以下两个方面：其一是如何有效地开发出能带来利润的新业务以弥补话音业务增长的不足；其二是在于怎样有效降低成本并构建出能承载上述新业务的下一代网络。

作为信息社会的支柱产业，整个电信产业实际上是一个包含网络运营商、服务提供商、设备制造商、产品以及器件供应商在内的价值链条。对作为电信价值链源头的网络运营商而言，目前的实际情况是，尽管已经采用了诸如新型高速接口和 WDM 技术等以降低网络成本，但这种成本的降低还不足以充分保证运营商收入的提高。在当前竞争愈加激烈的市场环境下，为获得长久持续的发展，电信价值链上的每一企业都需具备良好的发展策略。这里存在一种包含两个关键要点的普适原则：

1）采用新技术以大幅降低网络构建开销成本（Capital Expenditure，CAPEX）及网络运营维护成本（Operational Expenditure，OPEX）。

2）要能不断发掘并提供能带来收入增长的新型服务业务。

为满足上述指导策略的要求，电信价值链上的所有企业都必须做出改变。这种改变必将导致整个电信行业商业运作模式的转变（比如电信运营商由只关心电信网络的建设与运营转变为更加关心其能提供的业务及服务），同时也将导致当前电信网络的网络规则的巨大变化。

2. 电信行业规则的改变

随着电信行业技术进步及整个行业价值中心的转移，电信行业的网络规则也在发生巨大变化。从传统意义上讲，电信行业是一种为处于不同物理地点用户提供通信连接的服务，并根据服务来进行收费的行业。但最近随着电信新服务的广泛应用以及因特网的快速膨胀，用户已经把注意力从原先关注不同地点的物理连接性转移到关注网络运营商所能提供的业务及服务上，同时，电信行业的服务也出现了同物理地域无关的变化趋势。上述这两种变化趋势均导致电信行业的收入越加扁平化，而这种收入扁平化的趋势最终导致网络运营商的收入更多依靠其所提供的服务来决定。

除去上述网络收入规则的转变以外，电信行业的市场运作规则也发生了巨大改变。随着技术的进步及网络容量的飞速提升，电信行业已经从保障通信需求转变为鼓励消费者使用，电信市场正在经历从卖方市场到买方市场的巨大转变。在这一转变过程中，电信行业为持续获得更多的收入就需要鼓励消费者更多地使用网络，同时，消费者在需求增长的条件下也对网络的使用及服务提出了更高的要求，二者的综合作用使得电信行业在网络服务及使用水平方面获得了持续增长。目前，这种增长更多地体现为网络接入方式的更新与接入速率的提高，特别是体现在宽带接入方式的使用与推广上。除去宽带用户数目上的增长外，更为重要且影响更为深远的在于这种由窄带接入升级到宽带接入的速度正在加快。除去 xDSL 技术之外，在可预见的将来，基于 FTTH 技术的超宽带接入技术必将成为接入技术的主流。另外，未来消费者对移动宽带服务的需求也将是另外一个需求亮点，这种移动宽带技术将使个人随时随地无缝接入因特网成为可能。

除去宽带用户在数量上的增长，网络宽带服务在应用方面也获得了巨大的发展与提升，宽带服务已经催生出一系列新型网络服务及应用，这将极大地改变我们的工作和生活模式。在商业应用方面，基于 Internet 和 Web 的业务协作方法已经改变了从事商务活动和职业培训的模式；而利用基于宽带通信和无线技术的供应链管理(Supply Chain & Management,SCM)模型，能极大地提升整个生产流程的效率。同样，使用客户关系管理(Customer Relationship Management,CRM)模型将极大改善我们在客户关系管理、单对单市场开拓以及群体协作方面的工作业绩。除去在商务市场上的应用，新型网络业务与服务还能极大地丰富消费者的日常生活，可以构建出多种多样的虚拟社区，提供远程教育、远程医疗、电子商务，以及其他基于移动位置的服务。在这种应用服务模式下，网络的作用已经转变为提供多种交流的开放式平台，这种虚拟互动将在改变大众生活方式的同时为电信网络运营商带来新的利润增长。宽带网络中的新服务及新应用如图 1-3 所示。

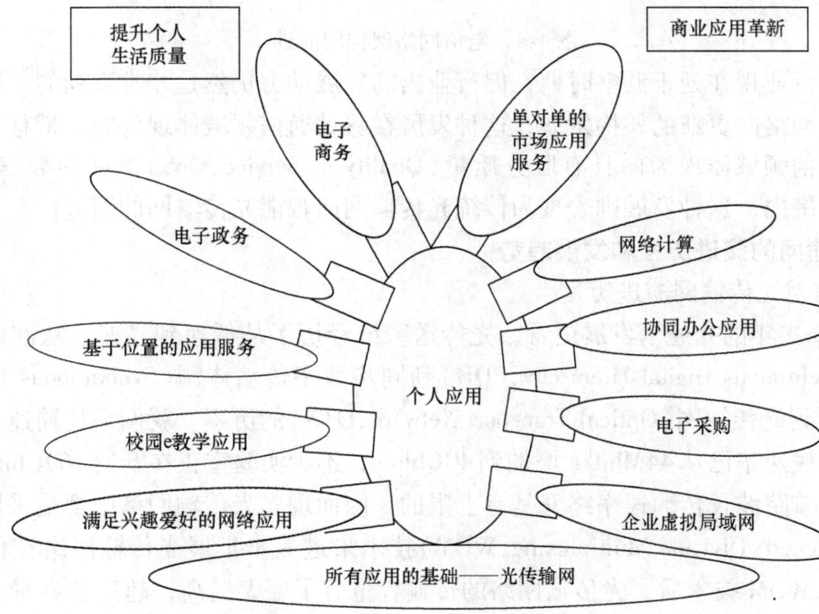

图 1-3　宽带网络中的新服务及新应用

综上所述，基于宽带技术的新应用不仅将改变网络，而且从这些具体网络应用中体现出来的消费者对网络应用及服务的关心更具现实意义。对网络运营商而言，能否提供这样的网络服务已经成为决定网络运营能否成功的关键。

3. 电信网络演进的动力

电信行业最近几十年以来一直是一个高速增长并充满变化的行业，同时电信行业又是一个同电信基础网络密切相关的行业。技术的进步推动了基础网络的变化，而基础网络的变化又作用于整个电信行业，这就造成电信行业中非常明显的技术与市场发展之间、网络架构与运营服务之间的共生互动影响。在影响网络发展的因素中，市场的力量无疑是最根本的和最为强大的，它不断推动网络的升级换代，促使网络架构(不论是光传输网还是无线网络)大约每 10 年就出现一次大的变化。于是，20 世纪 80 年代我们看见 SONET/SDH 网络的广泛应用，看见模拟移动通信的商业运营以及 X. 25 数据网络的大范围使用；而在 20 世纪 90 年代，我们则又见证了密集波分复用系统以及第二代无线网络和因特网的成功商用。

在具体分析电信网络演进的整个历程后我们可以发现，有三种因素对于网络演进进程影响非常巨大，这三种因素分别是：业务的增长、新业务的发展以及新技术的进步。上述三种影响因素并不是互相独立的，它们综合作用于网络，共同推动网络向新的方向演进。例如设备供应商之间的竞争以及技术的进步必将导致通信设备及系统价格的降低，而这种价格的降低又将刺激业务的增长，推动新型通信业务的发展，从而产生出新的通信需求。电信网络架构的演进如图 1-4 所示，图中简要表示出了这三种影响因素之间的相互作用关系。

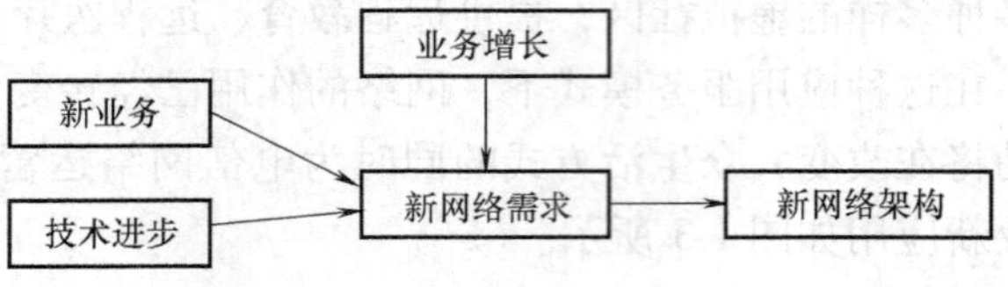

图 1-4 电信网络架构的演进

虽然电信行业现在处于调整时期，但行业内的发展动力仍然是非常强劲的。这种发展动力推动着电信网络向更新的架构发展，这种发展在移动通信领域体现为向宽带移动通信的发展；在数据通信领域体现为向具有服务质量（Quality of Service，QoS）保证的数据网络发展；而在光通信范围内，这种发展则表现为传统光传输网向智能光传输网的演进。

1.2.3 光传输网的演进历程和发展趋势

1. 光通信与光传输网演进历程

从过去 20 多年的光通信发展史看，光传送系统经历了从低速到高速、从准同步数字传输体制（Plesiochronous Digital Hierarchy，PDH）到同步数字传输体制（Synchronous Digital Hierarchy，SDH）再到光传输网（Optical Transport Network，OTN）的历程。就网络传输速率而言，光传输网络的传输速率已从 44Mbit/s 增加到 40Gbit/s，不少实验室正在开发 160Gbit/s 的系统。然而，考虑到单路波长传输速率终究是有上限的，因而现实光传输网络中都是采用基于光波分复用（Wavelength Division Multiplexing，WDM）技术来进一步扩展光传输网络在传输容量上的潜力。采用 WDM 技术后，光传输网络的传输容量有了巨大提高，超高速容量系统的记录不断被刷新。

虽然现在传输网络在传输能力上取得了如此巨大的发展，但网络的现实情况并不仅仅是由传输技术所单独驱动的。目前，尽管光传输网中的话音业务继续保持稳定增长，但增长幅度已有所减缓，同时随着数据业务的飞速膨胀，现有业务中 IP 业务所占比重已变得越来越大。对运营商而言，现实情况决定了当前传送技术必须是整合了 IP 技术、SDH 技术和 WDM 技术的综合传送技术。

SDH 技术最初是为传递 64kbit/s 的话音业务而设计的，具有严格的同步复用结构。它的最小复用速率为 155Mbit/s（STM-1/OC-3），现在 SDH 的传输速率已经高达 10Gbit/s（STM-64/OC-192）甚至是 40Gbit/s（STM-256/OC-768）。除去传输容量的增加与提升外，网络业务的进一步增加以及 WDM 技术的成熟与广泛应用，均推动越来越多的 SDH 传输网络构建于 WDM 系统之上。随着光传送技术的发展与完善，光复用传送技术已经在光传输网络占据了越来越重要的地位，它不仅承载着传统话音业务，而且还担负着为相邻 IP 客户设备（诸如

IP 路由器）建立大容量传输链路的作用。

就目前的 WDM 系统而言，它仍然是由手工配置的，其网络组成结构比较僵化和固定。但随着可重复配置的光分插复用器（Optical Add-Drop Multiplexer, OADM）以及光交叉连接器（Optical Cross Connector, OXC）的使用，这种固定 WDM 系统已向波长路由网络（Wavelength Routed Network, WRN）发生了转变，即光传输网已不再仅仅局限于传送功能，它已具备了网络交换及组网功能。同时，光器件技术的进步也赋予光传输网以新的动力；光分插复用器和光交叉连接器的引入推动着当前光传输网由环网向网状网转变，这种变化类似于当年 SDH 网络中分插复用器（Add-Drop Multiplexer, ADM）和数据交叉连接器（Data Cross Connecter, DXC）推动 SDH 网络由环网向网状网转变。

在上述转变过程中，OXC 将起到非常重要和关键的作用。对 OXC 而言，它又根据交换矩阵中这种交换是否经过光/电转换被划分为全光 OXC（All Optical OXC）和光/电转换 OXC（OEO OXC）。由于在全光 OXC 中省去了昂贵的光/电接收转换模块，因此全光 OXC 的成本比经过光/电转换的 OXC 节省很多。

但目前由于大规模纯光交换矩阵技术尚不成熟，并且现在仍需对信号进行再生整理，因此对器件技术来说仍然需要光/电转换。同时如果全部采用纯光交换，势必导致光传输网中出现波长连续性受限问题，这将给本已非常复杂的网络控制与管理问题又增加了复杂度，因此这些现实的局限性和需求都决定了目前所应用的 OXC 仍然是光/电转换 OXC。

2. 光传输网迈向智能化的趋势

从对数据业务的承载方面来讲，传统的光传输网是为传送话音业务而设计的，承载话音业务的连接建立之后很少发生变动，所以传统的光传输网通常采用集中式的控制模式，通过网管系统来静态地配置光通道，周期通常为几天，甚至数周。显然，这对于具有很强突发特性的数据业务来讲是无法接受的。为了有效地承载数据业务，光传输网要能够根据用户实时的需求动态地创建、拆除和修改连接，能够接受的时间约束通常只有几秒到几分钟。另外，传统的以环形网为主的光传输网在应对高速增长的数据业务的同时，会遇到可扩展性的问题。首先，环形网的建设周期较长，使得在竞争激烈的市场上往往失去最好的投资机会；第二，在网络扩容时，某些节点之间可能并不需要太大的容量，但是建设环形网通常要求所有相邻节点之间都要配置相同的资源，这样势必造成环形网某些资源的闲置；此外，在管理那些跨越多个环形网的业务时，方案的实现也非常复杂。

从网络的控制方式来讲，传统光传输网中的控制和管理一般都是集中式的，如果中央控制节点发生故障，将有可能导致全网瘫痪。虽然在设计这种集中式网络控制系统时可以采取一些备份措施来克服这些问题，但是集中式控制生存特性和扩展性还是远远不如分布式控制。

从提供给用户的服务质量方面来说，传统的光传输网为用户提供多种 QoS 服务的能力是有限的。虽然以环形网为主的 SDH 网络和 WDM 网络可以为建立的连接提供多种保护措施，但是无法提供更多不同的 QoS 服务。

从业务的保护恢复机制上来考虑，传统光传输网所提供的保护机制主要是环形网保护，这种方式虽然能够快速实现业务保护，但它是以牺牲网络 50% 的资源换得的，因此会给运营商带来竞争上的压力。同时，面对网络上承载的越来越多的不同类型业务，这些业务对保护恢复的要求是不同的，比如话音业务要求在 50ms 以内得到恢复，而电子邮件等非即时业务能够容忍的恢复时间就非常长，这就要求光传输网能够提供更多的保护恢复方式，特别是提供更加灵活的恢复机制，不仅能在较短的时间内恢复中断的业务连接，而且能够有效地节省网络资源。

最后从市场竞争的角度来讲，运营商期望能够进一步降低光传输网的运行和维护成本，深入挖掘光传输网的价值，希望能够直接在光层提供诸如带宽分配以及光虚拟专用网等新的增值业务。但是由于传统光传输网缺乏智能控制功能，所以业务提供的成本非常高，另外也缺少支持部署新业务的能力和手段，比如计费能力及策略控制能力等。

课后练习题

1. 填空题

（1）目前广泛使用的光纤通信工作在近红外区，波谱为________，即波长为________。

（2）光纤通信系统按波长分类，可以分为________________。

2. 选择题

（1）光纤通信是以(　　)为载体，光纤为传输媒体的通信方式。

A. 光波　　B. 电信号　　C. 微波　　D. 卫星

（2）以下不是光纤通信系统的组成部分的为(　　)。

A. 光发送机　　B. 光接收机　　C. 光中继器　　D. 光衰减器

3. 简答题

（1）简述光纤通信系统的特点。

（2）光传输网有哪几种主要的通信方式?

第 2 章　光传输系统通信线缆

2.1　光纤与光缆

光纤是一种传输光波的细而柔韧的媒质，而光缆由一捆光纤组成。与铜缆相比，光缆本身不需要电能，虽然在建设初期所需的连接器、工具和人工成本很高，但其不受电缆干扰的影响，具有更高的数据传输速率和更远的传输距离，并且不用考虑接地问题，对各种环境因素具有更强的抵抗力。这些特点使光缆成为目前通信系统中常用的传输介质之一。

2.1.1　光纤的基本知识

1. 光纤的导光原理

光线在不同的介质中以不同的速度传播，看起来就好像不同的介质以不同的阻力阻碍光的传播，描述介质这一特征的参数就是折射率。如果 v 是光在某种介质中的速度，c 是光在真空中的速度，那么折射率 n 可由下式确定：

$$n = \frac{c}{v}$$

不同介质的折射率见表 2-1。

表 2-1　不同介质的折射率

材料	空气	水	石英	玻璃	钻石
折射率	1.003	1.33	1.43	1.52 ~ 1.89	2.42

通常，当一束光线照射到两种介质相接的边界时，入射光线分成两束：反射光线和折射光线。光的反射和折射如图 2-1 所示。

假设图中入射角用 θ_1 表示，折射角用 θ_2 表示，反射角用 θ_3 表示，那么菲涅尔定律给出了这些光线的方向规则。

$$\theta_1 = \theta_3$$

$$n_1 \sin\ \theta_1 = n_2 \sin\ \theta_2$$

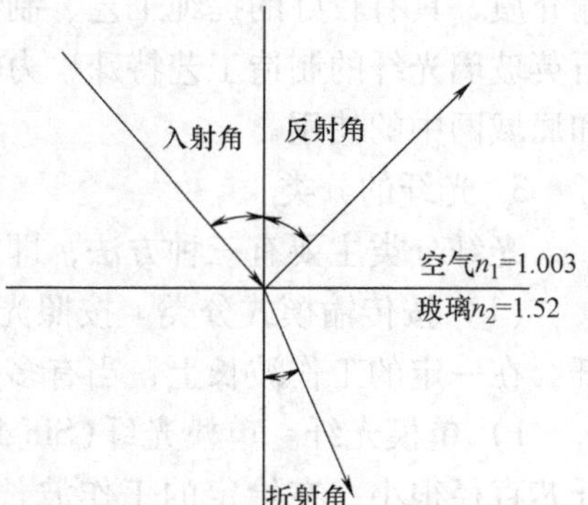

图 2-1　光的反射和折射

当光从折射率较大的介质（如玻璃）进入折射率较小的介质（如空气）时，会出现全反射现象，如图 2-2 所示。当入射角 θ_1（如图中虚线箭头）达到一定值时，折射角（如图中虚线箭头）等于 90°，光不再进入第二种介质，这时入射角被称为临界角 θ_c。如果再继续增大入射角使 $\theta_1 > \theta_c$，所有的光将反射回入射介质，这一现象称为全反射现象。光波在光纤中传播的原理就是利用全反射现象。

2. 光纤的结构

光纤是光导纤维的简称，它是一根像头发那么粗细的透明玻璃丝，是一种新的光波导。光纤呈圆柱形，由纤芯、包层、涂覆层和护套 4 部分组成，光纤的结构如图 2-3 所示。

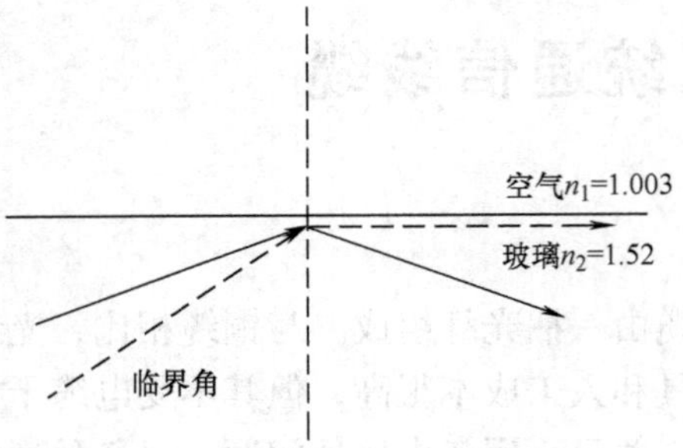

图 2-2　全反射现象

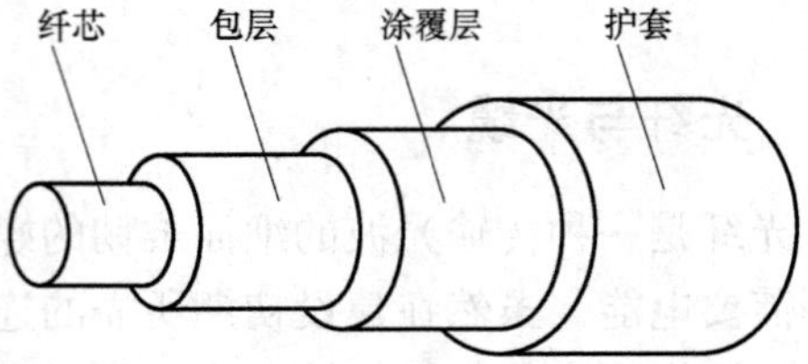

图 2-3　光纤的结构

纤芯位于光纤的中心部位(多模光纤纤芯的标称直径为50μm 或62.5μm,单模光纤的纤芯直径为5~10μm),纤芯的主要成分是高纯度二氧化硅。此外还有少量掺杂剂,其作用是提高纤芯对光的折射率,用于传输光信号。

包层位于纤芯的周围(直径为125μm),其成分也是含有极少量掺杂剂的高纯度二氧化硅。其掺杂剂的作用则是适当降低包层对光的折射率,使之低于纤芯的折射率,这是光纤结构的关键,它使光信号封闭在纤芯中传输。

光纤的最外层为涂覆层,包括一次涂覆、缓冲层和二次涂覆。由纤芯和包层组成的光纤称为裸纤。实际使用的裸纤的强度较差,尤其是柔软性很差。为了达到实际使用的要求,在光纤制造过程中,裸光纤在高温出炉后需要进行涂覆,一般为丙烯脂酸、环氧树脂等材料,涂覆后的光纤更坚固,可以用于制造光缆,满足通信传输线的要求。

护套的作用是更进一步保护光纤。

目前,石英材料是制作光纤的首选材料,这是由于石英玻璃是目前光信号的最佳固体传输介质,具有较好的提纯工艺、制棒技术和良好的传输特性、光学特性及化学稳定性。但是石英玻璃光纤的制造工艺特殊,力学性能差,需要专门的接续设备,因此制约了它在接入网和局域网中的使用。

3. 光纤的分类

光纤分类主要有三种方法,即按传输模式、按折射率分布和按波长分类。

(1) 按传输模式分类　按照光纤传输的模式数量,可以将光纤分为多模光纤和单模光纤。在一定的工作波长上,当有多个模式在光纤中传输时,则这种光纤称为多模光纤。

1) 单模光纤。单模光纤(Single Mode Fibre,SMF)的纤芯直径很小,在给定的工作波长上只能以单一模式传输,传输频带宽,传输容量大。光信号可以沿着光纤轴向传播,因此光信号的损耗很小,离散也很小,传播的距离较远,单模光纤跳线如图 2-4 所示。受限于单模光纤偏振模色散(Polarization Mode Dispersion,PMD),单模光纤的建议芯径为8~10μm,包括包层直径为125μm。

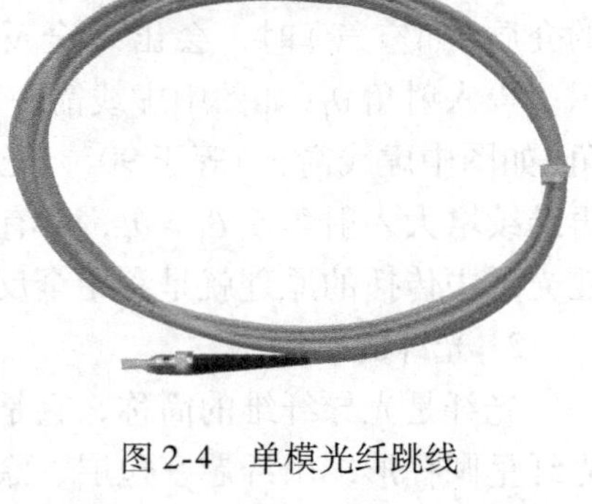

图 2-4　单模光纤跳线

2) 多模光纤。多模光纤(Multi Mode Fibre,MMF)是在给定的工作波长上,能以多个模式同时传输的光纤。多模光纤的纤芯直径一般为50~200μm,而包层直径的变化范围为125~230μm,多模光纤跳线如图 2-5 所示。在计算机局域网中一般使用纤芯直径为62.5μm、包层为125μm的光纤。与单模光纤相比，多模光纤的传输性能要差。

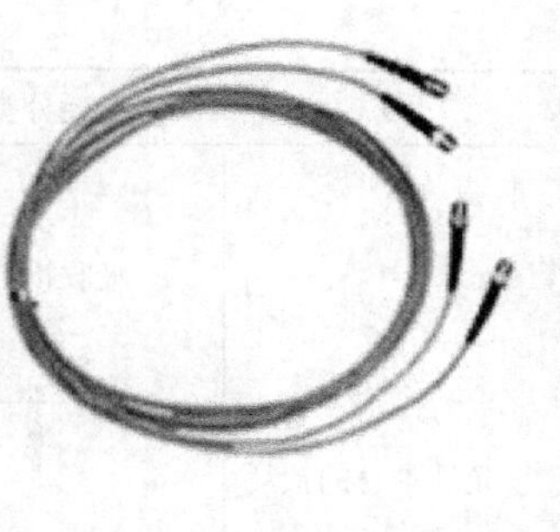
图2-5　多模光纤跳线

（2）按折射率分布分类　多模光纤按折射率分布，可分为多模跳变折射率光纤和多模渐变折射率光纤。

1）多模跳变折射率光纤纤芯的折射率和保护层的折射率都是常数。在纤芯和保护层的交界面上，折射率呈阶梯形变化。多模跳变折射率光纤的折射率分布如图2-6所示。

2）多模渐变折射率光纤纤芯的折射率随着半径的增加而按一定规律减小，到纤芯与保护层交界处减小为保护层的折射率。多模渐变折射率光纤的折射率分布如图2-7所示。纤芯的折射率的变化是近似抛物线。由于渐变折射率光纤具有透镜那样的“自焦距”作用，对光脉冲的展宽也就比跳变折射率光纤小得多，因此光信号传输距离较长，目前使用的多模光纤均为此类。

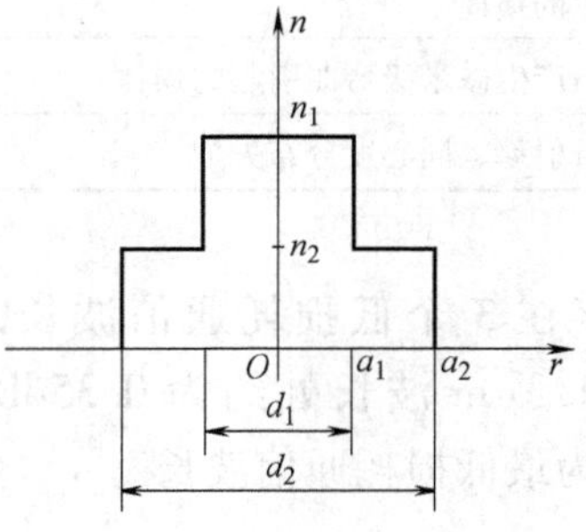

图2-6　多模跳变折射率光纤的折射率分布

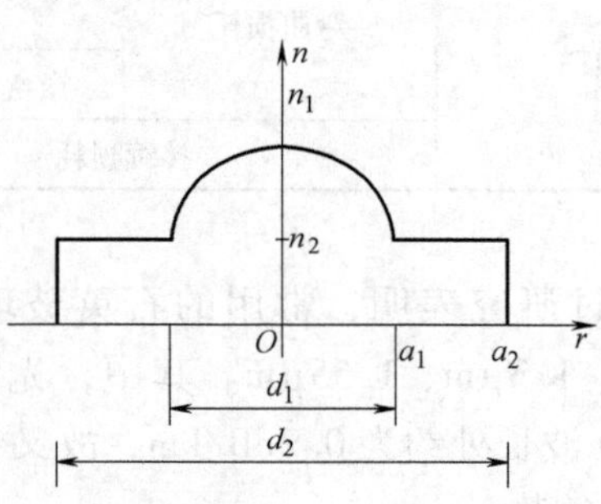

图2-7　多模渐变折射率光纤的折射率分布

（3）按波长分类　光纤按波长可分为短波长光纤（0.85μm）、长波长光纤（1.3～1.6μm）和超长波长光纤（2μm）。

2.1.2　光纤的传输特性

耦合进光纤的光脉冲在光纤中传输时，会受到光纤自身传输特性（衰减、色散、非线性效应）的影响，随着传输距离的增加，信号存在功率损耗、波形畸变和展宽等效果的累计，严重时甚至会造成接收端的判决错误。因此，研究光纤的传输特性可以理解这些问题产生的原因，从而采用相应的技术解决长距离、高速、无误码的传输要求。

1. 衰减

光波在光纤中传输时，光功率随着传输距离的增加会减少，称为光纤的衰减，又称损耗。若长度为L的光纤发送端功率记为P_0，接收端功率记为P_L，则定义光纤的衰减系数α的计算公式为

$$\alpha = \frac{(P_0 - P_L)}{L}$$

式中，α是衰减系数，单位为dB/km；L是光纤长度，单位为m；P_L是接收端功率，单位为dB；P_0是发送端功率，单位为dB。

引起光纤传输损耗的原因很多，主要可以从光纤的材料、结构和应用等方面考虑，主要包括吸收损耗、散射损耗、弯曲损耗及接续损耗。光纤损耗产生的原因见表2-2。

表 2-2 光纤损耗产生的原因

损耗分类			损耗产生的具体原因
光纤本身的损耗	吸收损耗	杂质吸收	金属离子吸收 氢氧根离子吸收
		本征吸收	紫外吸收 红外吸收
	散射损耗	波导结构散射	折射率分布不均匀 光纤芯径分布不均匀 纤芯与包层界面分布不均匀
		固有散射	瑞丽散射 拉曼散射 布里渊散射
应用损耗	弯曲损耗	宏弯损耗	敷设和安装光缆时，光纤的弯曲半径小于容许的弯曲半径所产生的损耗
		微弯损耗	光纤轴向产生微米级弯曲引起的损耗
	接续损耗		芯径、折射率、同心度分布失配

经过研究表明，常用的石英玻璃在近红外波段存在 3 个低损耗通信波长，分别为 0.8μm、1.3μm、1.55μm。其中，光纤的衰减系数在 1.3μm 波长处约为 0.35dB/km，在 1.55μm 波长处约为 0.2dB/km，故又将 1.55μm 波长称为最低损耗通信波长。

2. 色散

色散是指光纤对于在其中传输的光脉冲在时域上的展宽作用，这种展宽作用会带来信号畸变，失去原来的形状，同时造成前后发出的脉冲相互叠加，在接收端造成判决错误，导致通信系统的误码增加，限制了系统的传输速率、中继性能和误码性能。

光纤的色散主要有模式色散、材料色散、波导色散和偏振色散组成。光纤色散产生的原因见表 2-3。

表 2-3 光纤色散产生的原因

色散分类		色散产生原因
多模光纤的主要色散	模式色散	由于传播模式的不同而引起的传播速度的不同，进而发生波形的展宽
单模光纤的主要色散	材料色散	光纤材料的折射率随所传输光的波长而变化引起的
	波导色散	又称结构色散，与光纤的几何结构、纤芯尺寸、几何形状及相对折射率等因素有关
	偏振色散	由于光纤结构和材料上的不对称性，或者是光纤受到的外力挤压、应力等造成光纤失去对称结构

多模光纤的模式色散比较严重，限制了多模光纤的传输带宽。目前，多模跳变折射率光纤已不再使用，而另一种多模渐变折射率光纤，通过设计纤芯的折射率分布，可以减小模式色散，带宽比多模阶跃型光纤高 1 ~ 2 数量级。因此目前所使用的多模光纤一般为多模渐变折射率光纤。

而对于单模光纤，因为它的纤芯直径细，仅有唯一的传播模式，故不存在模式色散，总色散较小，因而具有较高的带宽。单模光纤存在的主要色散为较小的材料色散、波导色散和偏振色散，而其中材料色散和波导色散均与波长有关，又称色度色散。一般而言，1.3μm通信波长的光纤色散要小于1.55μm通信波长的光纤色散，故又称1.3μm通信波长为零色散通信波长。

在一定的波长范围内，单模光纤的波导色散与材料色散相反为负值，因此通常采用复杂的折射率分布形状和改变剖面结构参数的方法获得适量的负波导色散来抵消石英玻璃的正色散，可以达到移动零色散波长点的位置，使光纤的总色散在所希望的波长上实现零色散，通常可在1.55μm波长实现。正是通过这种方法，制造出了色散位移光纤、非零色散位移光纤等其他在1.55μm通信波长处同时具有低损耗和低色散的光纤。

2.1.3　光纤的类型

随着光通信技术的迅猛发展和广泛应用，有力地促进了光纤制造技术的快速发展，因此出现了很多不同类型的光纤，它们具有不同的性能，适应不同的应用目标。

国际电信联盟电信标准化组织ITU-T对光纤有一系列的建议，根据ITU-T G系列建议编号计划，光纤光缆的编号为G.650～G.659，均表示单模光纤的分类号。由于只有非常有限的10个号码，因此，在每种分类中还使用了A、B、C、D等子类，规范细分的光纤子类。

根据国际电工委员会(IEC)标准，按光纤所用材料、折射率分布、零色散波长等因素，将光纤分三大类：A类为多模光纤，B类为单模光纤，C类为弯曲损耗不敏感光纤。

IEC对A类多模光纤的分类见表2-4，ITU-T和IEC对单模光纤的分类见表2-5。

表2-4　IEC对A类多模光纤的分类

类别	材料	类型	类别	材料	类型
A1	玻璃芯/玻璃包层	渐变折射率光纤	A3	玻璃芯/塑料包层	跳变折射率光纤
A2	玻璃芯/玻璃包层	跳变折射率光纤	A4	塑料	塑料光纤

表2-5　ITU-T和IEC对单模光纤的分类

光纤名称	ITU-T标准	IEC标准
常规单模光纤	G.652A、G.652B	B1.1
波长扩展的常规光纤	G.652C、G.652D	B1.3
截止波长位移单模光纤	G.654	B1.2
色散位移单模光纤	G.653	B2
非零色散位移单模光纤	G.655	B4
带宽光传输非零色散单模光纤	G.656	B5
弯曲损耗不敏感单模光纤	G.657	C1、C2、C3、C4

1. A1型多模光纤

IEC定义A1型多模光纤为渐变折射率光纤，将A1型多模光纤按照纤芯/包层尺寸进一步分为4种，即A1a、A1b、A1c、A1d。A1型多模光纤的特性参数见表2-6。ITU-T只定义了50μm/125μm的多模光纤G.651.1，而并未定义其他类型多模光纤的型号。

表 2-6 A1 型多模光纤的特性参数

类 型	纤芯直径/μm	包层直径/μm	数值孔径/μm
A1a	50	125	0.2
A1b	62.5	125	0.275
A1c	85	125	0.275
A1d	100	140	0.316

2. G.652 型常规单模光纤

G.652 型常规单模光纤也称非色散位移光纤，于 1983 年开始商用。其零色散波长在 1310nm 处，且衰减较小，约为 0.36dB/km；在波长为 1550nm 处衰减最小，约为 0.25dB/km，但有较大的正色散，大约为 18ps/(μm·km)。工作波长既可选用 1310nm，也可选用 1550nm。这种光纤是使用最为广泛的光纤，它在世界各地敷设数量已高达 7000 万 km 之多，绝大多数光纤通信系统都采用 G.652 型光纤，这些系统包括 1310nm 和 1550nm 窗口的高速数字系统。传输速率在 2.5Gbit/s 以下一般是衰减限制系统，而 10Gbit/s 及其以上的为色散限制系统。G.652 型光纤工作波长在 1550nm 时的大色散阻碍了其在高速远距离通信中的应用。

3. G.653 型色散位移单模光纤

G.653 型色散位移单模光纤是在 G.652 型常规单模光纤的基础上，通过改变光纤的结构参数、折射率分布形状来加大波导色散，从而将最小零色散点从 1310nm 移到 1550nm，实现 1550nm 处最低衰减和零色散波长一致。这种光纤适合长距离高速光纤通信系统。

4. G.654 型截止波长位移单模光纤

G.654 型截止波长位移单模光纤是 1550nm 最低衰减单模光纤，达到 0.18dB/km。这种光纤采用纯石英玻璃作为纤芯和渗氟的凹陷包层来减少光纤损耗，主要应用在长距离通信中，价格较贵。

5. G.655 型非零色散位移单模光纤

G.655 型非零色散位移单模光纤是专门为新一代光放大密集波分复用传输系统设计和制造的新型光纤，属于色散位移光纤，但是在 1550nm 处色散不是零值，用以平衡四波混频等非线性效应，使其能用于高传输速率(10Gbit/s)、大容量、密集波分复用的长距离光纤通信系统中。

6. G.656 型带宽光传输非零色散单模光纤

G.656 型带宽光传输非零色散单模光纤是对 G.655 型非零色散位移单模光纤进一步改进的光纤，使色散变化维持在一个更小的范围内，支持传输速率为 40Gbit/s 的大容量传输系统的应用。

7. G.657 型弯曲不敏感单模光纤

随着接入网中的光纤化实施，由于接入网络的安装环境狭窄，施工困难，需要弯曲性能良好的光纤光缆，因此，ITU-T 研究制定了弯曲不敏感单模光纤的技术标准。G.657 型光纤是在 G.652 型光纤的基础上开发的一个光纤品种，这类光纤具有优异的耐弯曲特性，其弯曲半径可达到常规单模单模光纤的 1/4 ~ 1/2。

8. A4 型塑料光纤

塑料光纤发明于20世纪60年代，曾广泛应用于传感器、照明和装饰等方面，但在电信领域直到含氟塑料的应用和渐变折射率的开发，才使得塑料光纤得到了更广泛的应用。

塑料光纤按折射率剖面结构可分为两种：跳变折射率多模塑料光纤和渐变折射率多模塑料光纤。塑料光纤是一种多模光纤，可用于FTTD接入方案中(即光纤到办公桌)。采用全氟化聚合物制造的光纤，传输速率可达3Gbit/s，可用于短距离光通信中。预计在光纤到户后，这类光纤将得到更多应用。

2.1.4 光缆的结构和型号

经过涂覆后的光纤虽然具有一定的抗张强度，但还是比较脆弱，经不起弯曲、扭曲和侧压力的作用，因而只能用于机房中做跳线。为了能够使光纤用于复杂环境条件下的通信，又便于敷设施工，需要给光纤提供一定的保护结构，这种保护结构就称为光缆。光缆的结构如图2-8所示。

图2-8 光缆的结构

1. 光缆的结构

光缆一般由缆芯、加强元件、护层和填充物等几部分组成，另外根据需要还有防水、缓冲、绝缘金属导线等构件。

(1) 缆芯 缆芯的作用是妥善安置光纤，使光纤在一定外力下仍能保持优良的传输性能。套塑后的光纤芯线以不同的形式组合在一起构成缆芯。当前，缆芯的基本结构主要有层绞式、骨架式、束管式和带状式4种。我国当前使用最多的为层绞式和束管式，而带状光缆由于可以容放较多的光纤，也得到越来越多的应用。

层绞式光缆类似于传统的电缆结构，目前应用最为广泛。随着光纤数的增多，出现单元式绞合，即一个松套管就是一个单元，其内部可以有多根光纤。生产时先集合成单元，挤制松套管，再将松套管扭绞在中心加强元件周围，用包带方法固定，然后绞合护层成缆。层绞式光缆的结构如图2-9所示。目前松套一管多纤式的结构得到了大量的使用。

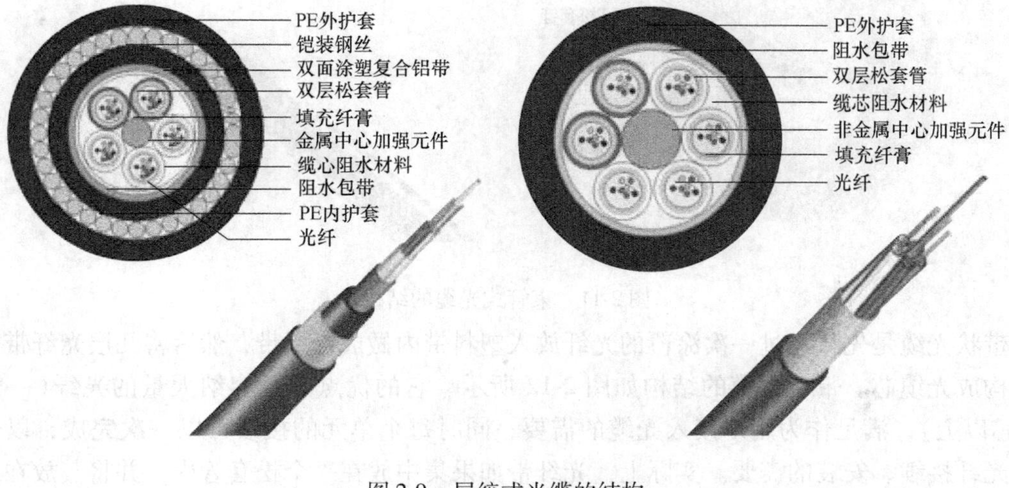

图2-9 层绞式光缆的结构

骨架式光缆的光纤置放于塑料骨架的槽中，槽的横截面可以是V形、U形或其他合理的形状、槽纵向呈螺旋形或正弦形。骨架式光缆的结构如图2-10所示。早期，一个空槽只可以放置一根光纤，可以是一次涂覆光纤也可以是紧套光纤。目前的趋势是放置一次涂覆光纤，且一个槽可放置 5 ~ 10 根光纤，为了识别纤序，要用色谱标志。也有放置光纤带的，即在一个槽内放置若干光纤带，从而构成大容量的光缆。槽的数目可根据光纤数设计，一个槽可容纳数十根到上千根纤。如果是放置一次涂覆光纤，槽内应填充油膏以保护光纤，这时槽的作用类似于松套管。这种结构简单，对光纤保护较好，耐压，抗弯性能较好，节省了松套管材料和相应的工序。但也对放置光纤入槽工艺提出了更高的要求，因为仅经过一次涂覆的光纤在成缆过程中稍一受力就容易损伤，影响成品合格率。

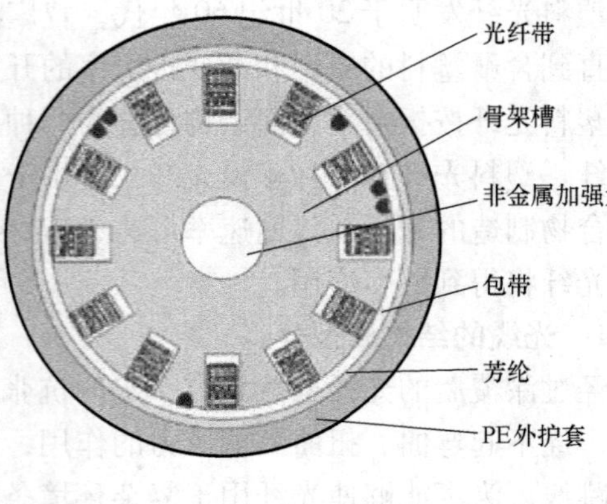

图 2-10 骨架式光缆的结构

束管式光缆近年来得到较快的发展。它相当于把松套管扩大为整个缆芯，成为一管腔，将光纤集中存放于其中。束管式光缆的结构如图 2-11 所示。管内填充有油膏，改善了光纤在光缆内受压、受拉、受弯曲时的受力状态，每根光纤都有很大的活动空间。相应的加强元件由缆芯中央移到缆芯外部的护层中，所以缆芯可以做得较细，同时将抗拉功能与护套功能结合起来，达到一材两用的设计目的。光纤束中的光纤采用有色谱标志的一次涂覆光纤，松放或多根光纤为一束并采用有颜色的扎带捆扎成束。一个加强中心管内可放置许多个这样的纤束，总的光纤数可达近百根。这种光缆把光学的、环境的优点结合在一个新的小型尺寸中，并且大大减少了安装时间。这种光缆具有体积小、质量轻、制造容易、成本低的优点。中心束管式结构光缆中的光纤位于光缆的中心，对光纤的保护相对是最好的。

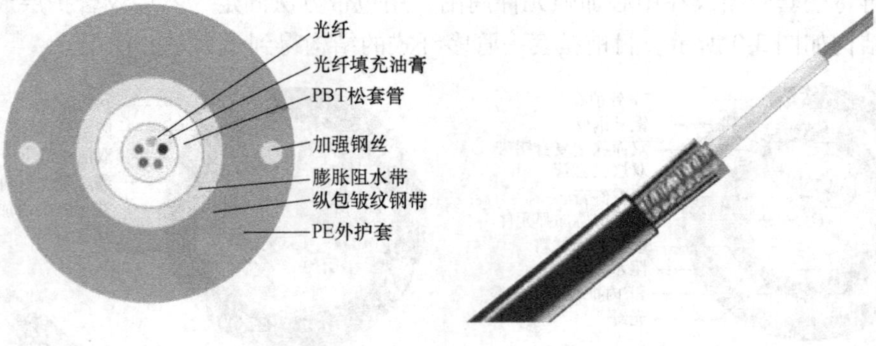

图 2-11 束管式光缆的结构

带状光缆是先将经过一次涂覆的光纤放入塑料带内做成光纤带，然后将几层光纤带放在一起构成光缆芯。带状光缆的结构如图 2-12 所示。它的优点是可容纳大量的光纤（一般在 100 芯以上），满足作为用户接入光缆的需要；同时每个单元的接续可以一次完成，以适应大量光纤接续、安装的需要。实际上，光纤带如果集中放在一个松套管内，并将其放在缆中心，挤制外护层，这种结构即为带状中心束管式。如果在多个松套中放置光纤带，再将这些松套管与中央加强元件扭绞在一起，即为带状层绞式光缆。当然，也可以将光纤带放置在塑料骨架的槽中，则为带状 SZ 骨架光缆。

在实际应用中，当使用光纤数要求不是很多时，可直接使用缆芯基本结构单元作为缆芯构成光缆；当使用光纤数要求很多时，可用多个上述的缆芯基本结构单位来构成所需的光缆。

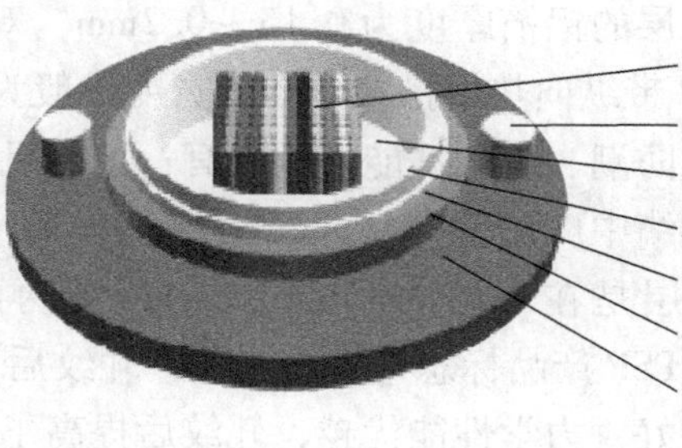

图2-12　带状光缆的结构

（2）加强元件　加强元件用来增强光缆的抗拉强度，提高光缆的力学性能。光缆与电缆结构上最大的不同点在于：光纤对在任何拉伸、压缩、侧压等的承受能力很差，因而必须为光缆设置加强元件。光缆加强元件的配置方式一般分为“中心加强元件”方式和“外周加强元件”方式。在力学性能方面，光缆中的加强元件应具备高剪切模量、屈服应力大、单位长度的重量小等要求。这样光缆中的加强元件一般多采用镀锌钢丝、钢丝绳、不锈钢丝和带有紧套聚乙烯垫层的镀锌钢丝绳等。为了防止强电和雷击的影响，也可采用纺轮丝或玻璃增强塑料。

加强元件一般位于光缆的中心，因而也称为中心加强元件。加强元件外面通常要挤包或绕包一层塑料，以保证与光纤接触的表面光滑并具有一定的弹性。中心加强元件可以是单根高强度钢线，也可以是多股钢绞线，后者粗一些，但柔韧性好一些，便于施工。非金属材料加强芯材料的抗雷电及强电影响性能优越，抗拉强度比高强度钢丝差一些，因此要达到同样拉力强度，加强芯截面积就要大一点。

（3）护层　光缆护层是由护套和外护层构成的多层组合体。护层的作用是进一步保护光纤，使光纤能适应于各种场合敷设（如架空、管道、直埋及室内等）。对于采用外周加强元件的光缆结构，护层还需提供足够的拉抗、抗压、抗弯等力学性能方面的能力。除此之外，护层必须提供防潮、防水性能，因为水和潮气进入光缆会产生很多问题，甚至使通信中断。

目前，光缆的护层材料主要有聚乙烯（PE）、铝-聚乙烯（PAP）、双面涂塑皱纹钢带（PSP）等，光缆的护层材料规格见表2-7。架空、管道光缆使用PAP护套比例较大，直埋光缆用PSP比例较大。

表2-7　光缆的护层材料规格

护层名称	护层材料	一般规格
防潮层	双面涂塑铝带（PAP）	铝带厚：0.2mm 涂塑层：0.05mm
内护层	聚乙烯（PE）	厚度：1.0～1.5mm
钢带铠装	双面涂塑皱纹钢带（PSP）	钢带厚：0.15～0.2mm（搭接） 0.3～0.4mm（搭接）
	镀锌钢丝	钢丝直径：2.0mm
	镀锌钢线	钢线直径：4.0mm
外护套	聚乙烯（PE）	厚度：1.5～2.3mm
防蚁层	尼龙	厚度：0.7mm

PAP护层的铝箔厚度为0.15～0.2mm，双面涂覆聚乙烯，涂覆厚度为0.03～0.05mm。包带时PAP带纵向热熔搭接，搭接宽度一般为4～6mm或PAP带宽的20%。PAP护层除了具有良好的防潮、防水性能外，也有一定的机械强度。它的制作工艺简单，费用不高，在架空、管道光缆中应用较广。

PSP护层是在一层0.15mm厚的钢带两面涂覆乙丙烯酸共聚物而构成的(涂覆厚度0.06mm)。PSP产品标志色为暗绿色，轧纹后，PSP带纵向粘接在一起。PSP护层的主要性能是防潮性好，力学性能优越，轧纹后提高了光缆抗侧压能力和韧性，容易弯曲，并可以防止光缆弯曲布放时缆芯滑动，并有好的防腐蚀性能和防雷性能。

多数光缆的外护套均为聚乙烯(PE)、聚氯乙烯(PVC)等材料。在室内应用时，根据阻燃要求，应使用低烟无卤外护套材料，美国和加拿大则通过燃烧测试对室内光缆的燃烧和产生烟雾等性能进行材料要求测试。

(4) 填充物　为了提高光缆的防潮性能，在光缆缆芯的空隙中注满填充物(油膏)以有效防止潮气进入光缆。用于填充的复合物应在60℃下不从光缆中流出，在光缆允许的最低工作温度下不使光缆的低温弯曲特性恶化。

综上所述，整个光缆的结构都是为了保护光纤不受外力的损坏、不使光纤的传输特性恶化、保证光缆有足够的使用寿命等，因而光缆设有多重护层。一般直埋光缆从外到内有PE外护套、金属护套、PE内护套、防水填充物、光纤松套管、油膏、光纤。当塑料外套被破坏后，即使金属护层被腐蚀，里面还有PE内护套以及防水性能较好的防水填充物。即使天长日久PE内护套被透过，或防水填充物由于渗水受物理、化学作用而失去防水性能，对光纤来说还有最后两道防线：油膏(有防水性能)和高分子塑料管(也有较好的防水性能)。

2. 光缆的型号

光缆型号参数的编制方法如下。

(1) 分类型号　光缆分类的型号见表2-8。

表2-8　光缆分类的型号

分类型号	含　义	分类型号	含　义
GY	通信用室(野)外光缆	GS	通信用设备内光缆
GM	通信用移动式光缆	GH	通信用海底光缆
GJ	通信用室(局)内光缆	GT	通信用特殊光缆

(2) 加强元件型号　光缆加强元件的型号见表2-9。

表2-9　光缆加强元件的型号

加强元件型号	含　义	加强元件型号	含　义
无	金属加强元件	G	金属重型加强元件
F	非金属加强元件		

(3) 光缆结构型号　光缆结构的型号见表2-10。

表2-10　光缆结构的型号

光缆结构型号	含　义	光缆结构型号	含　义
无	层绞式结构	Z	阻燃
S	光纤松套被覆结构	J	光纤紧套被覆结构
D	光纤带结构	X	缆中心管(被覆)结构
G	骨架槽结构	B	扁平结构
T	油膏填充式结构	C	自承式结构

(4) 护套型号　光缆护套的型号见表2-11。

表2-11　光缆护套的型号

光缆护套型号	含　义	光缆护套型号	含　义
Y	聚乙烯	V	聚氯乙烯
F	氟塑料	U	聚氨酯
E	聚酯弹性体	A	铝带-聚乙烯粘结护层
S	钢带-聚乙烯粘结护层	W	夹带钢丝的钢带-聚乙烯粘结护层
L	铝	G	钢
Q	铅		

(5) 外护层型号　光缆结构的外护层型号见表2-12。

表2-12　光缆结构的外护层型号

第一组代号	铠装结构	第二组代号	外套结构
0	无铠装	1	纤维外护套
2	双钢带	2	聚氯乙烯护套
3	细圆钢丝	3	聚乙烯护套
4	粗圆钢丝	4	聚乙烯护套加敷尼龙护套
5	皱纹钢带	5	聚乙烯管
6	双层圆钢丝		
33	双细圆钢丝		

2.1.5　光纤连接器件

光纤连接器件主要有连接器、耦合器、接续盒、配线架及信息插座等。

1. 光纤连接器

光纤连接器用来把光纤连接到接线板或有源设备上。目前有很多种光纤连接器，在安装时必须确保连接器的正确匹配。按照不同的分类方法，光纤连接器可以分为不同的种类，如按所支持的光纤类型的不同，可分为单模光纤连接器和多模光纤连接器；按连接器的插针端面，可分为FC、PC(UPC)及APC等光纤连接器。在光传输系统中，应用最多的光纤连接器是以直径2.5mm陶瓷插针为主的FC型、ST型、SC型。

要组成全双工的光纤传输系统，至少需要两根光纤，一根光纤用于发送，另一根用于接收。光纤连接器根据光纤连接的方式可分为两种：单连接器，在装配时只连接一根光纤；双连接器，在装配时要连接两根光纤。

（1）ST 型光纤连接器　ST 型光纤连接器最早由 AT&T 公司开发，是 Straight Tip（直通式）的缩写。ST 型光纤连接器有一个直通和卡口式锁定机构，连接头使用一个坚固的金属卡销式耦合环和一个发散形式的凹弯，使适配器的柱头可以方便地固定，这种连接与同轴电缆的连接类似。ST 型光纤连接器的外观如图 2-13 所示。由于 ST 型光纤连接器端接相对容易，所以目前仍在广泛使用，但其固定和拆卸都需要更多的空间。

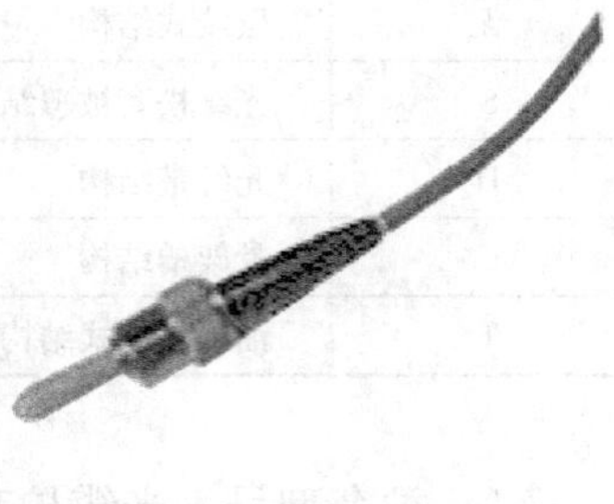

图 2-13　ST 型光纤连接器的外观

（2）SC 型光纤连接器　SC 型光纤连接器是连接 GBIC 光纤模块的连接器，由日本 NTT 公司开发，外形呈矩形，插针的断面多采用 PC 和 APC 型研磨方式。SC 型光纤连接器的外观如图 2-14 所示。SC 型光纤连接器为插拔销型连接器，与耦合器相接时，通过压力固定，这样只需要轻微的压力就可以插入或拔出 SC 型光纤连接器，不需旋转。

图 2-14　SC 型光纤连接器的外观

SC 型光纤连接器既可以端接 50μm/125μm 和 62.5μm/125μm 的多模光纤光缆，也可以端接单模光纤光缆。工业布线标准推荐用棕色连接器端接多模光纤光缆，用蓝色连接器端接单模光纤光缆。

（3）FC 型光纤连接器　FC 型光纤连接器采用金属套，紧固方式为螺钉扣。最早的 FC 型连接器采用陶瓷插针的对接端面是平面接触方式（FC），此类连接器结构非常简单，操作方便，制作容易，但光纤端面对微尘较为敏感，且容易产生菲涅尔反射，提高回波损耗性能较为困难。现在的 FC 型连接器虽然外部结构没有变化，但陶瓷插针的对接端面采用球面接触方式（PC），使得插入损耗和回波损耗性能有了较大幅度的提高。FC 型光纤连接器的外观如图 2-15 所示。

（4）MU 型光纤连接器　MU 型光纤连接器是以目前使用最多的 SC 型光纤连接器为基础的，由 NTT 公司研制开发出来的小型光纤连接器。该连接器采用直插式连接方式，其体积约为 SC 型光纤连接器的 2/5，采用直径为 1.25mm 的套管和自保持机构，能实现高密度安装。MU 型光纤连接器的外观如图 2-16 所示。

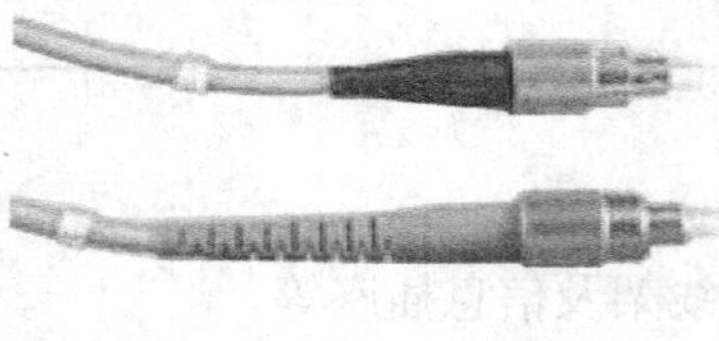

图 2-15　FC 型光纤连接器的外观

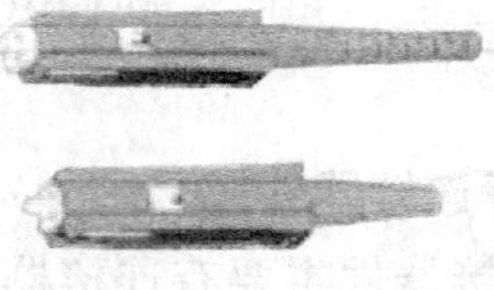

图 2-16　MU 型光纤连接器的外观

2. 光纤耦合器

光纤耦合器又称分歧器、连接器、适配器、法兰盘，是用于实现光信号分路/合路，或用于延长光纤链路的元件。光纤耦合器可分为标准耦合器（属于波导式，双分支，单位为 1×2，即将光信号分成两个功率）、直连式耦合器（连接 2 条相同或不同类型光纤接口的光纤，以延长光纤链路）、星状/树状耦合器以及波长多工器（WDM）等。光纤耦合器的制作方式有烧结、微光学式及光波导式（Wave Guide）三种，而以烧结式方法生产占多数（约有90%）。

按照耦合的光纤的不同有如下分类：

（1）SC型光纤耦合器　应用于SC型光纤接口，它与RJ-45接口看上去很相似，不过SC型接口显得更扁些，其明显区别还是里面的触片：如果有8条细的铜触片，则是RJ-45接口；如果是一根铜柱，则是SC型光纤接口，常用于终端连接。

（2）FC型光纤耦合器　应用于FC型光纤接口，外部加强方式是采用金属套，紧固方式为螺钉扣，一般在ODF配线架上采用。

（3）ST型光纤耦合器　应用于ST型光纤接口，外壳呈圆形，紧固方式为螺钉扣，常用于光纤配线架。

3. 光纤接续盒

光纤接续盒又称光纤终端盒，是光缆终端的接续设备，通常安装在19in(1in = 25.4mm)机架上，能容纳数量比较多的光缆端头，可以通过光纤跳线接入光交换机。光纤接续盒的外观如图2-17所示。光纤接续盒主要有如下用途：

1）可方便地把光纤汇集到一起，便于管理和使用。

2）当光缆与光纤设备互连时，需要将光缆剥开露出光纤，再将光纤与尾纤熔接，而光纤熔接点处非常脆弱，易被折断，因此需要将熔接点装入光纤终端盒，以减少外力的作用。

3）可用于充当室内光缆接续盒。在光缆布线中存在着连接两根光缆的问题，在连接两根光缆时，同样可以采用将光缆剥开露出光纤，然后进行熔接的方法；同样需要对光纤熔接点进行保护，防止外界环境的影响，这时就需要用到光缆接续盒。光缆接续盒具备光缆固定和熔接功能，内设光缆固定器、熔接器和过线夹。光纤接续盒分为室内和室外两个类型，室外接续盒可以防水，而在实际工作中可将光纤接续盒作为室内光缆接续盒使用。

4. 光纤配线架

光纤配线架又称ODF配线架，是专为光纤通信机房设计的光纤配线设备。ODF配线架的外观如图2-18所示。该设备配置灵活、安装使用简单、容易维护、便于管理，是光纤通信光缆网络终端，或中继点实现排纤、跳纤光缆熔接及接入必不可少的设备。

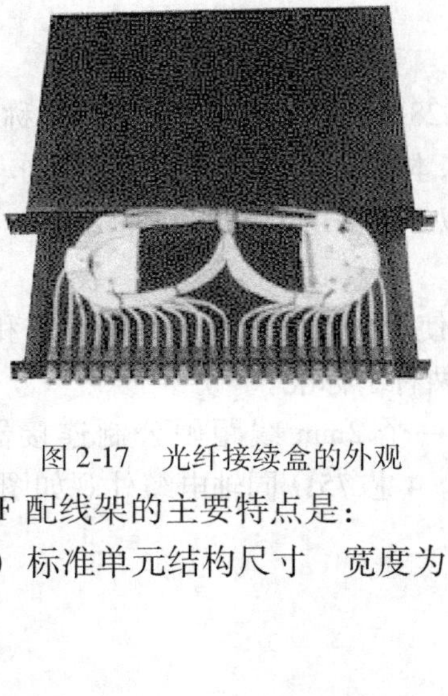

图2-17　光纤接续盒的外观

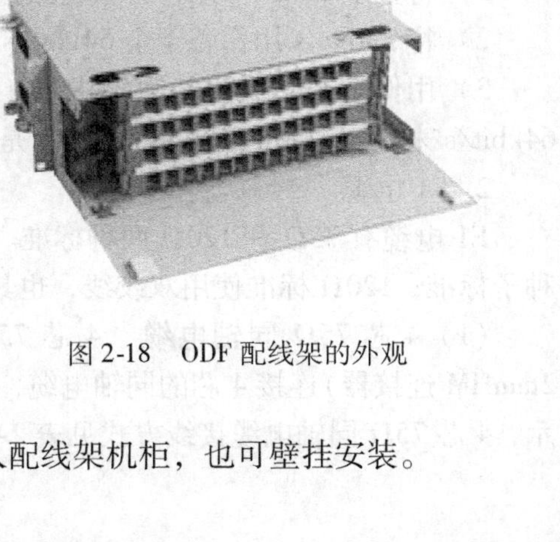

图2-18　ODF配线架的外观

ODF配线架的主要特点是：

（1）标准单元结构尺寸　宽度为19in，既可装入配线架机柜，也可壁挂安装。

（2）工艺精良　结构件采用加厚镀锌钝化处理冷轧钢板和表面喷涂工艺，光纤分配盘采用掺杂阻燃材料的塑料材质，轻便灵活，又结实耐用。大径盘绕环设计使尾纤和跳纤的曲率半径每处都保持在40mm以上。

（3）结构灵活　既可单独装配成光纤配线架，也可与数字配线单元、音频配线单元同装在一个机柜/架内构成综合配线架。具有光缆引入、固定和保护功能，光缆终端与尾纤熔接功能，调线功能和跳纤存储，光缆纤芯和尾纤的存储和保护功能等。

（4）抽屉式结构　抽屉式结构使操作时可抽出，完毕后放回。

ODF配线架是光缆布线系统中一个重要的配套设备，主要用于光缆终端的光纤熔接、光纤连接器安装、光路的调接、多余尾纤的存储及光缆的保护等，它对于光纤通信网络安全运行和灵活使用有着重要的作用。

2.2　E1电缆

在光传输系统中，经常使用E1电缆传输2Mbit/s信号，俗称“2M线”。以下主要介绍E1电缆的应用和E1同轴电缆连接头的制作。

2.2.1　E1电缆介绍

1. E1接口

欧洲的30路脉码调制PCM简称E1，传输速率为2.048Mbit/s，我国采用的是欧洲的E1标准。E1的一个时分复用帧（其长度$T=125\mu s$，即取样周期为$125\mu s$）共划分为32个相等的时隙，时隙的编号为CH0～CH31。其中，时隙CH0用作帧同步，时隙CH16用来传送信令，剩下CH1～CH15和CH17～CH31共30个时隙用作30个话路。每个时隙传送8bit，因此共用256bit。每秒传送8000个帧，因此PCM一次群（E1）的数据传输速率就是2.048Mbit/s。

1）一条E1是2.048Mbit/s的链路，用PCM编码。

2）一个E1的帧长为256bit，分为32个时隙，一个时隙为8bit。

3）每秒有8000个E1的帧通过接口，即8000×256 bit/s = 2048kbit/s。

4）每个时隙在E1帧中占8bit，8×8000 bit/s = 64kbit/s，即一条E1中含有32个64kbit/s。

E1接口的应用包括：

1）将整个2Mbit/s用作一条链路，如DDN。

2）将2Mbit/s用作若干个64kbit/s及其组合，如128kbit/s、256kbit/s等，又称CE1。

3）用作语音交换机的数字中继。这也是E1最基本的用法，是把一条E1作为32个64kbit/s来用，但是时隙0和时隙15是信令时隙，所以一条E1可以传30路语音。

2. E1电缆

E1电缆有75Ω和120Ω两种标准。其中75Ω标准使用同轴电缆，又具有4芯和8芯两种子标准；120Ω标准使用双绞线，也具有4对和8对两种子标准。

（1）4芯75Ω同轴电缆　4芯75Ω同轴电缆是一个2mm线距硬公制连接器（简称2mmHM连接器）连接4芯的同轴电缆，可传输2路E1。4芯75Ω同轴电缆外观如图2-19所示，4芯75Ω同轴电缆接线方式见表2-13。

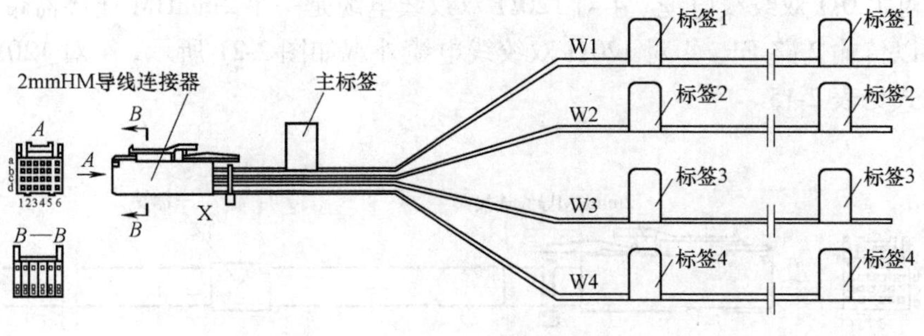

图 2-19　4 芯 75Ω 同轴电缆外观

表 2-13　4 芯 75Ω 同轴电缆接线方式

2mmHM 连接器插孔编号	电缆上的印字	标签印字	2mmHM 连接器插孔编号	电缆上的印字	标签印字
a3	4	T2	d1	3	R2
a4			d2		
a5	2	T1	d3	1	R1
a6			d4		

（2）8 芯 75Ω 同轴电缆　8 芯 75Ω 同轴电缆是一个 2mmHM 连接器带 8 芯的同轴电缆，可以传输 4 路 E1。8 芯 75Ω 同轴电缆外观如图 2-20 所示，8 芯 75Ω 同轴电缆接线方式见表 2-14。

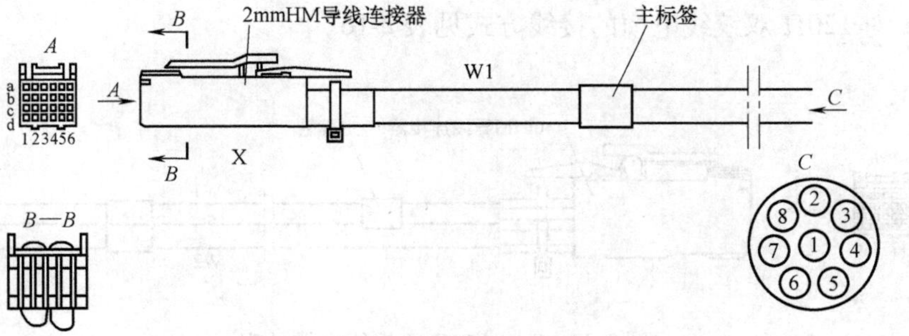

图 2-20　8 芯 75Ω 同轴电缆外观

表 2-14　8 芯 75Ω 同轴电缆接线方式

2mmHM 连接器插孔编号	电缆上的印字	标签印字	2mmHM 连接器插孔编号	电缆上的印字	标签印字
b1	8	T4	c1	7	R4
a1			d1		
a2	6	T3	d2	5	R3
a3			d3		
a4	4	T2	d4	3	R2
a5			d5		
a6	2	T1	d6	1	R1
b6			c6		

（3）4 对 120Ω 双绞线电缆　4 对 120Ω 双绞线电缆是一个 2mmHM 连接器带 4 对双绞线的电缆，可以传输 2 路 E1。4 对 120Ω 双绞线电缆外观如图 2-21 所示，4 对 120Ω 双绞线电缆的接线方式见表 2-15。

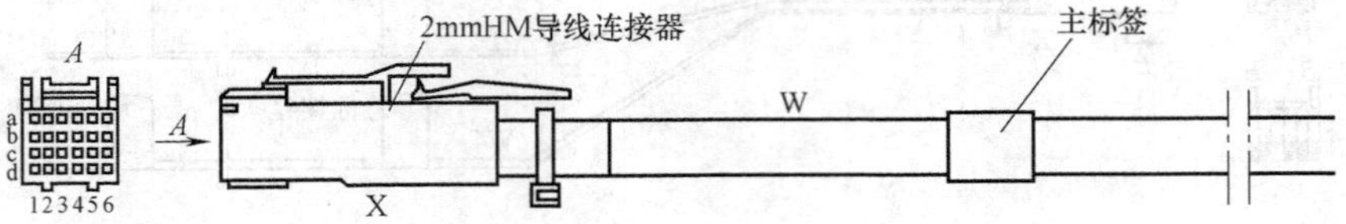

图 2-21　4 对 120Ω 双绞线电缆外观

表 2-15　4 对 120Ω 双绞线电缆的接线方式

2mmHM 连接器插孔编号	双绞线电缆颜色	标签印字	2mmHM 连接器插孔编号	双绞线电缆颜色	标签印字
a3	白棕/棕	T2	d1	白橙/橙	R2
a4			d2		
a5	白绿/绿	T1	d3	白蓝/蓝	R1
a6			d4		
			d6	接地线	

（4）8 对 120Ω 双绞线电缆　8 对 120Ω 双绞线电缆是一个 2mmHM 连接器带 8 对双绞线的电缆（由 2 根 4 对双绞线电缆组成），可以传输 4 路 E1。8 对 120Ω 双绞线电缆外观如图 2-22所示，8 对 120Ω 双绞线电缆的接线方式见表 2-16。

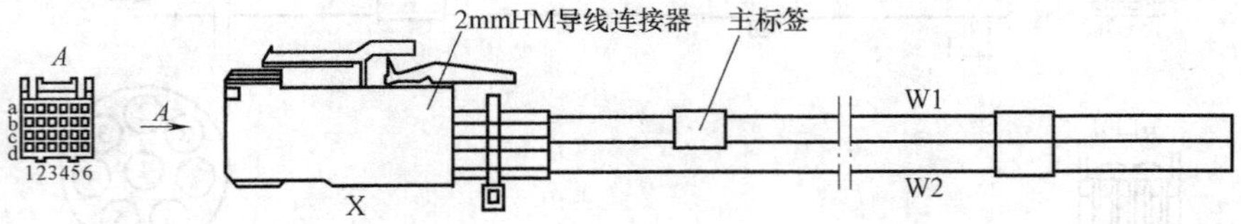

图 2-22　8 对 120Ω 双绞线电缆外观

表 2-16　8 对 120Ω 双绞线电缆的接线方式

2mmHM 连接器插孔编号	电缆对	双绞线电缆颜色	标签印字
b1	第一对电缆	白绿/绿	T4
a1			
a2		白橙/橙	T3
a3			
a4		白蓝/蓝	T2
a5			
a6		白棕/棕	T1
b6			

（续）

2mmHM 连接器插孔编号	电缆对	双绞线电缆颜色	标签印字
c1	第二对电缆	白棕/棕	R4
d1			
d2		白绿/绿	R3
d3			
d4		白橙/橙	R2
d5			
d6		白蓝/蓝	R1
c6			

目前，在光传输设备上普遍使用75Ω 同轴电缆连接至用户侧设备（如程控交换机等）的 E1 接口用于提供 E1 服务。在光传输设备上传输 E1 信号使用的75Ω 同轴电缆为细同轴电缆，主要使用的同轴电缆连接头有 BNC、SMB 和 L9 三种，以下主要介绍这三种连接头的制作。

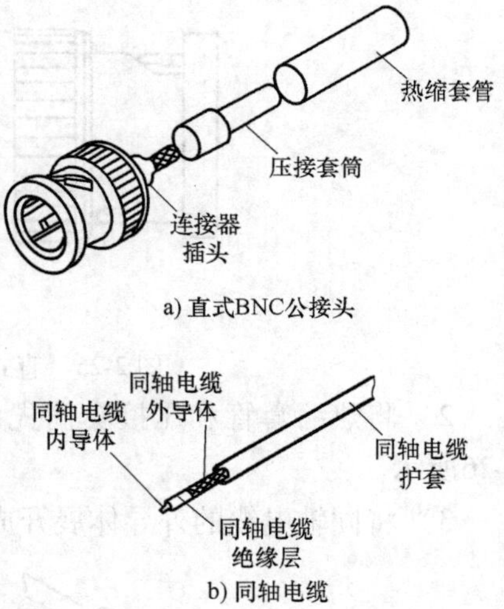

图 2-23　直式 BNC 公接头与同轴电缆的外观

2.2.2　装接 E1 同轴电缆的直式 BNC 公接头

以下介绍直式 BNC 公接头与同轴电缆的装配步骤。

1. 工具和仪表

剥线钳、同轴电缆、BNC 接头。

2. 背景信息

直式 BNC 公接头与同轴电缆的外观如图 2-23 所示。

3. 操作步骤

1）根据同轴线材的不同，按照尺寸要求将同轴电缆剥开，露出同轴电缆外导体、同轴电缆绝缘层和同轴电缆内导体。E1 同轴电缆的内部结构如图 2-24 所示，直式 BNC 公接头尺寸与线材剥线尺寸要求如图 2-25 所示，常用同轴电缆剥线尺寸见表 2-17。表 2-17 中显示了常用同轴电缆保留的外导体长度 L_1、保留的绝缘层长度 L_2和护套剥开长度 L_3的推荐长度。

表 2-17　常用同轴电缆剥线尺寸

线缆型号	线缆外径/mm	L_1/mm	L_2/mm	L_3/mm
SYFVZ-75-1-1（A）	2.2	5～6	7～9	10～12
SYV-75-2-2	3.9	5～6	7～9	10～12
SYV-75-4-2	6.7	5～6	7～9	10～12
SFYV-75-2-1	3.2	5～6	7～9	10～12
SFYV-75-2-2	4.4	5～6	7～9	10～12

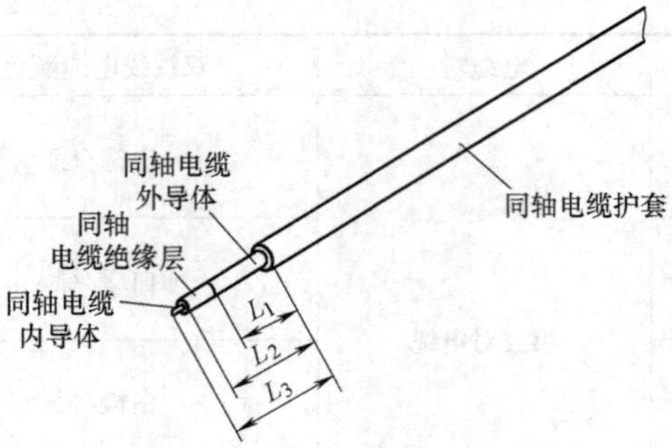

图 2-24　E1 同轴电缆的内部结构

注意：

① 剥同轴电缆护套时，不要划伤同轴电缆的外导体。

② 如果无法判断线材的剥线尺寸，可根据连接器的尺寸来定义线材剥线尺寸。

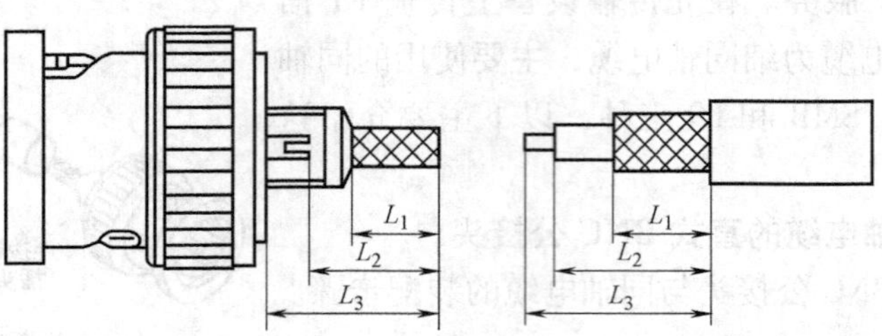

图 2-25　直式 BNC 公接头尺寸与线材剥线尺寸要求

2）将热缩套管和压接套筒先后套入同轴电缆中，套入热缩套管和压接套筒操作如图 2-26所示。

3）将同轴电缆的外导体展开成喇叭形，展开同轴电缆外导体操作如图 2-27 所示。

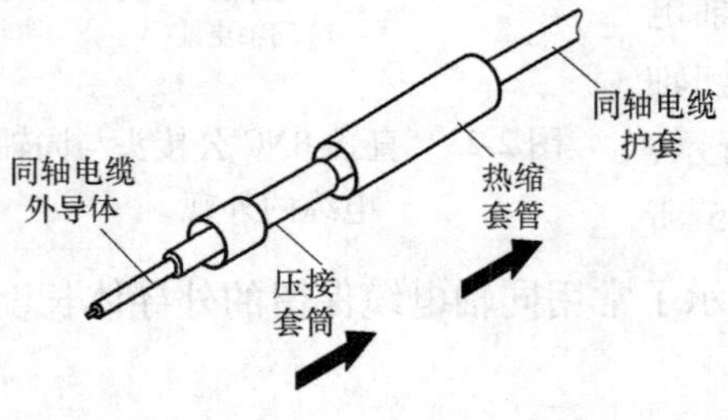

图 2-26　套入热缩套管和压接套筒操作

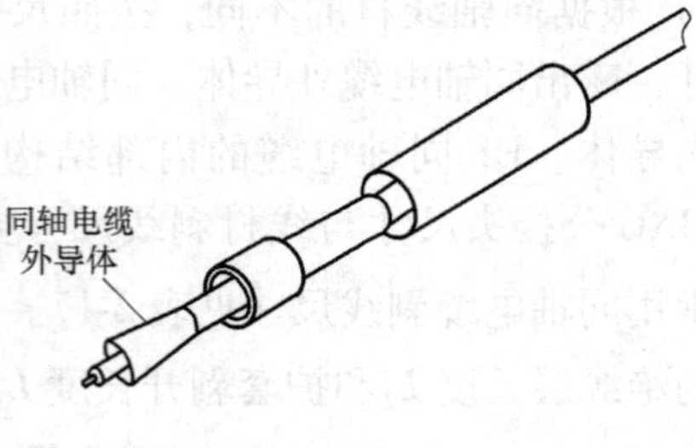

图 2-27　展开同轴电缆外导体操作

4）将同轴电缆的绝缘层和内导体插入同轴电缆连接器插头，同轴电缆外导体部分包裹住同轴连接器的外导体。BNC 公接头插入同轴电缆操作如图 2-28 所示。

5）用焊接工具将同轴电缆的内导体焊接到同轴电缆连接器插头的内导体上，焊接内导体操作如图 2-29 所示。

6）将压接套筒往连接器方向推，压紧同轴电缆的外导体，用压接工具将压接套筒与同轴连接器插头压接在一起。压接外导体操作如图 2-30 所示。

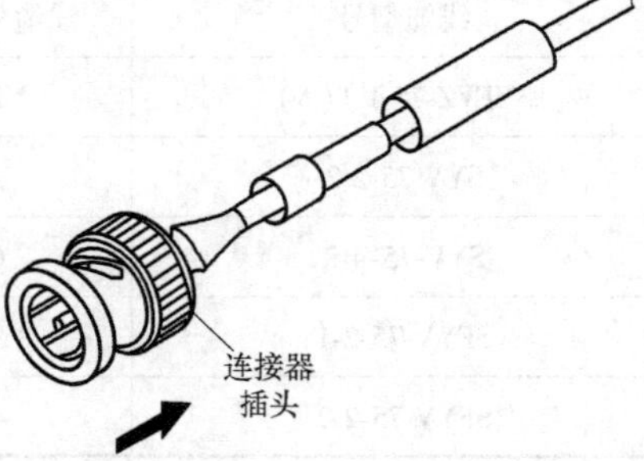

图 2-28　BNC 公接头插入同轴电缆操作

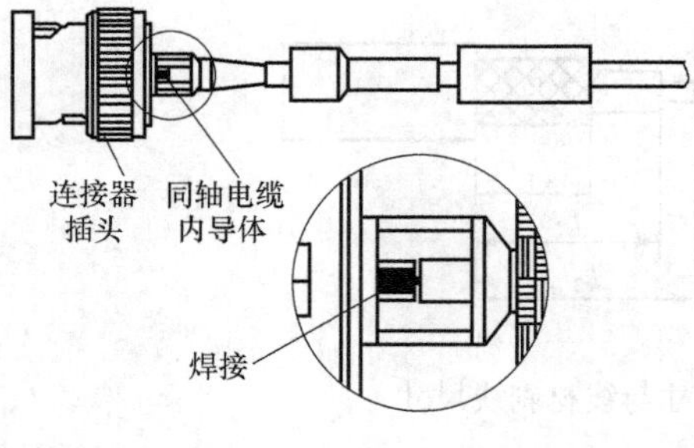

图 2-29　焊接内导体操作

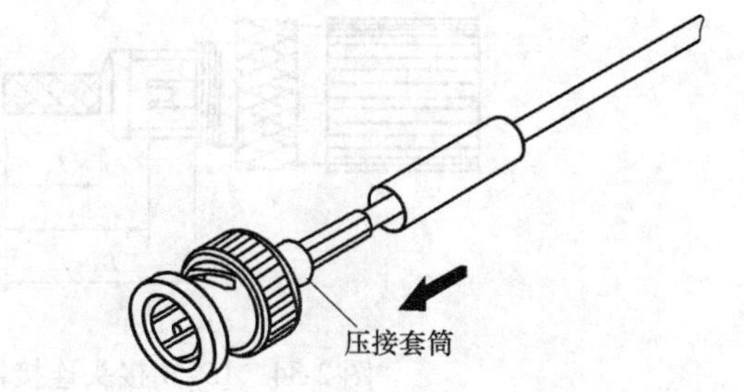

图 2-30　压接外导体操作

7）用热风枪吹缩热缩套管，使套管紧紧包覆住压接的套筒。吹缩热缩套管操作如图2-31所示。

8）将同轴电缆组件按照图示方向安装到设备上，安装同轴电缆组件操作如图 2-32 所示。

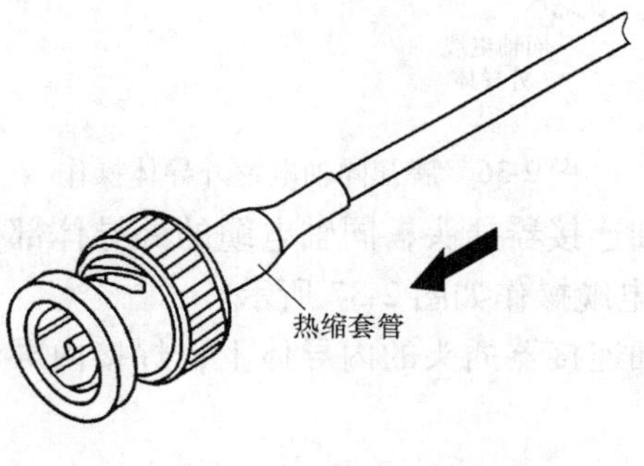

图 2-31　吹缩热缩套管操作

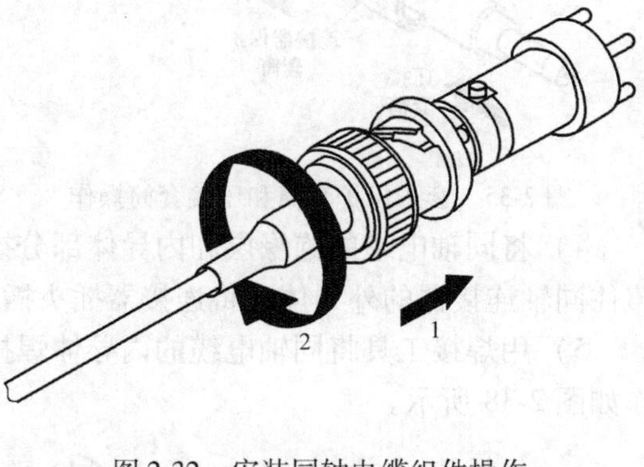

图 2-32　安装同轴电缆组件操作

2.2.3　装接 E1 同轴电缆的直式 L9-M 公接头

以下介绍直式 L9-M 公接头与同轴电缆的装配步骤。

1. 工具和仪表

剥线钳、同轴电缆、L9-M 公插头。

2. 背景信息

直式 L9-M 公接头与同轴电缆外观如图 2-33 所示。

3. 操作步骤

1）根据同轴线材的不同，按照图示尺寸将同轴电缆剥开，露出同轴电缆外导体、同轴电缆绝缘层和同轴电缆内导体。L9-M 接头连接器的尺寸与线材剥线尺寸如图 2-34 所示，其中，L_1为常用电缆保留的外导体长度，L_2为保留的绝缘层长度，L_3为护套剥开长度。L_1、L_2、L_3的推荐长度见表 2-17。

2）将保护套筒、压接套筒先后套入同轴电缆中，套入保护套筒和压接套筒操作如图 2-35 所示。

3）将同轴电缆的外导体展开成喇叭形，展开同轴电

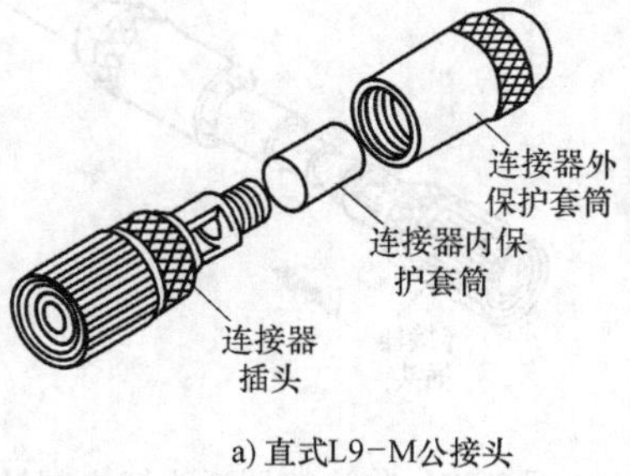

a) 直式L9−M公接头

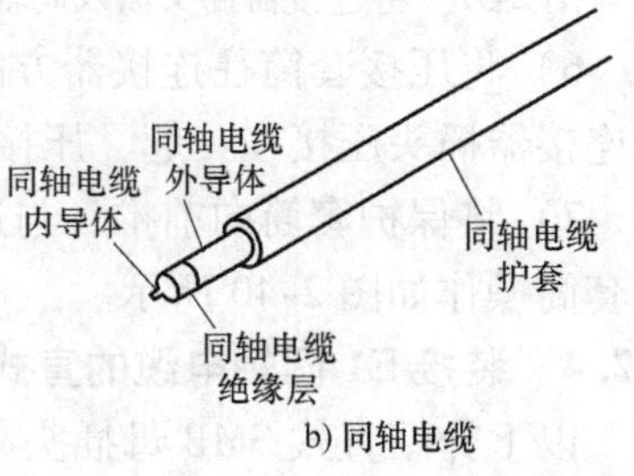

b) 同轴电缆

图 2-33　直式 L9-M 公接头与同轴电缆外观

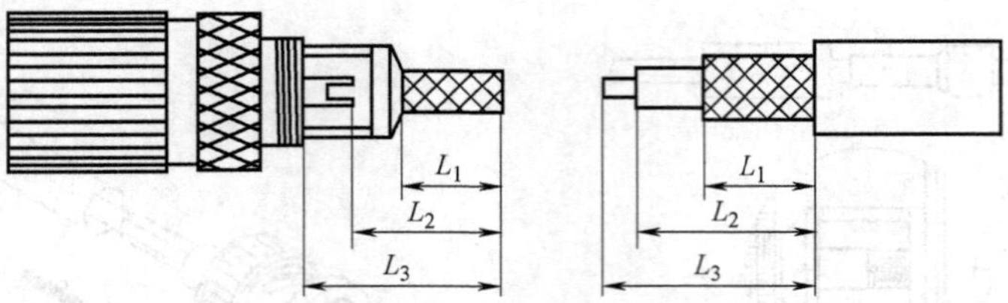

图 2-34 L9-M 接头连接器的尺寸与线材剥线尺寸

缆外导体操作如图 2-36 所示。

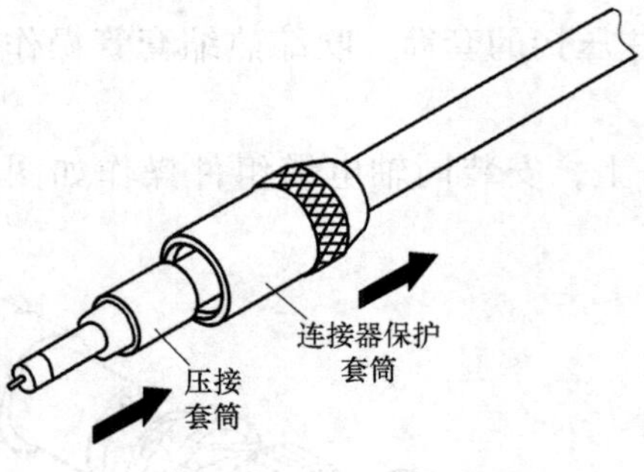

图 2-35 套入保护套筒和压接套筒操作

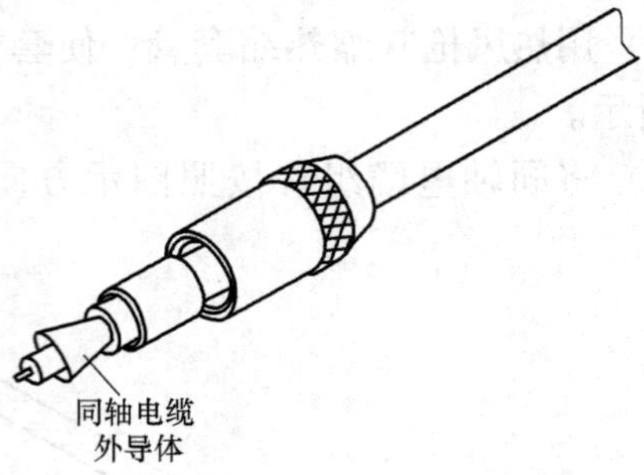

图 2-36 展开同轴电缆外导体操作

4）将同轴电缆的绝缘层和内导体部分插入同轴连接器插头，同轴电缆的外导体部分包覆住同轴连接器的外导体，将连接器插头插入同轴电缆操作如图 2-37 所示。

5）用焊接工具将同轴电缆的内导体焊接到同轴连接器插头的内导体上，焊接内导体操作如图 2-38 所示。

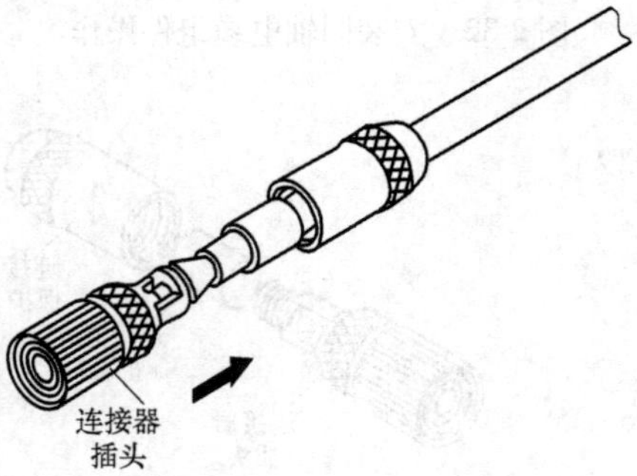

图 2-37 将连接器插头插入同轴电缆操作

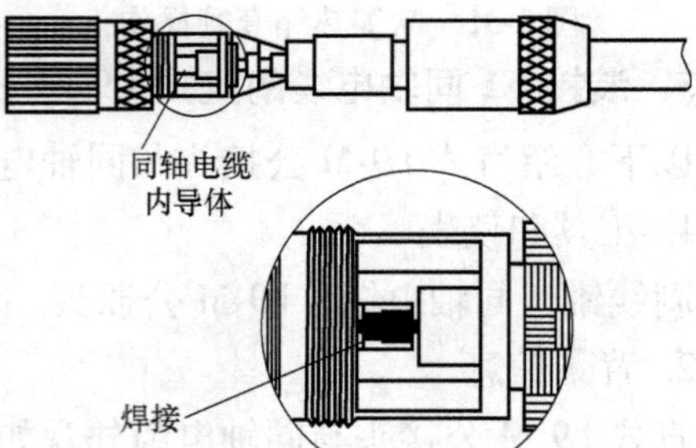

图 2-38 焊接内导体操作

6）将压接套筒往连接器方向推，压紧同轴电缆的外导体，用压接工具将压接套筒与同轴连接器插头压接在一起，压接外导体操作如图 2-39 所示。

7）将保护套筒向前推，与连接器插头上的螺纹相连接，螺纹紧固后完成操作。旋紧保护套筒操作如图 2-40 所示。

2.2.4 装接 E1 同轴电缆的直式 SMB 母插头

以下介绍直式 SMB 母插头与同轴电缆的装配步骤。

1. 工具和仪表

剥线钳、同轴电缆、直式 SMB 母插头。

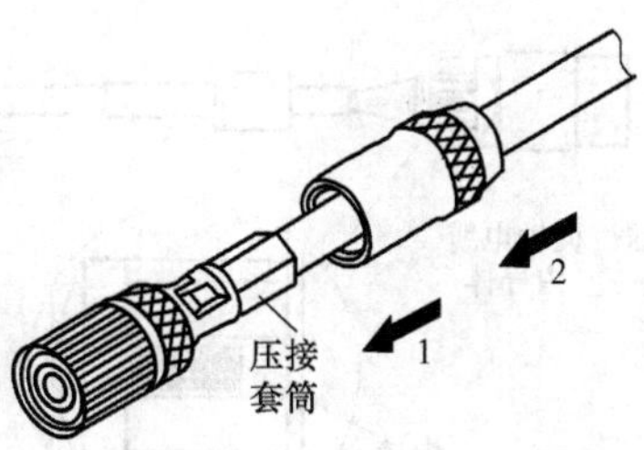

图2-39　压接外导体操作

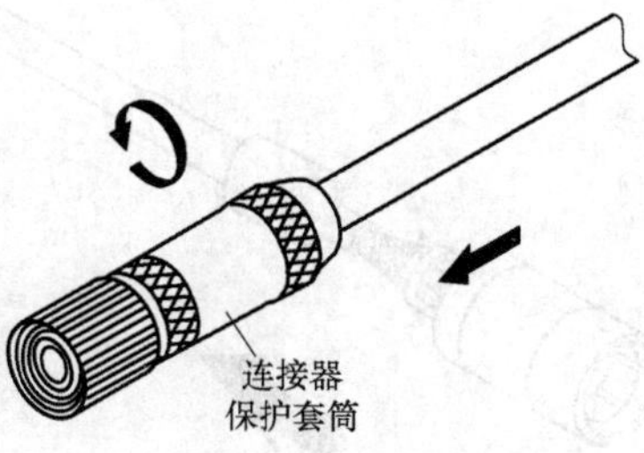

图2-40　旋紧保护套筒操作

2. 背景信息

直式SMB母插头与同轴电缆外观如图2-41所示。

3. 操作步骤

1）根据同轴线材的不同，按照图示尺寸将同轴电缆剥开，露出同轴电缆外导体、同轴电缆绝缘层和同轴电缆内导体。直式SMB连接器的尺寸与线材剥线尺寸如图2-42所示，其中，L_1为常用电缆保留的外导体长度，L_2为保留的绝缘层长度，L_3为护套剥开长度。L_1、L_2、L_3的推荐长度见表2-17。

2）将压接套筒套入同轴电缆中，套入压接套筒操作如图2-43所示。

3）将同轴电缆的外导体展开成喇叭形，展开同轴电缆外导体操作如图2-44所示。

4）将同轴电缆的绝缘层和内导体部分插入同轴连接器插头，同轴电缆的外导体部分包覆住同轴连接器的外导体，将连接器插头插入同轴电缆操作如图2-45所示。

5）用焊接工具将同轴电缆的内导体焊接到同轴连接器插头的内导体上，焊接内导体操作如图2-46所示。

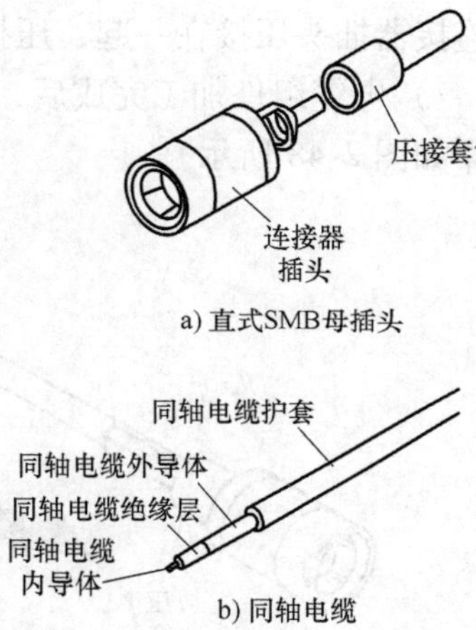

图2-41　直式SMB母插头与同轴电缆外观

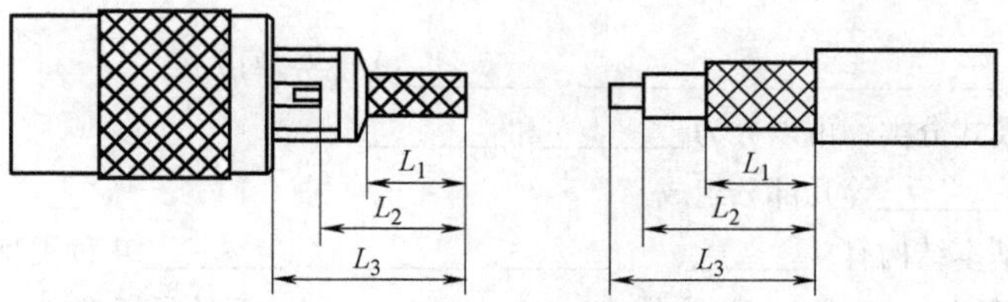

图2-42　直式SMB连接器的尺寸与线材剥线尺寸

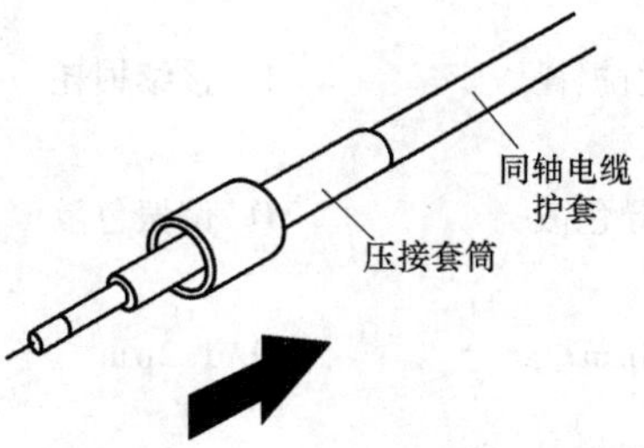

图2-43　套入压接套筒操作

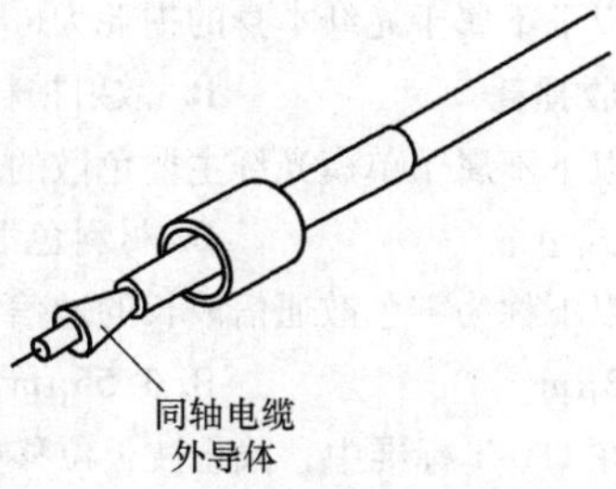

图2-44　展开同轴电缆外导体操作

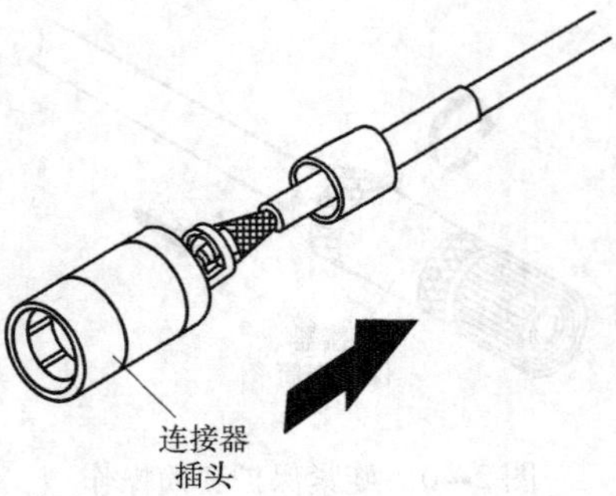

图 2-45 将连接器插头插入同轴电缆操作

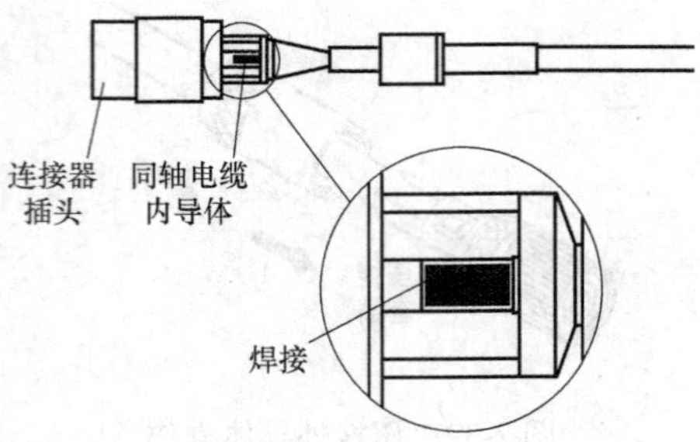

图 2-46 焊接内导体操作

6）将压接套筒往连接器方向推，压紧同轴电缆的外导体，用压接工具将压接套筒与同轴连接器插头压接在一起，压接外导体操作如图 2-47 所示。

7）电缆组件加工完成后，将电缆组件按照图示方法安装到设备上，安装同轴电缆组件操作如图 2-48 所示。

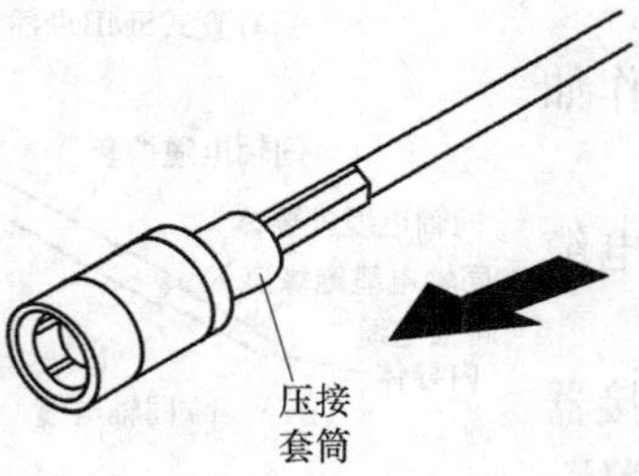

图 2-47 压接外导体操作

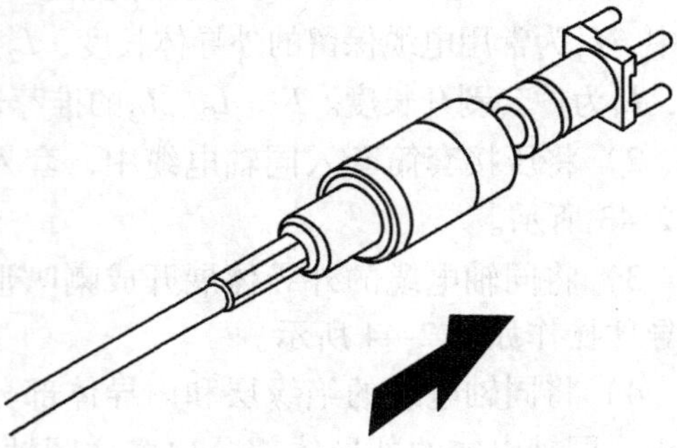

图 2-48 安装同轴电缆组件操作

课后练习题

1. 填空题

（1）光纤由________、________、________、________4 部分组成。

（2）光纤按传输模式分类，可以分为________和________。

（3）光缆一般由________等几部分组成。

（4）光缆缆芯的基本结构有________、________、________、________4 种类型。

（5）E1 接口的带宽为________，E1 电缆有________和________两种子标准。

2. 选择题

（1）以下不属于光纤本身的损耗为(   )。

A. 吸收损耗　　B. 散射损耗　　C. 辐射损耗　　D. 接续损耗

（2）以下不属于单模光纤主要色散的为(   )。

A. 模式色散　　B. 材料色散　　C. 波导色散　　D. 偏振色散

（3）以下称为零色散通信波长的通信波段为(   )。

A. 1.3μm　　B. 1.55μm　　C. 0.8μm　　D. 1.2μm

（4）在 ITU-T 标准中，截止波长位移单模光纤的型号为(   )。

A. G.652　　B. G.653　　C. G.654　　D. G.655

（5）在IEC标准中，A1型多模光纤的类型为(　　)。

A. 渐变折射率光纤　B. 跳变折射率光纤　C. 塑料光纤　D. 单模光纤

（6）以下不属于光纤连接器的主要型号的为(　　)。

A. ST　B. SC　C. FP　D. FC

3. 简答题

（1）简述E1同轴电缆的直式BNC公接头、L9-M公接头、直式SMB母插头的安装流程。

（2）简述E1接口在通信系统中的主要应用。

（3）简述光纤接续盒的主要应用。

第3章　光纤通信系统用元器件

光纤通信系统中所用的元器件是指半导体光源、半导体光电检测器以及无源光器件。它们的性能决定着光纤通信系统的质量。

3.1　通信光源

光源器件是光纤通信设备的核心，它的作用是将电信号转换成光信号送入光纤。光纤通信中常用的光源器件有半导体激光器和发光二极管两种。

(1) 半导体激光器(LD)　主要用于长距离、大容量的光纤通信系统。尤其是单纵模半导体激光器，在高速率、大容量的数字光纤通信系统中得到了广泛应用。

(2) 发光二极管(LED)　虽然没有半导体激光器那样优越，但其制造工艺简单、成本低、可靠性好，适用于短距离、低码速的数字光纤通信系统，或者是模拟光纤通信系统。

目前，光通信正在向高速、大容量、宽带、长距离、低成本方向迅速发展。不仅第三代高速、宽带的量子阱激光器(QW LD)、垂直腔面发射激光器(VCSEL)和光纤激光器(FL)已获得重大进展，一些新型光源，如量子点(QD LD)、量子级联激光器(QCL)、光子晶体激光器(PC LD)和微碟激光器等，也随着光通信应用的需求获得重大进展。用于光通信的光源前景看好，光源性能不断提高，新型器件也不断被开发出来。

3.1.1　常用半导体光源

1. 半导体激光器

用半导体材料作为工作物质的激光器，称为半导体激光器，简称 LD。它由工作物质、光学谐振腔和激励源组成。LD 是有阈值器件。

(1) 光纤通信系统对半导体激光器的基本要求

1) 光源的发光波长应符合目前光纤的三个低损耗窗口(0.85μm、1.31μm 和 1.55μm)。

2) 能够在室温下长时间连续工作，并能提供足够的光输出功率。目前，LD 的尾纤输出功率可达 500μW ~ 2mW；LED 的尾纤输出功率可达 10μW 左右。

3) 与光纤耦合效率高。

4) 光源的谱线宽度要窄，较好的 LD 谱线宽度可达到 0.1nm。

5) 寿命长，工作稳定。

(2) 半导体激光器的工作原理　用半导体材料做成的激光器，当激光器的 PN 结上外加的正向偏压足够大时，将使得 PN 结的结区出现高能级粒子多、低能级粒子少的分布状态，这即是粒子数反转分布状态，此时将出现受激辐射大于受激吸收的情况，可产生光的放大作用。

被放大的光在由 PN 结构成的 F-P 光学谐振腔(谐振腔的两个反射镜是由半导体材料的天然解理面形成的)中来回反射，不断增强，当满足阈值条件后，即可发出激光。

(3) 半导体激光器的基本结构　在半导体激光器中，从光振荡的形式来看，主要有两种方式构成的激光器，即法布里帕罗激光器(F-PLD)和分布反馈式(DFB LD)激光器。

1) 法布里帕罗激光器(F-PLD)。F-PLD 从结构上可分为三种，即同质结半导体激光器、单异质结半导体激光器、双异质结半导体激光器。半导体激光器结构示意图如图 3-1 所示。

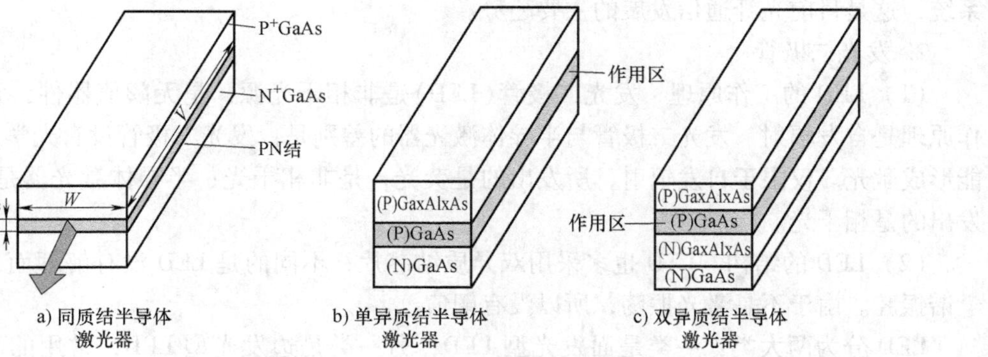

图 3-1　半导体激光器结构示意图

① 同质结半导体激光器。其核心部分是一个 PN 结，由结区发出激光。缺点是阈值电流高，且不能在室温下连续工作，不实用。

② 异质结半导体激光器。异质结半导体激光器包括单异质结半导体激光器和双异质结半导体激光器两种。异质结半导体激光器的“结”是由不同的半导体材料制成的，目的是降低阈值电流，提高效率。缺点是对电子和光子产生限制作用，减少了注入电流，增加了发光强度。

目前，光纤通信用的 F-P LD 大多采用铟镓砷磷（InGaAsP）双异质结条形激光器，InGaAsP 双异质结条形激光器的基本结构如图 3-2 所示。图中，(N) InGaAsP 是发光的作用区，其上、下两层称为限制层，它们和作用区构成光学谐振腔；限制层和作用层之间形成异质结；最下面一层 N 型 InP 是衬底；顶层（P^+）InGaAsP 是接触层，其作用是为了改善和金属电极的接触。

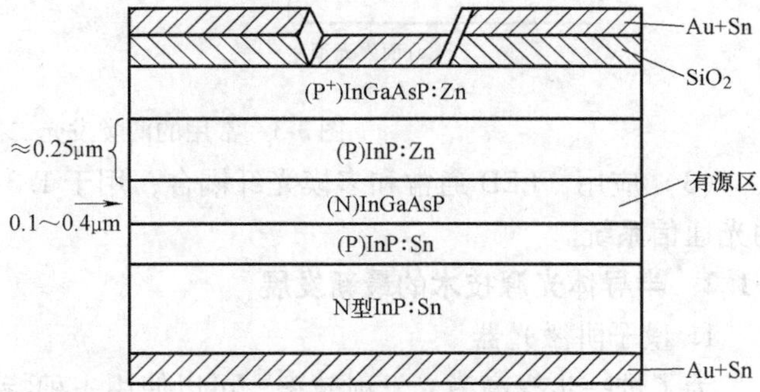

图 3-2　InGaAsP 双异质结条形激光器的基本结构

F-P LD 输出的激光一般是多纵模的，光谱很宽。而在长距离、大容量的光传输系统中，将使光纤中的色散增加，因此我们希望改善激光器的光谱特性，希望激光器能在单纵模状态下工作，这就需要使用分布反馈式（DFB）激光器。

2）分布反馈式激光器（DFB LD）。DFB LD 在高速调制下仍能单纵模工作，它是在异质结激光器具有光放大作用的有源层附近，刻上波纹状的周期的光栅来构成的。光子在每一条光栅上的反射形成一个激光器所需要的光反馈（这点与普通激光器不同，普通激光器是利用在激光工作物质两端的反射镜来实现光反馈的）。由于这种波纹状周期结构对光的反射作用，使得在一个方向上传播的光波不断地被反馈回相对的方向，使得前向和反向波之间产生耦合，这种结构可以理解为形成了一个对光波波长“敏感”的光学谐振腔。这种结构使它具有极强的波长选择性，从而在高速调制下仍能实现动态单纵模工作。分布反馈式（DFB）激光器主要应用于大容量、长距离的光传输系统。

（4）应用　LD 通常和单模光纤耦合，用于 1.31μm 或 1.55μm 大容量、长距离光通信系统，这是目前光纤通信发展的主要趋势。

2. 发光二极管

（1）LED的工作原理　发光二极管(LED)是非相干光源，是无阈值器件，它的基本工作原理是自发辐射。发光二极管与半导体激光器的差别是：发光二极管没有光学谐振腔，不能形成激光。仅限于自发辐射，所发出的是荧光，是非相干光；半导体激光器是受激辐射，发出的是相干光。

（2）LED的结构　LED也多采用双异质结芯片，不同的是LED没有解理面，即没有光学谐振腔。由于不是激光振荡，所以没有阈值。

LED分为两大类：一类是面发光型LED，另一类是边发光型LED，常用的两类发光二极管(LED)如图3-3所示。

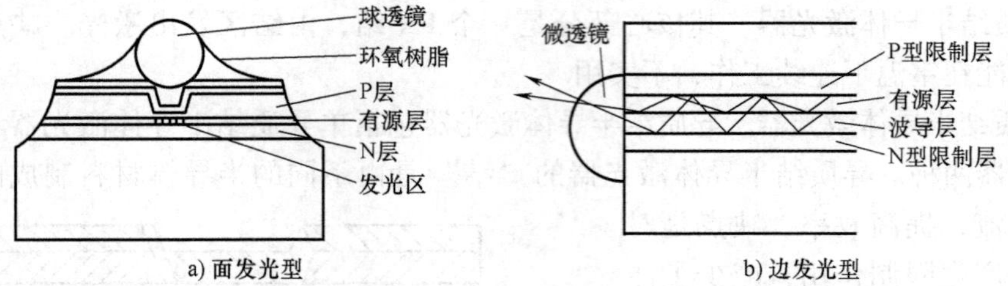

图3-3　常用的两类发光二极管(LED)

（3）应用　LED通常和多模光纤耦合，用于1.31μm或0.85μm波长的小容量、短距离的光通信系统。

3.1.2　半导体光源技术的最新发展

1. 量子阱激光器

为了进一步提高激光发射效率，可以使用一种特殊的制造技术来得到特别薄的激活区，厚度为4~20mm，这种技术称为量子阱。使用这种技术制造的激光器称为量子阱激光器，简称QW LD。理论分析表明，当有源区的厚度非常小时，则在有源层与两边相邻层的能带将出现不连续的现象，在有源区的异质结将产生一个势能阱，因此将产生这种量子效应的激光器称为量子阱半导体激光器。量子阱技术修改了电子和空穴能得到的能级密度，结构中的阱使电子和空穴被限制在极薄的有源区内，因此有源区能够得到较大的光增益。

QW LD的主要优点包括：

1）阈值电流低。

2）线宽窄。

3）较高的光/电转换效率。

QW LD目前得到了较多的关注，各发达国家研发的大功率、高速、宽频QW LD在基模输出功率、转换效率等方面都有所进展。

2. 垂直腔面发射激光器

传统的光/电转换技术一般采用LED等发光器件。这种发光器件多采用边缘发射，体积大，因此比较难以和其他半导体器件结合。20世纪90年代，垂直腔面发射激光器(VCSEL)的制造技术成熟后，其体积较小，故解决了发光器件和半导体器件结合的问题，因此迅速得到普及。VCSEL的特点包括：

1）谐振腔小，易产生微腔效应，低阈值(亚毫安级)激射。

2）谐振腔比较短，因而纵模间隔很大，动态调制频率高。

3）有源区截面呈圆对称形，光束方向性好，易输出，易耦合。

4）出光方向垂直于衬底平面，适合于并行光互连和信息处理。

5）器件体积小，可高密度地形成二维阵列激光器。

6）单片外延生长形成，便于对生长材料的质量检查与筛选，成品率高。

作为光通信中革命性光发射器件的 VCSEL 的新进展伴随着制作工艺不断进步，其阈值电流密度和工作电压不断降低，并从短波长发展到长波长，目前应用于 0.8μm 波段、1.3μm 波段、1.55μm 波段。

3. 光纤激光器

光纤激光器(FL)是指用掺稀土元素玻璃光纤作为增益介质的激光器，光纤激光器可在光纤放大器的基础上开发出来：在泵浦光的作用下光纤内极易形成高功率密度，造成激光工作物质的激光能级“粒子数反转”，当适当加入正反馈回路(构成谐振腔)时便可形成激光振荡输出。

FL 是目前光通信领域的新兴技术。与传统的固体、气体激光器相比，光纤激光器具有许多独特的优越性：

1）玻璃光纤制造成本低、技术成熟，其光纤的可挠性带来小型化、集约化优势。

2）玻璃光纤对入射泵浦光不需要像晶体那样严格的相位匹配，这是由于玻璃基质 Stark 分裂[⊖]引起的非均匀展宽造成吸收带较宽的缘故。

3）玻璃材料具有极低的体积面积比，散热快、损耗低，所以转换效率较高，激光阈值低。

4）输出激光波长多，这是因为稀土离子能级非常丰富及稀土离子种类较多。

5）可调谐性，这是由于稀土离子能级宽和玻璃光纤的荧光谱较宽。

6）光纤激光器的谐振腔内无光学镜片，因此具有免调节、免维护、高稳定性的优点，这是传统激光器无法比拟的。

7）光纤导出，使得激光器能轻易胜任各种多维任意空间加工应用，使机械系统的设计变得非常简单。

8）胜任恶劣的工作环境，对灰尘、振荡、冲击、湿度及温度具有很高的容忍度。

9）不需热电制冷和水冷，只需简单的风冷。

10）高的电/光转换效率：综合电/光转换效率高达 20% 以上，大幅度节约工作时的耗电，节约运行成本。

11）高功率，目前商用化的光纤激光器是 6000W。

光纤激光器应用范围非常广泛，包括激光光纤通信、激光空间远距通信、工业造船、汽车制造、激光雕刻、激光打标、激光切割、印刷制辊、金属非金属钻孔/切割/焊接(铜焊、淬水、包层以及深度焊接)、军事国防安全、医疗器械仪器设备、大型基础建设，以及作为其他激光器的泵浦源等。

⊖ 在强外电场作用下，谱线的分裂现象称为 Stark 分裂。

3.2　光电检测器

光电检测器完成光/电信号的转换。对光电检测器的基本要求是：

1）在系统的工作波长上具有足够高的响应度，即对一定的入射光功率能够输出尽可能大的光电流。

2）具有足够快的响应速度，适用于高速或宽带系统。

3）具有尽可能低的噪声，以降低器件本身对信号的影响。

4）具有良好的线性关系，以保证信号转换过程中的不失真。

5）具有较小的体积、较长的工作寿命等。

半导体光电检测器外观如图3-4所示，目前常用的半导体光电检测器有两种：PIN光敏二极管和APD雪崩光敏二极管。

图3-4　半导体光电检测器外观

3.2.1　光电检测器的工作原理

光电检测器是利用半导体材料的光电效应实现光/电转换的。

半导体材料的光电效应如图3-5所示，当入射光子能量 hf_c 小于禁带宽度 E_g 时，不论入射光有多强，光电效应也不会发生，即产生光电效应必须满足以下条件：

$$hf_c \geqslant E_g$$

即光频 $f_c < E_g/h$ 的入射光是不能产生光电效应的。将光频 f_c 转换为波长，则 $\lambda_c = hc/E_g$，即只有波长 $\lambda < \lambda_c$ 的入射光，才能使这种材料产生光生载流子，故 λ_c 为产生光电效应的入射光的最大波长，又称为截止波长，相应的 f_c 称为截止频率。

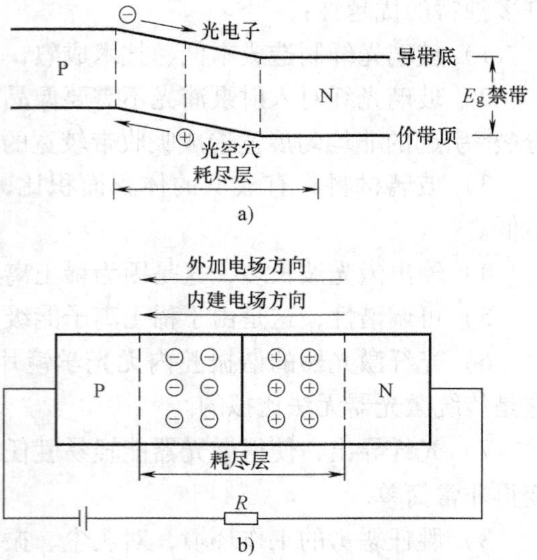

图3-5　半导体材料的光电效应

3.2.2　常用光电检测器

1. PIN光敏二极管

PIN光敏二极管是在掺杂浓度很高的P型、N型半导体之间，加一层轻掺杂的N型材料，称为I层（Intrinsic，本征层）。由于是轻掺杂，电子浓度很低，经扩散后形成一个很宽的耗尽层，这样可以提高其响应速度和转换效率。PIN光敏二极管结构和能带示意图如图3-6所示。

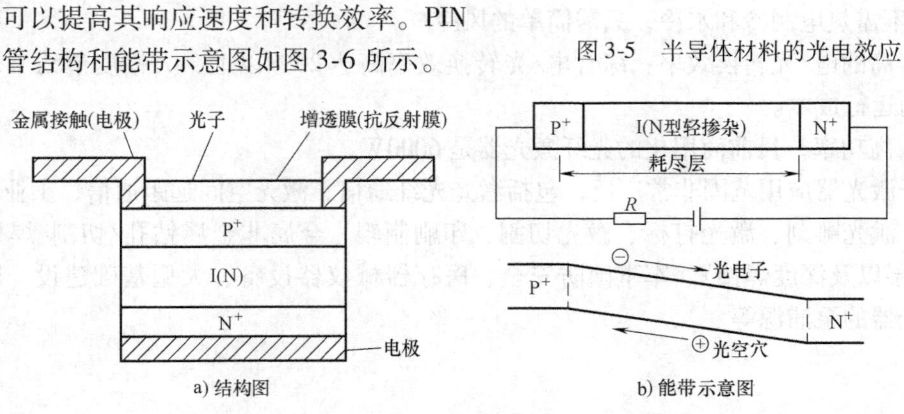

图3-6　PIN光敏二极管结构和能带示意图

2. 雪崩光敏二极管

雪崩光敏二极管又称 APD(Avalanche Photo Diode)。它不但具有光/电转换作用，而且具有内部放大作用，其放大作用是靠管子内部的雪崩倍增效应完成的。

APD 的雪崩倍增效应是在二极管的 PN 结上加高反向电压，在结区形成一个强电场；高场区内的光生载流子被强电场加速，获得高的动能，与晶格的原子发生碰撞，使价带的电子得到了能量；越过禁带到导带，产生了新的电子—空穴对；新产生的电子—空穴对在强电场中又被加速，再次碰撞，又激发出新的电子—空穴对，……，如此循环下去，形成雪崩效应，使光电流在管子内部获得了倍增。

APD 就是利用雪崩效应使光电流得到倍增的高灵敏度的检测器，APD 的结构和能带示意图如图 3-7 所示。

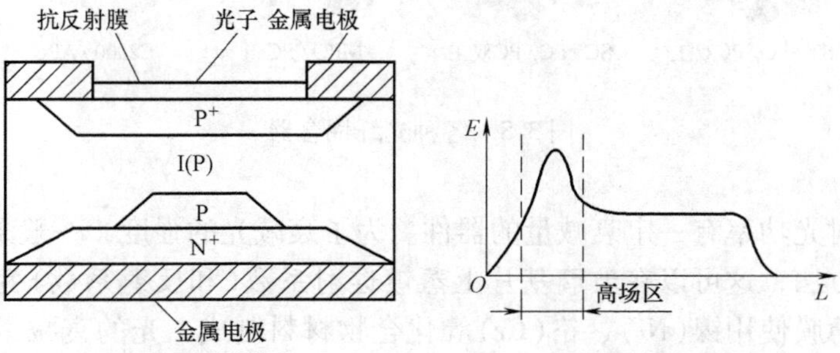

a) APD的结构图　　b) APD的能带示意图

图 3-7　APD 的结构和能带示意图

3.3　无源光器件

构成一个完整的光纤传输系统，除了光源、光电检测器及光纤外，还需要众多的无源光器件，如连接器、衰减器、隔离器、滤波器、分路器、复用器、光开关和调制器等。它们在系统中各起着光学连接、光功率分配、光波分复用、光信道切换及光信息的衰减、隔离和调制等作用。由此看来，无源光器件在光纤通信系统中起着重要的作用。本节仅介绍几种常用的无源光器件的原理及性能。

1. 光纤耦合器

光纤耦合器也叫光纤适配器，实际上就是光纤的插座，它的类型与光纤连接器的类型对应，有 ST、SC、FC 等几种，各种光纤耦合器如图 3-8 所示。光纤耦合器一般安装在光纤终端箱上，提供光纤连接器的连接固定。市场上有单售的光纤耦合器，供网络布线人员在现场将其安装在终端盒上，也有的厂家在光/电转换器、光纤网卡上已经安装了光纤耦合器，用户只需要插入光纤连接器即可。

2. 波分复用器

波分复用器是用于波分复用等传输方式中的无源光器件。它可将不同波长的多个光信号合并在一起耦合到一根光纤中传输，或者反过来，将从一根光纤传输来的不同波长的复合光信号，按不同光波长分开。前者称为合波器，后者称为分波器。波分复用器外观如图 3-9 所示。

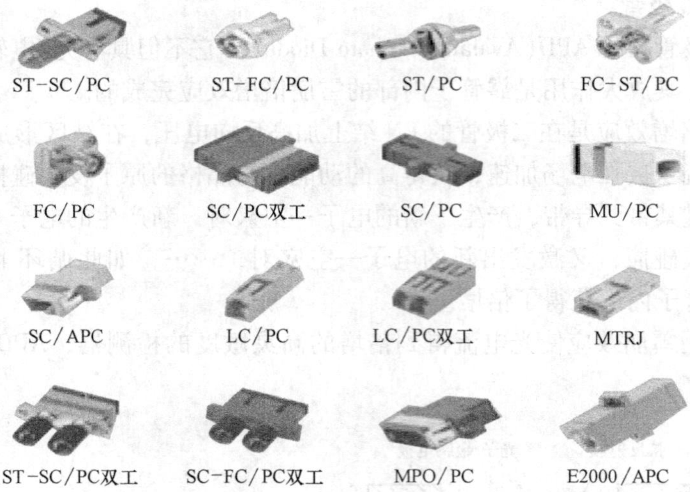

图 3-8　各种光纤耦合器

3. 光衰减器

光衰减器是对光功率有一定衰减量的器件。为了衰减光的强度，一般采用使一部分光功率被物质吸收的方法，这可以在玻璃基片上蒸镀透射系数(和反射系数)变化很小的金属薄膜来实现。金属薄膜使用镍(Ni)、铬(Cr)等化合物材料制成，光的衰减量大小可由薄膜的厚度进行控制。用光衰减器测定光接收机灵敏度时，把它置于光接收机的输入端，用来调整接收机光电平的大小。光衰减器可以分为：能改变光衰减量而尺寸比较大的可调整型衰减器和衰减量为一定值的固定衰减器两种。

(1) 固定衰减器　固定衰减器主要用于调整光纤传输线路的光损耗。固定衰减器如图 3-10 所示。在光接收端，当光功率过大时，可能会烧坏光电检测器件，或使其饱和，因此在光接收机输入端用固定衰减器给出一定的衰减量，以确保接收光功率大小在合适的范围以内。

图 3-9　波分复用器外观

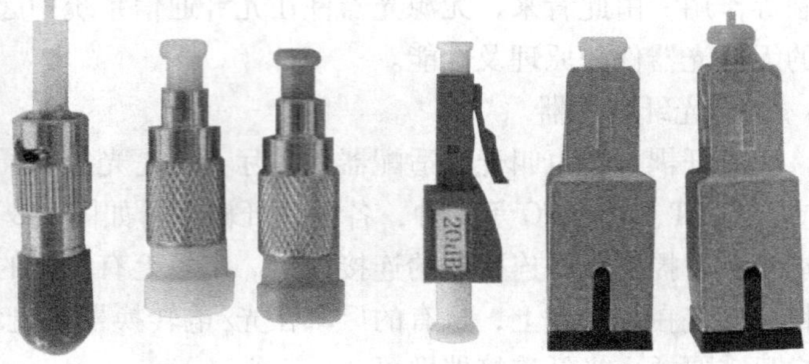

图 3-10　固定衰减器

(2) 可调整型衰减器　可调整型衰减器如图 3-11 所示，它也可以作为一个器件在光学测量中使用，采用步进可变衰减和连续可变衰减并用方式。衰减片采用金属蒸发镀膜滤光片作衰减元件，并且从设计上保证金属蒸发镀膜滤光片对光轴构成一定的角度来防止金属膜产生的反射光的再入射和多次反射。它具有插入损耗小、衰减量可调范围大、衰减量稳定、可靠、精度高等特点。

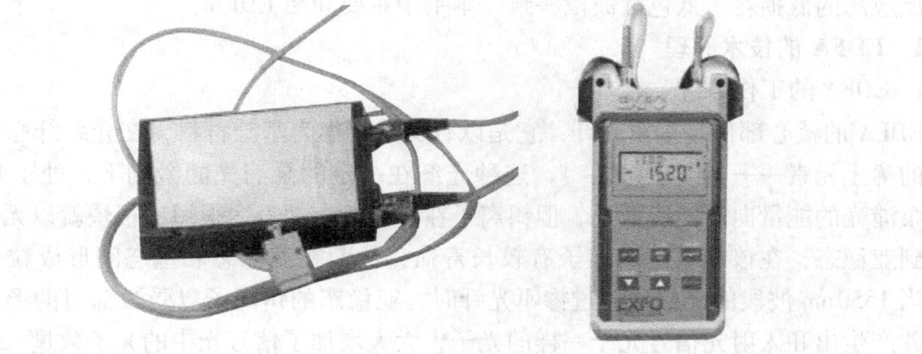

a)　　b)

图 3-11　可调整型衰减器

4. 光纤接续盒

光纤接续盒是光缆终端的接续设备，通常安装在 19in 机架上，能容纳数量比较多的光缆端头，可以通过光纤跳线接入光交换机。光纤接续盒如图 3-12 所示。

5. 光缆信息插座

光缆信息插座如图 3-13 所示，它的作用和基本结构与使用 RJ-45 信息模块的双绞线信息插座一致，是光缆布线在工作区的信息出口，用于光纤到桌面的连接。为了满足不同场合应用的要求，光缆信息插座有多种类型。如果水平干线为多模光纤，则光缆信息插座中应选用多模光纤模块；如果水平干线为单模光纤，则应选用单模光纤模块。另外，不同的光缆连接器使用的插座类型也不相同，如 ST 信息插座、SC 信息插座。

图 3-12　光纤接续盒

图 3-13　光缆信息插座

3.4　光放大器

3.4.1　光放大器的应用和分类

光放大器一般用做不上下业务的中继器(其自身没有上下业务的能力)，是一种不需要光—电—光转换而直接对光信号进行放大的有源光器件。它是新一代的长距离、大容量、高速率光纤通信系统和光纤 CATV 网、用户接入网等光纤传输系统的关键部件。

光放大器可分为半导体激光放大器(SOA)、非线性光学放大器和光纤放大器三大类。在光纤放大器中，掺铒光纤放大器(EDFA)已商用化，其工作波段在 1550nm，与光纤的最低损耗窗口相一致；掺镨光纤放大器(PDFA)也有很好的应用前景，工作波段为 1310nm，与现在广泛应用的低损耗、低色散波段一致。本书中主要介绍 EDFA。

3.4.2 EDFA 的技术原理

1. EDFA 的工作原理

EDFA 的核心部件是掺铒光纤，它是以石英光纤作为基础材料，在光纤纤心中掺入一定比例的稀土元素——铒离子(Er^{3+})，这种光纤在一定的泵浦光的激励下，处于基态的 Er^{3+} 吸收泵浦光的能量向高能级跃迁，但铒离子在高能级上的寿命很短，很快就以无辐射的形式跃迁到亚稳态，在该能级上铒离子有较长寿命，从而在亚稳态和基态间形成粒子数反转分布。当 1550nm 波段的光信号通过掺铒光纤时，亚稳态的铒离子以受激辐射的形式跃迁到基态，并产生出和入射光信号光子一样的光子，大大增加了信号光中的光子数量，实现了信号光在掺铒光纤中的放大。

2. EDFA 的基本结构

EDFA 由耦合器、泵浦源、光隔离器、掺铒光纤及光滤波器五部分组成，其核心组成部分是掺铒光纤和泵浦源。EDFA 的基本结构如图 3-14 所示。

(1) 复用器　将信号光和泵浦光混合送入掺铒光纤，要求插入损耗小。

(2) 泵浦源　为低能级铒离子提供能量使其跃迁到高能级，其输出功率为 10～100mW，工作波长为 980nm。要求大功率和长寿命。

(3) 光隔离器　左边的光隔离器防止反射光影响上游光源，右边的光隔离器防止反射光影响光放大器。

(4) 掺铒光纤　长为 10～100m，铒离子浓度为 25mg/kg。

(5) 光滤波器　滤除光放大器噪声，提高信噪比。

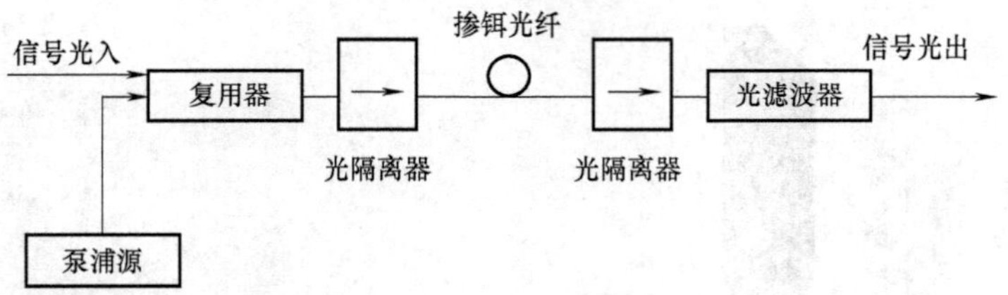

图 3-14　EDFA 的基本结构

3. EDFA 的三种泵浦方式

(1) 同向泵浦　即泵浦光与信号光以相同的方向进入掺铒光纤，这种结构噪声特性最好，即噪声最低。同向泵浦结构如图 3-15 所示。

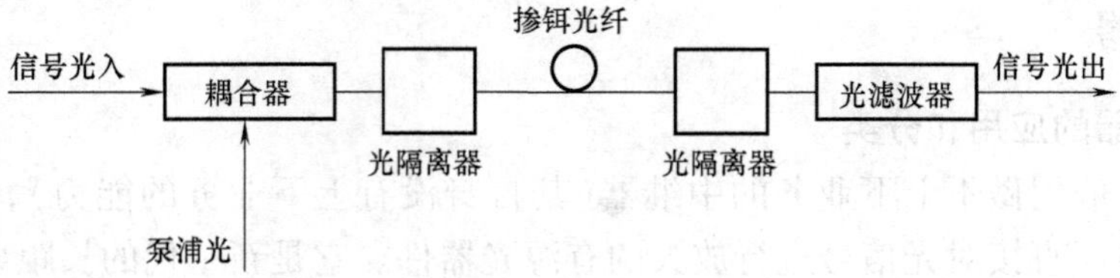

图 3-15　同向泵浦结构

(2) 反向泵浦　泵浦光与信号光从两个不同方向进入掺铒光纤，这种结构具有较高的输出功率。反向泵浦结构如图 3-16 所示。

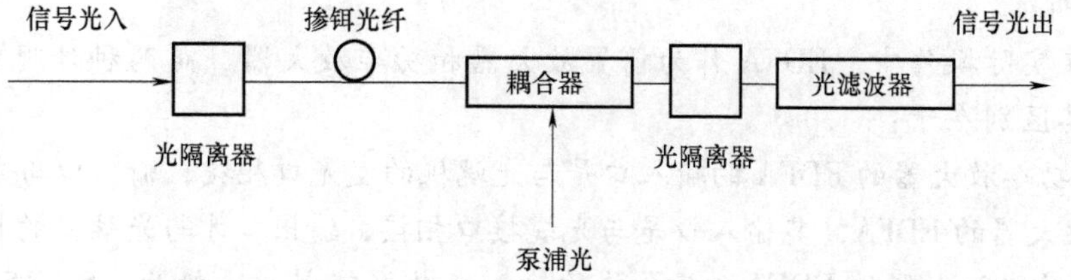

图 3-16　反向泵浦结构

（3）双向泵浦　泵浦光从两个相反的方向进入掺铒光纤，这种结构输出功率最高，可以获得更大的增益。双向泵浦结构如图 3-17 所示。

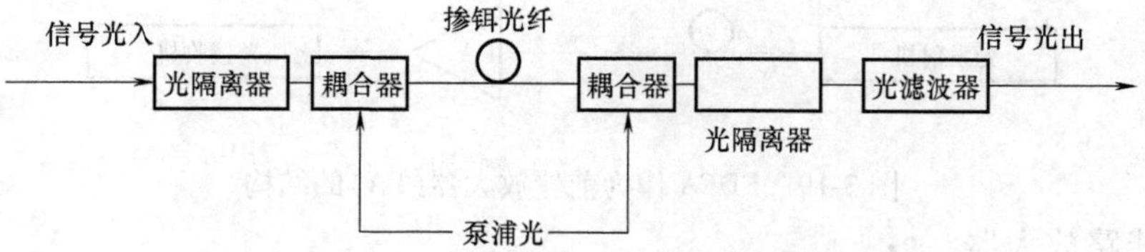

图 3-17　双向泵浦结构

4. EDFA 的优缺点

1）EDFA 的优点在于：

① 工作波段在 1550nm，与光纤的最低损耗窗口一致。

② 耦合效率高，耦合损耗可小到 0.1dB。

③ 能量转换效率高。

④ 可实现透明传输。

⑤ 增益特性稳定(100℃仍可保持基本不变)。

⑥ 增益高，噪声低(增益可达 40dB)。单向泵浦(同向泵浦或反向泵浦)时输出光功率达 14dBm，双向泵浦时输出光功率达 17dBm，噪声系数为 4dB 左右。

2）EDFA 的缺点在于：

① 波长固定。

② 增益带宽不平坦。

③ 只解决了损耗问题而没有解决色散问题。

3.4.3　EDFA 的应用

EDFA 的应用方式主要有以下 3 种。

1. 作为功率放大器

将 EDFA 放在光发射机后对光源信号进行放大，可增加入纤光功率，延长传输距离，EDFA 作为功率放大器(BA)的结构如图 3-18 所示。

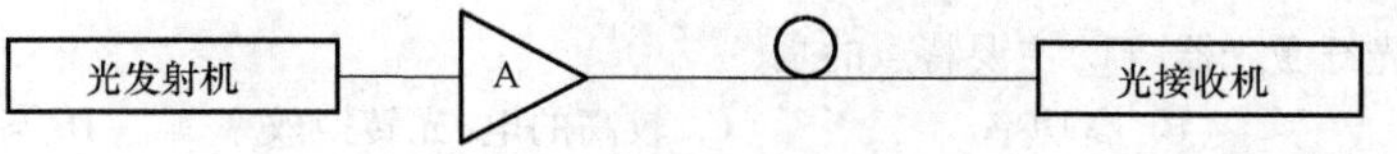

图 3-18　EDFA 作为功率放大器(BA)的结构

2. 作为前置放大器

将 EDFA 放在光接收机的前面，可提高接收灵敏度，EDFA 作为前置放大器(PA)的结构如图 3-19 所示。

注意：在实际操作中，EDFA 作为前置放大器和功率放大器，是两种外观相似但本质不同的设备，其区别在于：

1）作为功率放大器的 EDFA 的输入口是与光端机的发光口相接，输出口与光缆接口相连；而作为前置放大器的 EDFA，其输入口是与光缆接口相接，输出口才与光端机的收光口相连。

2）作为功率放大器的 EDFA，其允许的输入光功率较大，一般为 -5～15dBm；而作为前置放大器的 EDFA，其允许的输入光功率较小，一般小于 -25dBm。

3）作为功率放大器的 EDFA，其输出功率较大，一般为 17dBm 左右；而作为前置放大器的 EDFA，其输出功率较小，一般为 -20～-25dBm。

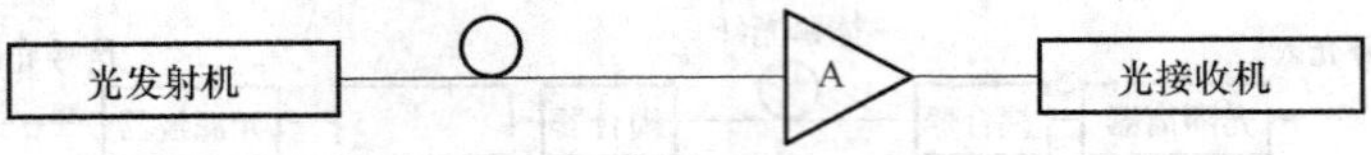

图 3-19 EDFA 作为前置放大器(PA)的结构

3. 作为线路放大器

将 EDFA 直接接入光纤传输链路中，作为线路放大器或中继器，实现光域放大，EDFA 作为线路放大器(LA)的结构如图 3-20 所示。多个 LA 级联使用时一定要**注意：**每级 EDFA 的增益要恰好抵消级间损耗，否则，随着级联的增加噪声也会累积。

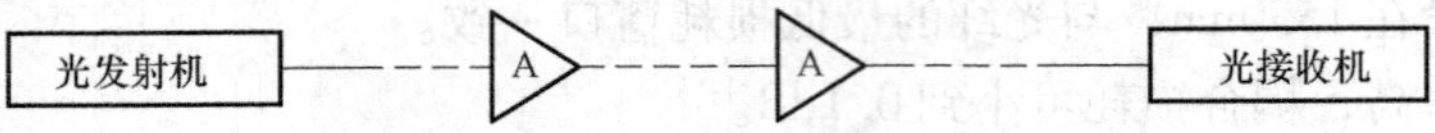

图 3-20 EDFA 作为线路放大器(LA)的结构

注意：EDFA 没有解决色散问题，因此在实际使用中要加入负色散光纤进行补偿，或只用于色散位移光纤。

课后练习题

1. 填空题

（1）光纤通信中常用的光源器件有________和________。

（2）在半导体激光器中，从光振荡的形式来看主要有两种方式构成，分别为________和________。

（3）雪崩光敏二极管内部的放大作用是靠________完成的。

（4）光衰减器可以分为________和________两大类。

（5）EDFA 的三种泵浦方式为________、________、________。

（6）EDFA 由________等部分组成。

2. 选择题

（1）体积小，适宜与其他半导体器件结合的光源为(　　)。

A. DFB LD　　B. FL　　C. VCSEL　　D. QW LD

（2）以下不是光纤激光器(FL)主要特点的是(　　)。

A. 可调谐性　　B. 高功率　　C. 较高的电/光转换效率　　D. 输出谱线宽

3. 简答题

（1）简述半导体激光器(LD)和发光二极管(LED)在光传输系统应用上的差异。

（2）简述光传输系统对光电检测器的基本要求。

（3）简述 EDFA 的应用方式。

学习领域2

光传输系统硬件安装调试

第4章　光传输系统设备安装

4.1　光传输系统硬件设备介绍

在国内，目前三大运营商主要使用的光传输设备均为华为公司或中兴公司生产，本书主要介绍华为公司的最新一代 SDH 光传输设备。华为 SDH 光传输设备采用多 ADM 技术，根据不同的配置需求，可以同时提供 E1 语音、10Mbit/s 或 100Mbit/s 以太网、ATM 等多种接口，能满足现代通信对复杂组网的需求。

华为 SDH 光传输设备包含有多个系列的不同型号，可应用于不同层次的网络中，如下所示：

（1）接入层设备　包括 OptiX Metro 100、OptiX Metro 1000、OptiX OSN 1500。

（2）汇聚层设备　包括 OptiX Metro 3000、OptiX OSN 2500、OptiX OSN 3500。

（3）骨干层设备　包括 OptiX OSN 7500、OptiX OSN 9500、OptiX OSN 6800（支持 DWDM）、OptiX BWS（支持 DWDM）。

本书选择 OptiX Metro 1000 和 OptiX OSN 2500 设备为代表进行介绍。

4.1.1　OptiX Metro 1000 设备介绍

1. 设备外观及网络应用

OptiX Metro 1000 是华为公司根据城域网现状和未来发展趋势，开发的新一代光传输设备，它融 SDH、以太网、PDH 等技术为一体，实现了在同一个平台上高效地传送语音和数据业务。OptiX Metro 1000 外形如图 4-1 所示。

图 4-1　OptiX Metro 1000 外形

OptiX Metro 1000 应用于城域网中的接入层，可与 OptiX OSN 9500、OptiX OSN 2500、OptiX OSN 1500、OptiX Metro 3000 混合组网。OptiX Metro 1000（OptiX 155/622H）的网络应用如图 4-2 所示。

2. 业务接入能力

OptiX Metro 1000 支持多种业务类型的接入，可以与交换机、无线基站、以太网交换机等设备进行对接。OptiX Metro 1000 支持的业务类型和接入数量见表 4-1。

表 4-1　OptiX Metro 1000 支持的业务类型和接入数量

业务分类	单设备最大接入数量
SDH	16×STM-1(o)、6×STM-1(e)、8×STM-4(o)
PDH	112×E1、96×E1/T1、9×E3、9×T3
以太网	24×FE(e)、8×FE(o)、3×GE(o)

（续）

业务分类	单设备最大接入数量
DDN 业务	12 × N × 64kbit/s（N≤31）、48 × Framed E1
SHDSL	24 × SHDSL（E1、N × 64kbit/s）
ATM	2 × STM-1 ATM、4 × STM-1 ATM
音频和数据	12 路音频 +4 路 RS-232 +4 路 RS-422

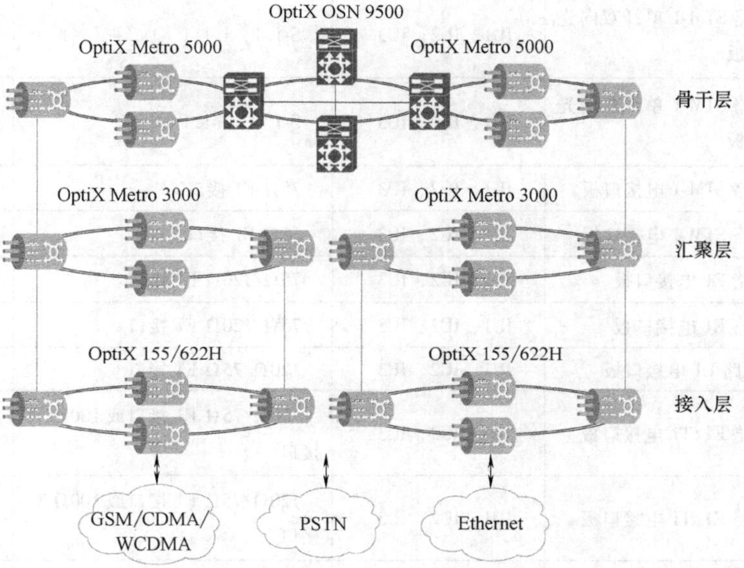

图 4-2　OptiX Metro 1000（OptiX 155/622H）的网络应用

3. 机盒结构

OptiX Metro 1000 采用盒式结构，主机外形尺寸为：436mm（宽）×293mm（深）×86mm（高），按照 19in 标准设计，满配置重量不超过 10kg，最大功耗不超过 100W。

OptiX Metro 1000 设备由机盒、风扇板、电源滤波板、防尘网以及可插入插板区的单板组成。OptiX Metro 1000 设置 7 个物理槽位用于安装各种单板，OptiX Metro 1000 设备槽位结构如图 4-3 所示。

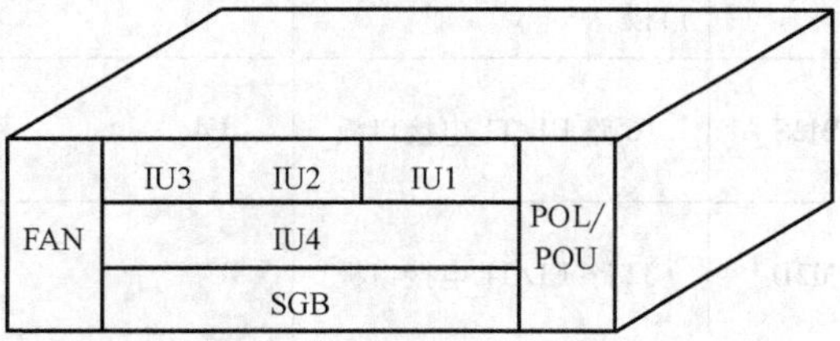

图 4-3　OptiX Metro 1000 设备槽位结构

OptiX Metro 1000 设备可选用各种业务单板和控制单板，OptiX Metro 1000 单板列表见表 4-2。

表 4-2　OptiX Metro 1000 单板列表

单板名称	单板全称	可插槽位	可用接口类型	光接口适配器类型
OI2S	1 路 STM-1 光接口板	IU1、IU2、IU3	Ie-1、S-1. 1、L-1. 1、L-1. 2	SC/PC
OI2D	2 路 STM-1 光接口板	IU1、IU2、IU3	Ie-1、S-1. 1、L-1. 1、L-1. 2	SC/PC
SL1O	8 路 STM-1 光接口板	IU4	Ie-1、S-1. 1、L-1. 1、L-1. 2	SC/PC

（续）

单板名称	单板全称	可插槽位	可用接口类型	光接口适配器类型
SL1Q	4路STM-1光接口板	IU4	Ie-1、S-1.1、L-1.1、L-1.2	SC/PC
OI4	1路STM-4光接口板	IU1、IU2、IU3	Ie-4、S-4.1、L-4.1、L-4.2	SC/PC
OI4D	2路STM-4光接口板	IU1、IU2、IU3	Ie-4、S-4.1、L-4.1、L-4.2	SC/PC
SB2L	1路STM-1单纤双向光接口板	IU1、IU2、IU3	S-1.1，L-1.1	SC/PC（只有左光接口）
SB2R	1路STM-1单纤双向光接口板	IU1、IU2、IU3	S-1.1，L-1.1	SC/PC（只有右光接口）
SB2D	2路STM-1单纤双向光接口板	IU1、IU2、IU3	S-1.1，L-1.1	SC/PC
SLE	1路STM-1电接口板	IU1、IU2、IU3	75Ω E1接口	
SDE	2路STM-1电接口板	IU1、IU2、IU3	75Ω E1接口	
SP1S	4路E1电接口板	IU1、IU2、IU3	75Ω/120Ω E1接口	
SP1D	8路E1电接口板	IU1、IU2、IU3	75Ω/120Ω E1接口	
SP2D	16路E1电接口板	IU1、IU2、IU3	120Ω/75Ω E1接口	
SM1S	4路E1/T1电接口板	IU1、IU2、IU3	120Ω/75Ω E1接口或100Ω T1接口	
SM1D	8路E1/T1电接口板	IU1、IU2、IU3	120Ω/75Ω E1接口或100Ω T1接口	
PD2S	16路E1电接口板	IU4	120Ω/75Ω E1接口	
PD2D	32路E1电接口板	IU4	120Ω/75Ω E1接口	
PD2T	48路E1电接口板	IU4	120Ω/75Ω E1接口	
FP2D	16路Framed E1电接口板	IU1、IU2、IU3	120Ω/75Ω Framed E1接口	
PM2S	16路E1/T1电接口板	IU4	120Ω/75Ω E1接口或100Ω T1接口	
PM2D	32路E1/T1电接口板	IU4	120Ω/75Ω E1接口或100Ω T1接口	
PM2T	48路E1/T1电接口板	IU4	120Ω/75Ω E1接口或100Ω T1接口	
PE3S	1路E3电接口板	IU1、IU2、IU3	75Ω E3接口	
PE3D	2路E3电接口板	IU1、IU2、IU3	75Ω E3接口	
PE3T	3路E3电接口板	IU1、IU2、IU3	75Ω E3接口	
PT3S	1路T3电接口板	IU1、IU2、IU3	75Ω T3接口	
PT3D	2路T3电接口板	IU1、IU2、IU3	75Ω T3接口	
PT3T	3路T3电接口板	IU1、IU2、IU3	75Ω T3接口	

（续）

单板名称	单板全称	可插槽位	可用接口类型	光接口适配器类型
TDA	多路音频数据接入板	IU4	12路音频+4路RS-232+4路RS-422	
SCB	系统控制板	SCB	提供2路外时钟输入、输出接口，与网管的接口，1路公务电话，4路数据接口，4入2出开关量接口 提供2×STM-1（S-1.1）或2×STM-4（S-4.1、L-4.1、L-4.2）光接口 提供16×E1电接口（75Ω/120Ω）	SC/PC
ET1O	8路以太网业务电接口板	IU4	10/100 Base-T	
EF1	6路以太网业务接口板	IU4	10/100 Base-T、100 Base-FX	
ET1D	2路以太网业务电接口板	IU1、IU2、IU3	10/100 Base-T	
EFS	4路以太网业务接口板	IU1、IU2、IU3	10/100 Base-T	
EFT	4路以太网业务接口板	IU1、IU2、IU3	10/100 Base-T	
ET1	8路以太网业务接口板	IU4	10/100 Base-T	
EGS	1路千兆以太网光接口板	IU1、IU2、IU3	1000 Base-LX/SX	
EFSC	12路以太网业务接口板	IU4	10/100 Base-T	
ELT2	2路百兆以太网光接口板	IU1、IU2、IU3	100 Base-FX	
EGT	1路千兆以太网透传处理板	IU1、IU2、IU3	1000 Base-LX/SX	
AIUD	2路ATM光接口板	IU4	Ie-1、S-1.1、L-1.1、L-1.2	SC/PC
AIUQ	4路ATM光接口板	IU4	Ie-1、S-1.1、L-1.1、L-1.2	SC/PC
SHLQ	单线对高比特率数字用户线接口板	IU1、IU2、IU3	提供4×G.SHDSL数据业务接口	
N64	*N*×64kbit/s速率接口板	IU1、IU2、IU3	提供2×V.35/V.24/X.21/RS-449/EIA-530等多种物理接口和2×Framed E1电接口	
N64Q	4路*N*×64kbit/s速率接口板	IU1、IU2、IU3	提供4×V.35/V.24/X.21/RS-449/EIA-530等多种物理接口协议的接口	

（续）

单板名称	单板全称	可插槽位	可用接口类型	光接口适配器类型
EMU	环境监控单元	IU3	提供2路电压监测、温度监测、12/6路开关量信号输入/输出、1路RS-232/RS-422串行通信接口	
FAN	风扇板	FAN	—	
POI/POU	滤波板	POI/POU	2路-48V(兼容-60V)或24V电源	
UPM(CAU)	电源监控单元	外置	提供电源监测	

4.1.2 OptiX OSN 2500 设备介绍

1. 设备外观及网络应用

OptiX OSN 2500 智能光传输设备(以下简称 OptiX OSN 2500)是华为公司开发的新一代智能光传输设备。OptiX OSN 2500 实现了在同一个平台上高效地传送语音和数据业务，它融合了以下技术：

1）同步数字传输体制(Synchronous Digital Hierarchy, SDH)。

2）准同步数字传输体制(Plesiochronous Digital Hierarchy, PDH)。

3）以太网。

4）异步传输模式(Asynchronous Transfer Mode, ATM)。

5）存储区域网络(Storage Area Network, SAN)。

6）波分服用(Wavelength Division Multiplexing, WDM)。

7）数字数据网(Digital Data Network, DDN)。

8）自动交换光传输网(Automatically Switched Optical Network, ASON)。

OptiX OSN 2500 的设备外形如图 4-4 所示。

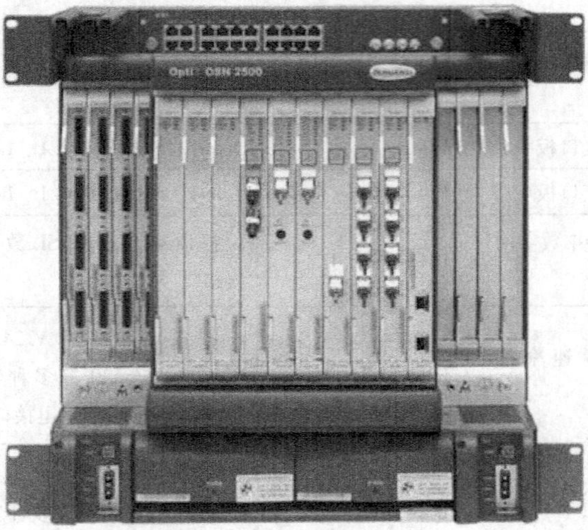

图 4-4 OptiX OSN 2500 的设备外形

OptiX OSN 2500 应用于城域网中的接入层和汇聚层，可与 OptiX OSN 9500、OptiX OSN 7500、OptiX OSN 3500、OptiX OSN 1500、OptiX Metro 3000、OptiX Metro 1000 混合组网，优化运营商投资、降低建网成本。OptiX OSN 2500 的网络应用如图 4-5 所示。

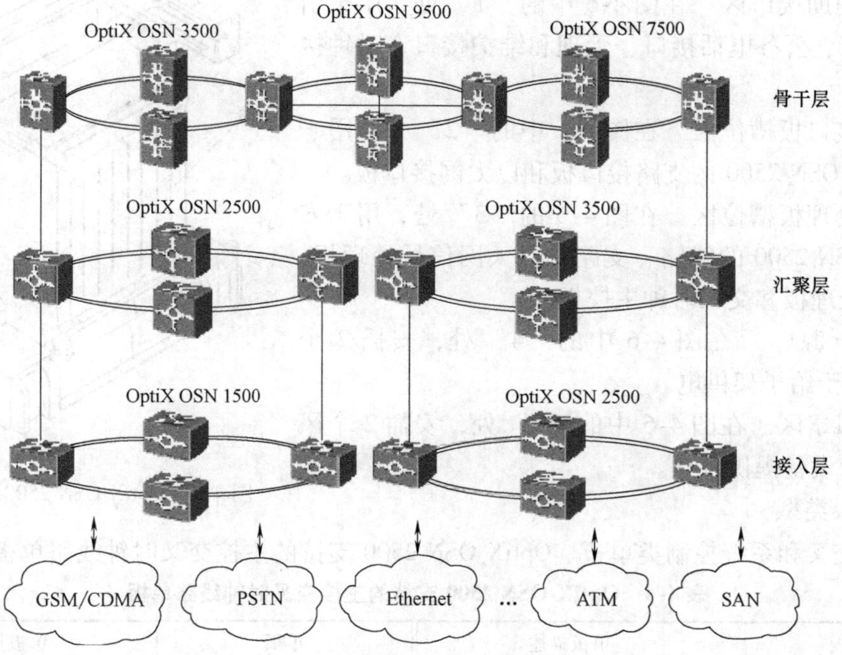

图 4-5 OptiX OSN 2500 的网络应用

2. 业务接入能力

OptiX OSN 2500 可以实现不同容量的业务接入。

OptiX OSN 2500 的业务接入能力见表 4-3，业务最大接入能力是指子架仅接入该种业务时支持的业务最大数量。

表 4-3 OptiX OSN 2500 的业务接入能力

业务类型	单子架最大接入能力	业务类型	单子架最大接入能力
STM-16 标准或级联业务	6 路	千兆以太网(GE)业务	28 路
STM-16(FEC)业务	4 路	STM-4 ATM 业务	7 路
STM-4 标准或级联业务	24 路	STM-1 ATM 业务	28 路
STM-1 标准业务	74 路	ESCON 业务	20 路
STM-1(电)业务	34 路	FICON/FC100 业务	9 路
E4 业务	16 路	FC200 业务	4 路
E3/T3 业务	57 路	DVB-ASI 业务	20 路
E1/T1 业务	252 路	$N\times64$kbit/s 业务	32 路
快速以太网(FE)业务	88 路	Frame E1 业务	32 路

3. 子架结构

OptiX OSN 2500 子架采用单层子架结构，分为处理板槽位区、接口板槽位区、辅助接口区、电源区和风扇区。

OptiX OSN 2500 子架结构如图 4-6 所示。

各部分功能如下：

（1）辅助接口区　在图 4-6 中的“1”处，用于引出告警接口、公务电话接口、管理和维护接口、时钟接口等。

（2）接口板槽位区　在图 4-6 中的“2”处，用于安插 OptiX OSN 2500 的支路接口板和以太网接口板。

（3）处理板槽位区　在图 4-6 的“3”处，用于安插 OptiX OSN 2500 的线路、支路和以太网信号处理板、系统辅助处理板和交叉时钟主控板。

（4）电源区　在图 4-6 中的“4”处，安插 2 个 PIU 板，用于给子架供电。

（5）风扇区　在图 4-6 中的“5”处，安插 2 个风扇模块，为设备提供散热。

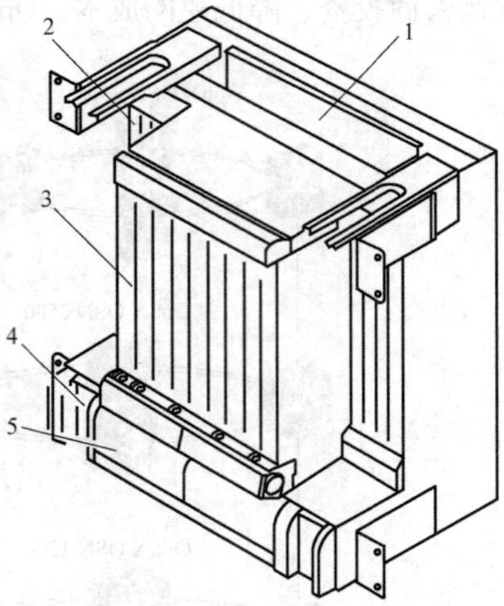

图 4-6　OptiX OSN 2500 子架结构

4. 单板类型

（1）交叉和系统控制类单板　OptiX OSN 2500 支持的主控交叉时钟线路单板见表 4-4。

表 4-4　OptiX OSN 2500 支持的主控交叉时钟线路单板

单板	单板描述	单板	单板描述
Q2CXL16、Q3CXL16	STM-16 交叉时钟线路板	Q2CXL1、Q3CXL1	STM-1 主控交叉时钟线路板
Q2CXL4、Q3CXL4	STM-4 主控交叉时钟线路板		

（2）SDH 类单板　OptiX OSN 2500 支持的 SDH 类单板见表 4-5。

表 4-5　OptiX OSN 2500 支持的 SDH 类单板

单　板	单板描述
N1SL16、N2SL16、N3SL16	1 路 STM-16 光接口板
N1SL16A、N2SL16A、N3SL16A	1 路 STM-16 光接口板
N1SF16	1 路带 FEC 的 STM-16 光接口板
N1SLQ4、N2SLQ4、N1SLQ4A	4 路 STM-4 光接口板
N1SLD4、N2SLD4、N1SLD4A	2 路 STM-4 光接口板
R1SLD4	2 路 STM-4 光接口板(小板位)
N1SL4、N2SL4、N1SL4A	1 路 STM-4 光接口板
R1SL4	1 路 STM-4 光接口板(小板位)
N1SLT1	12 路 STM-1 光接口板
N2SLO1	8 路 AU3 高密接入单板
N1SLQ1、N2SLQ1、N1SLQ1A	4 路 STM-4 光接口板
R1SLQ1	4 路 STM-4 光接口板(小板位)
N1SL1、N2SL1、N1SL1A	1 路 STM-1 光接口板

（续）

单 板	单板描述
R1SL1	1路STM-1光接口板(小板位)
N1SEP(出线板出线)a	8路STM-1信号处理板
N1SEP1(面板出线)a	2路STM-1信号处理板
N1EU08	8路STM-1(e)电接口出线板
N1OU08	8路STM-1光接口出线板
N1EU04	4路STM-1(e)电接口出线板

（3）PDH类单板 OptiX OSN 2500支持的PDH类单板见表4-6。

表4-6 OptiX OSN 2500支持的PDH类单板

单板	单板描述	单板	单板描述
N1SPQ4、N2SPQ4	4路E4/STM-1信号处理板	R2PD1(A/B)	32路E1业务处理板
N1PQM	63路E1/T1业务处理板	N1MU04	4路E4/STM-1电接口出线板
N2PQ3	12路E3/T3业务处理板	N1C34S	3路E3/T3电接口倒换出线板
N1PD3、N2PD3	6路E3/T3业务处理板	N1D34S	6路E3/T3电接口倒换出线板
N1PL3、N2PL3	3路E3/T3业务处理板	N1D75S	32路E1/T1电接口倒换出线板(75Ω)
N1PL3A、N2PL3A	3路E3/T3业务处理板	N1D12S	32路E1/T1电接口倒换出线板(120Ω)
N1PQ1(A/B)	63路E1业务处理板(75Ω/120Ω)	N1D12B	32路E1/T1电接口出线板(120Ω)
N2PQ1(A/B)	63路E1业务处理板(75Ω/120Ω)	N1TSB8	8路电接口保护倒换板
R1PD1(A/B)	32路E1业务处理板(小板位)	N1TSB4	4路电接口保护倒换板

（4）DDN类单板 OptiX OSN 2500支持的DDN类单板见表4-7。

表4-7 OptiX OSN 2500支持的DDN类单板

单板	单板描述	单板	单板描述
N1DX1	*N*路64kbit/s接入汇聚处理板	N1DXA	*N*路64kbit/s汇聚处理板
		N1DM12	*N*路64kbit/s接口板

（5）以太网类单板 OptiX OSN 2500支持的以太网类单板见表4-8。

表4-8 OptiX OSN 2500支持的以太网类单板

单板	单板描述	单板	单板描述
R1EFT4	4路FE以太网透明传输板(小板位)	N4EFS0	8路FE以太网交换处理板
		N2EGS2	2路GE以太网交换处理板
N1EFS4	4路FE以太网交换处理板	N1EGT2	2路GE以太网透明传输板
N2EFS4	4路FE以太网交换处理板	N2EGR2	2路GE以太环网处理板
N1EFS0(必须配接口板)	8路FE以太网交换处理板	N1EFT8(出线板出线)	16路FE以太网透明传输板
N2EFS0(必须配接口板)	8路FE以太网交换处理板	N1EFT8(面板出线)	8路FE以太网透明传输板

（续）

单板	单板描述	单板	单板描述
N1EFT8A	8路FE以太网透明传输板	N1ADL4	1路STM-4 ATM业务处理板
N2EMR0（出线板出线）	1路GE和12路FE以太环网处理板	N1ADQ1	4路STM-1 ATM业务处理板
		N1IDQ1	4路STM-1 ATM业务处理板
N2EMR0（面板出线）	1路GE和4路FE以太环网处理板	N1IDL4	1路STM-4 ATM业务处理板
		N1MST4	4路多业务透明传输处理板
N1EMS4（出线板出线）	4路GE和16路FE混合以太网交换处理板	N1ETF8	8路FE以太网双绞线出线板
		N1EFF8	8路FE以太网光接口出线板
N1EMS4（面板出线）	4路GE以太网交换处理板	N1ETS8	8路FE以太网双绞线转接倒换板
N1EGS4、N3EGS4	4路GE以太网业务汇聚板		

（6）WDM类单板　OptiX OSN 2500支持的WDM类单板见表4-9。

表4-9　OptiX OSN 2500支持的WDM类单板

单板	单板描述	单板	单板描述
N1LWX	任意速率波长转换板	TN11MR2	2路光分插复用板
N1MR2A	2路光分插复用板（处理板位）	TN11MR4	4路光分插复用板
N1MR2B	2路光分插复用板（小板位）	TN11CMR2	2路光分插复用板
N1MR2C	2路光分插复用板（接口板位）	TN11CMR4	4路光分插复用板

（7）光功率放大单板　OptiX OSN 2500支持的光功率放大单板见表4-10。

表4-10　OptiX OSN 2500支持的光功率放大单板

单板	单板描述	单板	单板描述
N1BA2	2路光功率放大板	N1FIB	滤波隔离板
N1BPA、N2BPA	1路功率放大和1路前置放大板	N1CO、61COA、62COAa	盒式光纤放大器
TN11OBU1	光功率放大板	ROPa	单波长距板

（8）辅助类单板　OptiX OSN 2500支持的辅助类单板见表4-11。

表4-11　OptiX OSN 2500支持的辅助类单板

单板	单板描述	单板	单板描述
Q1SAP、Q2SAP	系统辅助处理板	N1FAN	风扇板
Q1PIU	电源接口板	UPMa	不间断电源模块
Q1SEI	辅助信号扩展接口板		

5. 设备接口

设备接口分为业务接口和辅助接口。业务接口包括SDH业务接口、PDH业务接口等多种业务接口；辅助接口包括管理接口、公务接口、时钟接口及告警接口。OptiX OSN 2500提供的接口类型见表4-12。

表 4-12　OptiX OSN 2500 提供的接口类型

接口类型	描　述
SDH 业务接口	STM-1 电接口：SMB 接口 STM-1 光接口：I-1、Ie-1、S-1.1、L-1.1、L-1.2、Ve-1.2 STM-4 光接口：I-4、S-4.1、L-4.1、L-4.2、Ve-4.2 STM-16 光接口：I-16、S-16.1、L-16.1、L-16.2、L-16.2Je、V-16.2Je、U-16.2Je（CXL16 不能提供 L-16.2Je、V-16.2Je、U-16.2Je 光接口） STM-16 光接口（FEC）：Ue-16.2c、Ue-16.2d、Ue-16.2f STM-16 光接口：定波长输出，可直接与波分设备对接
PDH 业务接口	75Ω/120Ω E1 电接口 100Ω T1 电接口 75Ω E3、T3 和 E4 电接口
以太网业务接口	10/100Base-TX、100Base-FX、1000Base-SX、1000Base-LX、1000Base-ZX
DDN 业务接口	Framed E1 接口 RS-449、EIA530、EIA530-A、V.35、V.24、X.21 接口
ATM 业务接口	STM-1 光接口：Ie-1、S-1.1、L-1.1、L-1.2、Ve-1.2 STM-4 光接口：S-4.1、L-4.1、L-4.2、Ve-4.2 E3 接口：通过 N1PD3、N1PL3、N1PL3A 单板接入 IMA E1 接口：通过 N1PQ1、N1PQM、N2PQ1、R1PD1 单板接入
存储网业务接口	FC100、FICON、FC200、ESCON、DVB-ASI 业务光接口
管理接口	1 路远程维护接口（OAM） 4 路广播数据口（S1 ~ S4） 1 路 64kbit/s 的同向数据通道接口（F1） 1 路以太网网管接口（ETH） 1 路串行管理接口（F&f） 1 路调试口（COM）
公务接口	1 个公务电话接口（PHONE） 2 个出子网话音接口（V1 ~ V2） 2 路出子网信令接口（S1 ~ S2，复用于 2 路广播数据口）
时钟接口	2 路 75Ω 外时钟接口（2048kbit/s 或 2048kHz） 2 路 120Ω 外时钟接口（2048kbit/s 或 2048kHz）
告警接口	8 路输入及 4 路输出告警接口 4 路机柜告警灯输出接口 4 路机柜告警灯级联输入接口 告警级联输入接口

4.2　机柜安装

安装机柜要按照流程进行，机柜安装流程如图 4-7 所示。

机柜在防静电地板上安装后，需要把机柜周围的防静电地板复原。机柜在防静电地板上的安装效果如图 4-8 所示。

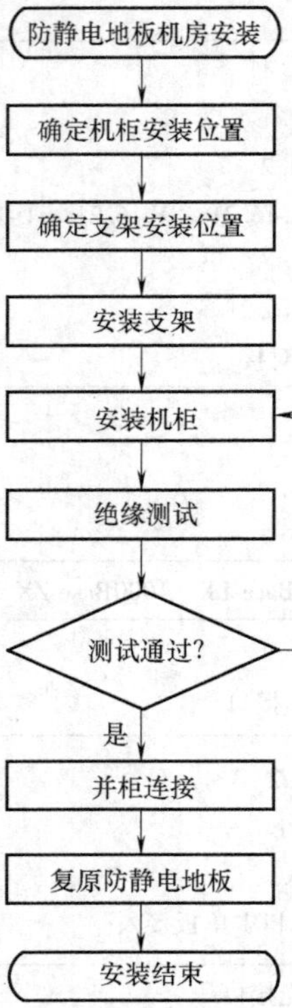

图 4-7 机柜安装流程

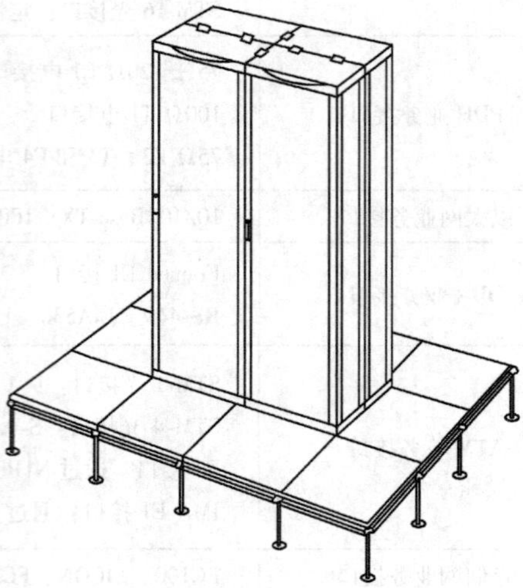

图 4-8 机柜在防静电地板上的安装效果

4.2.1 机柜定位

1. 确定单个机柜的安装位置

1）根据施工图样标定机柜的位置，确定机柜安装基准点，并做出标记。

2）依照基准点划出 600mm × 300mm 的长方形，并根据长方形划出机柜中心线。单个机柜定位示意图如图 4-9 所示。

2. 确定并列安装机柜的安装位置

当机柜并列于已安装机柜安装时，必须首先确定已安装机柜的位置，主要操作步骤有：

1）用铅锤确定已安装机柜侧面在地面的投影位置，并做出标记。

2）根据标记划出新机柜靠近已安装机柜侧的侧轮廓线。

3）根据已安装机柜的前轮廓线划出新机柜的前轮廓线（机柜正面）。

4）确定安装基准点的位置。

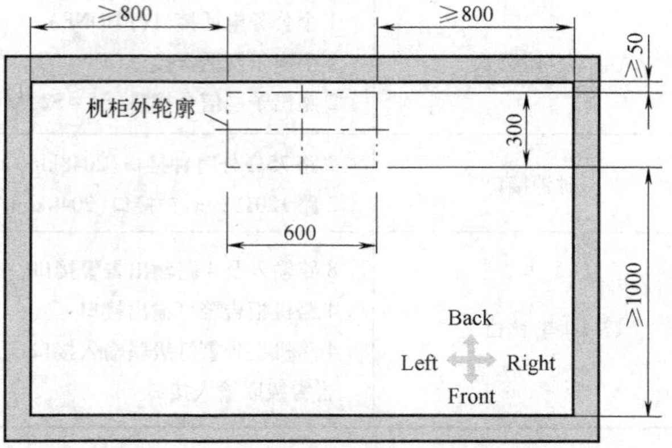

图 4-9 单个机柜定位示意图

并排机柜定位示意图如图 4-10 所示。图中，“1”为待安装机柜前轮廓，“2”为待安装机柜中心线，“3”为待安装机柜侧轮廓，“4”为已安装机柜的位置，“5”为参考点。根据安装基准点划出 600mm×300mm 的长方形，并根据长方形划出机柜中心线。

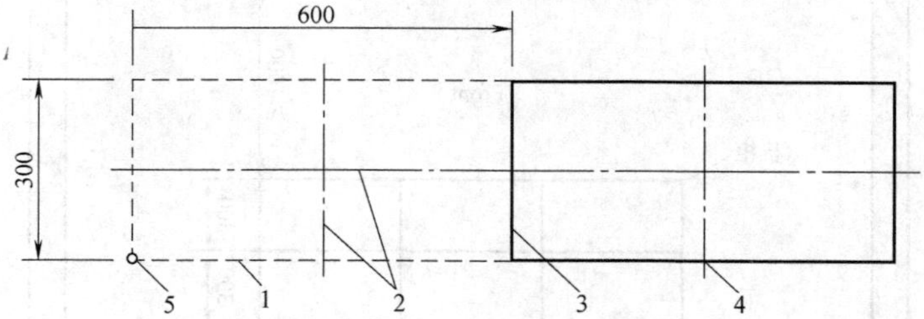

图 4-10　并排机柜定位示意图

3. 确定面对面安装的两排机柜的安装位置

两排机柜面对面安装时，之间要保持一定的距离，确定两排机柜(面对面安装)的安装位置。面对面安装的机柜定位示意图如图 4-11 所示。

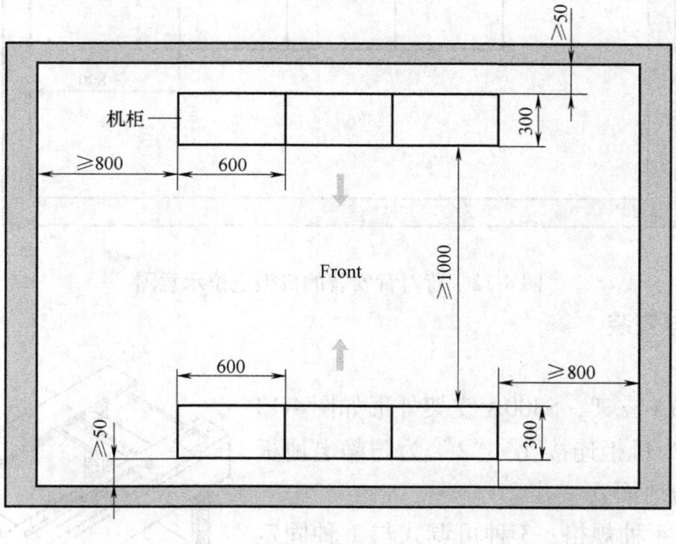

图 4-11　面对面安装的机柜定位示意图

4. 确定背对背安装的两排机柜的安装位置

两排机柜背对背安装时，要求一排机柜紧靠另外一排机柜，确定两排机柜(背对背安装)的安装位置。背对背安装的机柜定位示意图如图 4-12 所示。

5. 安装检查

安装完成后要进行检查。考虑到散热、维护等因素，机柜放置位置应该符合如下要求：

1）两排机柜间距离不小于 1m。

2）机柜侧面与墙的距离不小于 0.8m。

3）机柜正面与墙的距离不小于 1m。

4）靠墙安装时，机柜背部与墙的距离不小于 50mm。

5）机房应留有宽度不小于 1m 的通道。

6）机柜顶部出电缆孔对准机房走线槽的下方。

7）机柜的安装位置符合工程文件的要求。

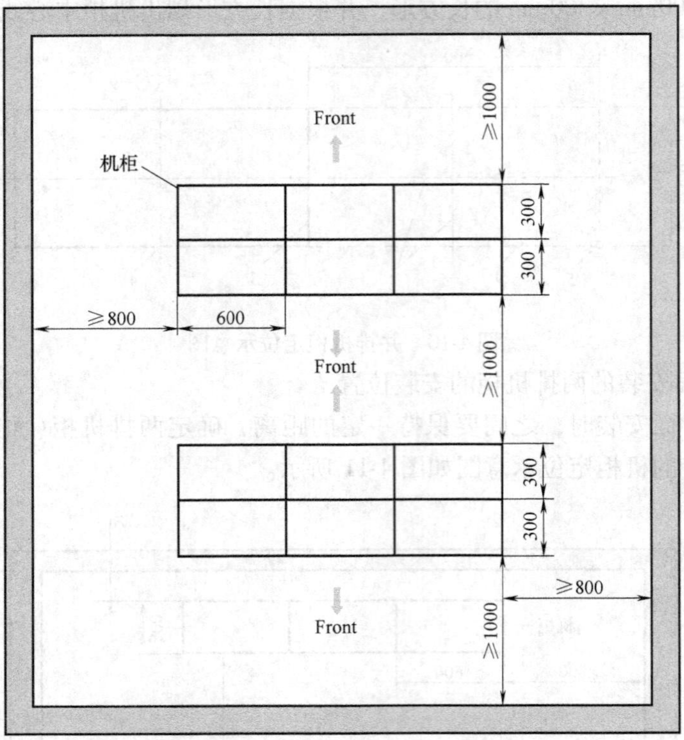

图 4-12 背对背安装的机柜定位示意图

4.2.2 支架定位与安装

1. 支架简介

支架采用S300A 支架，S300A 支架外形如图 4-13 所示，图中“1”为机柜连接孔，“2”为防静电地板高度刻度，“3”为地面安装孔。

S300A 支架有 4 种规格：3 种可调式与 1 种固定高度式，支架规格及适用地板高度见表 4-13。

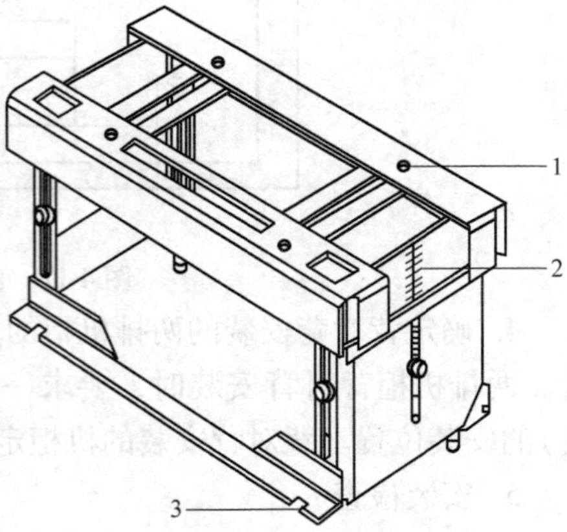

图 4-13 S300A 支架外形

2. 支架定位

机柜定位后，需要定位支架。

（1）前提条件 已经确定机柜的安装位置，当机柜安装在防静电地板上时，必须安装定位支架。

（2）工具和仪表 直尺、铅笔。

（3）操作步骤

表 4-13 支架规格及适用地板高度

支架规格	适用地板高度/mm	说 明
Ⅰ	175～235	Ⅰ、Ⅱ、Ⅲ规格在其调节范围内均能实现高度的无级调节，它是通过上、下支架的相对移动实现的
Ⅱ	236～355	
Ⅲ	356～595	
Ⅳ	根据地板高度定做（最低高度为 100mm）	规格Ⅳ为固定高度式支架，主要适用于防静电地板过高与过低的情形，该组件适应的最低地板高度为 100mm

1）以机柜中心线为中心基准，划出460mm×264mm长方形，长方形一边距离机柜后背41.5mm。单机柜支架安装孔位如图4-14所示，一排机柜支架安装孔位如图4-15所示，两排机柜(背靠背安装)支架安装孔位如图4-16所示。

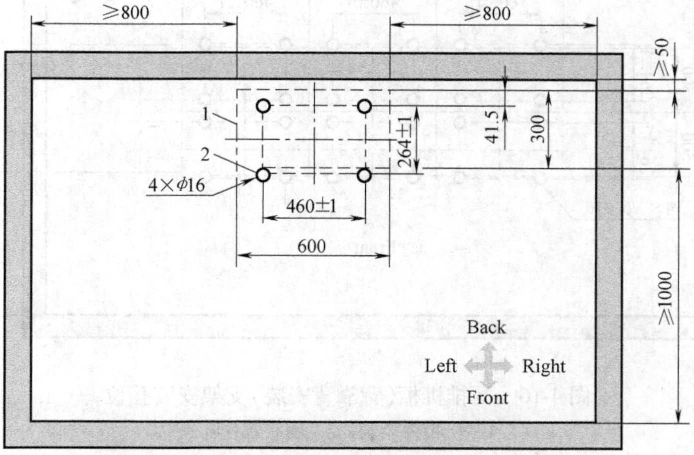

图4-14　单机柜支架安装孔位

1—机柜外轮廓　2—膨胀螺栓孔

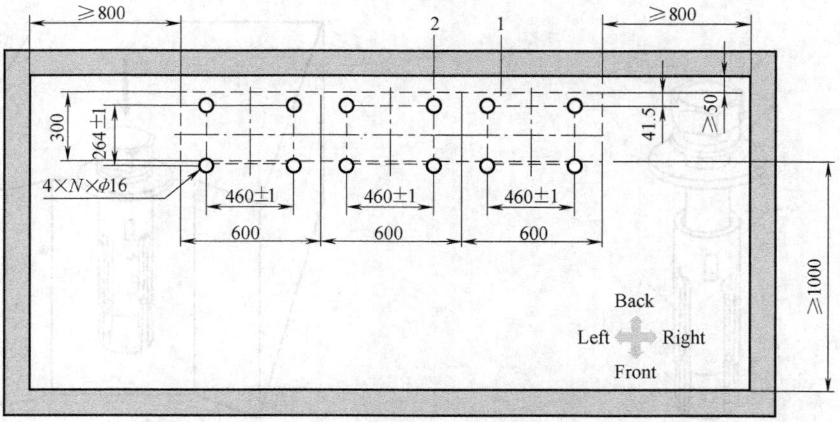

图4-15　一排机柜支架安装孔位

1—机柜外轮廓　2—膨胀螺栓孔

2）虚线长方形的四个顶点即为支架的安装孔位，用标记笔做好记号。

3）以这些孔为基准点，逐个划出其他机柜的支架安装孔位置标记。

3. 支架安装

支架定位完成后，即可进行支架安装。主要工具有：冲击钻、ϕ16冲击钻头、M12×60膨胀螺栓、吸尘器、橡胶锤、十字螺钉旋具。操作步骤如下：

1）选用ϕ16冲击钻头，用冲击钻在已定位的四个支架安装孔位打孔。打孔时，要保证钻头与地面保持垂直，孔深为52~60mm，且各孔孔深一致。**注意：**打孔时必须采取措施防止灰尘扩散，推荐使用吸尘器在打孔时吸净灰尘。在测量孔深时应除去孔内灰尘，量取净深度。

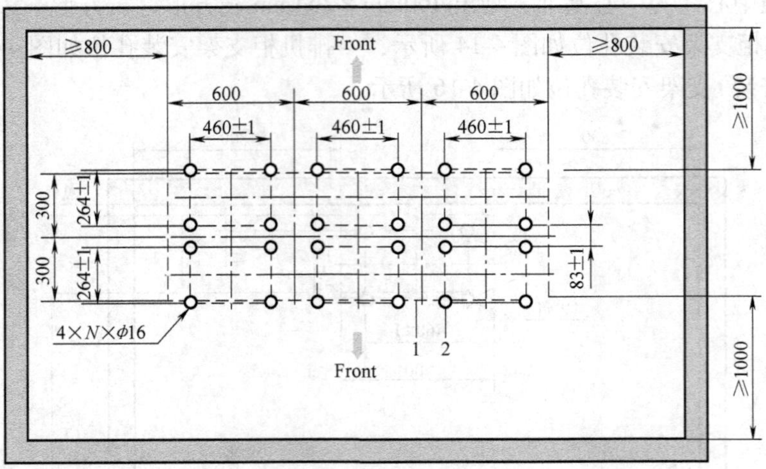

图4-16 两排机柜（背靠背安装）支架安装孔位

1—机柜外轮廓 2—膨胀螺栓孔

2）每个支架需要安装四个膨胀螺栓进行固定，膨胀螺栓组件如图4-17所示。

3）将膨胀螺母上的导向筋插入膨胀管的导向槽中。

4）将膨胀螺栓组件垂直放入孔中，安装膨胀螺栓示意图如图4-18所示。

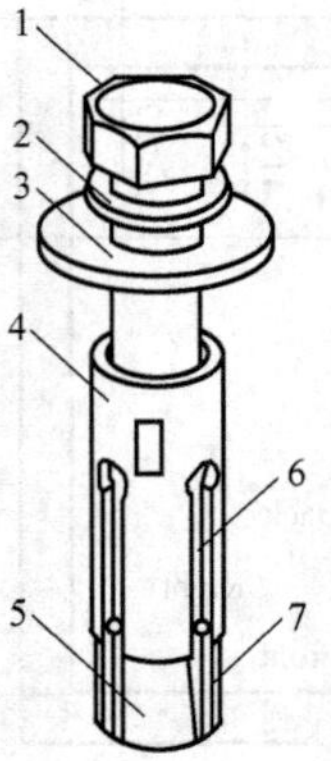

图4-17 膨胀螺栓组件

1—螺栓M12×60 2—弹垫12 3—平垫12

4—膨胀管 5—膨胀螺母 6—导向槽 7—导向筋

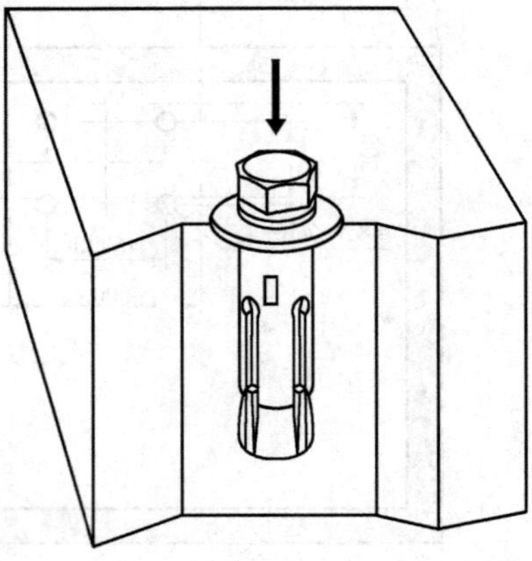

图4-18 安装膨胀螺栓示意图

5）用铁锤（如羊角锤）直接敲打膨胀螺栓组件，直至膨胀管全部进入地面。

6）拧出螺栓、弹垫和大平垫，拧螺栓操作示意图如图4-19所示。

7）重复步骤2）~6），安装其余三个膨胀螺栓。

8）调节支架上的刻度指示，使之与防静电地板高度相同。

9）紧固支架高度锁定螺栓至45N·m。**注意：**紧固支架上高度锁定螺栓的顺序是先拧紧中间的高度锁定螺栓，然后再拧紧两侧的高度锁定螺栓。

10）将支架的安装孔对准地面上膨胀螺栓孔。

11）将弹垫、大平垫依次装在螺栓上。

12）将螺栓穿过支架安装孔垂直插入地面中的膨胀螺栓孔中，校正支架的位置。

13）在支架顶部平面放置水平尺，检查支架的水平度。

14）采用在地面和支架安装孔之间加调平垫片的方法调节支架的水平度，使支架达到水平状态。

15）紧固螺栓至45N·m，支架与地面固定示意图如图4-20所示。

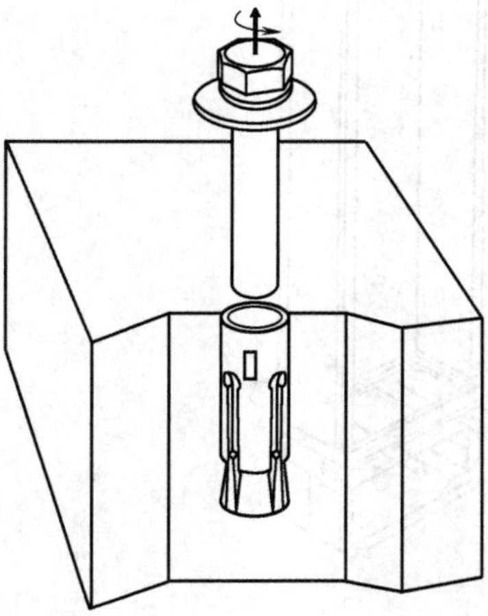

图4-19　拧螺栓操作示意图

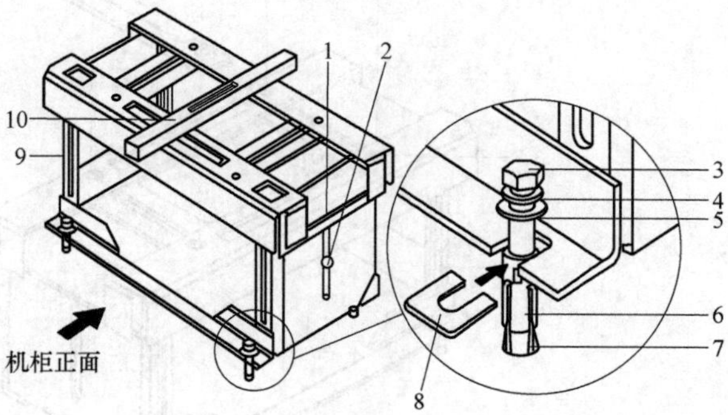

图4-20　支架与地面固定示意图

1—防静电地板高度刻度　2—高度锁定螺栓（中间）
3—螺栓M12×60　4—弹垫12　5—大平垫12　6—膨胀管
7—膨胀螺母　8—调平垫片　9—高度锁定螺栓（两侧）　10—水平仪

4.2.3　机柜在支架上安装

支架安装完成后，即可在支架上安装机柜。

1. 工具和仪表

水平仪、螺栓M12×40、绝缘垫板、垫片、万用表。

2. 操作步骤

1）将两块绝缘垫板铺放在支架上，使绝缘垫板上的孔与支架上的机柜固定孔对齐，如图4-21所示。

2）将机柜放置到支架上，对齐绝缘垫板、机柜上的安装孔和支架上的机柜安装孔。机柜的调平与固定示意图如图4-21所示。

3）在绝缘板和支架之间添加调平垫片，调节机柜的水平度，如图4-21所示。**注意：**调节水平的调平垫片如果插在绝缘垫板和机柜之间，则无法保证机柜与地的绝缘。

4）将水平仪放置在机柜顶部平面两个相互垂直的方向，观察机柜是否达到水平状态。

5）先将四个螺栓M12×40套上弹垫、平垫和绝缘套，然后穿过机柜下围框和绝缘垫板上的孔，垂直插入支架上的机柜固定孔中，如图4-21所示。

6）依次交叉紧固螺栓，以减小螺栓与机柜间的应力。

7）调万用表至MΩ档，测量支架和机柜间阻值，绝缘测试示意图如图4-22所示。

① 若测量电阻大于5MΩ，则说明呈现断路状态，结束安装。

② 若测量电阻小于5MΩ，则说明机柜与支架没有绝缘，此时应卸去所有安装件，检查是否有漏装绝缘零件的现象，或绝缘零件是否损坏。重新固定机柜，重复进行绝缘测试。

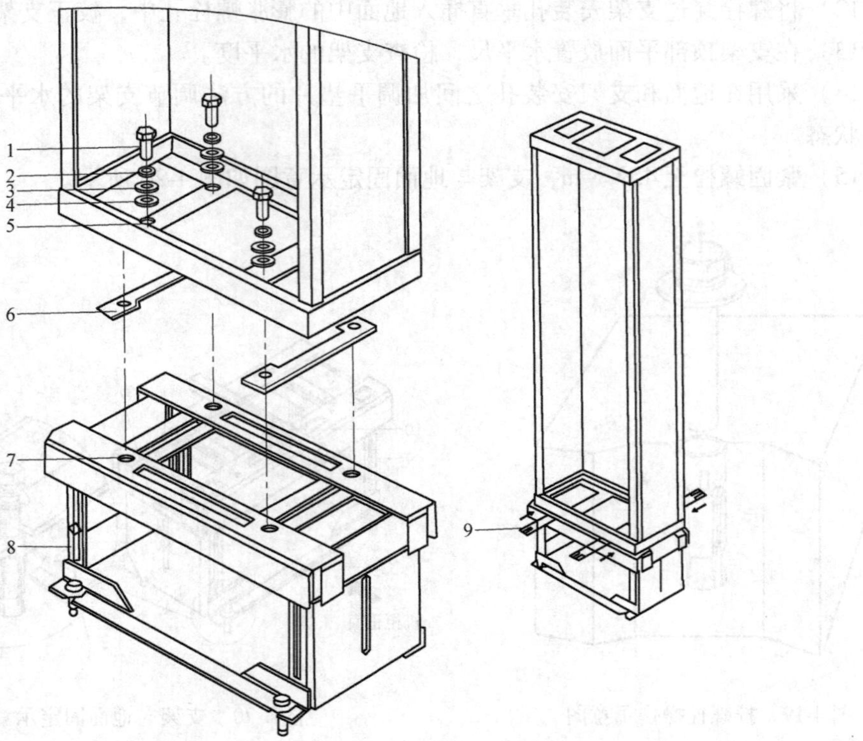

图 4-21　机柜的调平与固定示意图

1—螺栓 M12×40　2—弹垫 12　3—大平垫 12　4—绝缘套
5—机柜下围框　6—绝缘垫板　7—机柜固定孔　8—支架　9—调平垫片

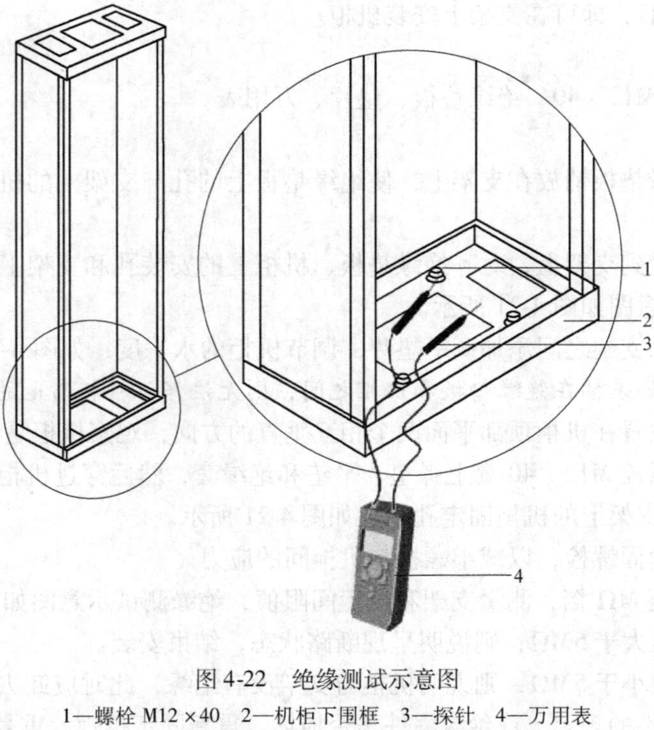

图 4-22　绝缘测试示意图

1—螺栓 M12×40　2—机柜下围框　3—探针　4—万用表

8）用螺栓 M12×30 将横托板、侧托板固定在支架上，地板托板安装示意图如图 4-23 所示。

① 若机柜是独立安装(即左右均无其他设备)，则支架两侧均需安装侧托板。

② 若机柜是并排安装，则只需在位于两端的支架的外侧安装侧托板。

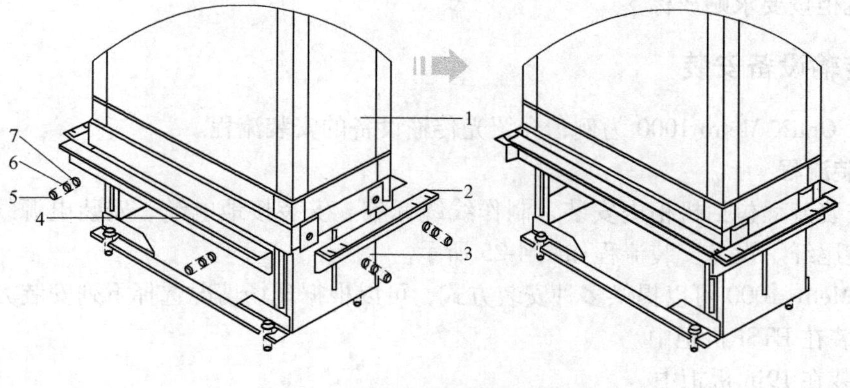

图 4-23　地板托板安装示意图

1—机柜　2—侧托板　3—支架　4—横托板　5—螺栓 M12×30　6—弹垫 12　7—平垫 12

9）根据机柜周边的情况，切割并复原防静电地板。

10）在每个机柜正面粘贴随设备发货的机柜标签，机柜标签内容见表 4-14，机房中设备的位置编号如图 4-24 所示。

表 4-14　机柜标签内容

标　签	含　义	备　注
OptiX MN-O	MN：机柜行、列号	机房中每一排设备从前至后编号为 A～Z，每一排中再从左至右编号为 00～99。举例：A01
	O：机柜正面的朝向，用 A、B、C、D 表示	图 4-23 的箭头说明了机柜正面的朝向与所对应 A、B、C、D 的对应关系。举例：A01-A

4.2.4　机柜安装检查

机柜安装完成后，要进行检查。机柜安装后应符合如下要求：

1）机柜的放置位置应与工程设计图样相符。

2）支架与地面、支架与机柜间固定的螺钉应全部正确安装，查看螺钉是否装全，螺钉是否紧固，弹垫、平垫、绝缘套、调平垫片的安装顺序是否正确。

3）设备配发的支架与机柜有绝缘配件时，机柜与支架间应达到绝缘要求；自制底座时，建议与地面或机柜采取绝缘措施。

4）对整机观察，机柜排列应紧密整齐，垂直偏差度应小于 3mm。

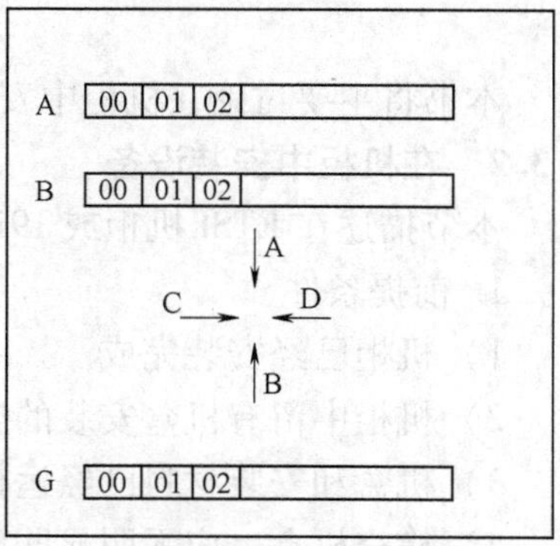

图 4-24　机房中设备的位置编号

5）主走道侧的机柜门板全部装上后，应对齐成直线，误差应小于 5mm。

6）整行机柜表面应在同一平面上，机柜排列应紧密整齐，无凹凸现象。

7）机柜各部件安装螺栓都需加平垫、弹垫，并拧紧。

8）设备各部件不能存在变形影响设备外观。

9）机柜外部漆饰应完好，各种标志应正确、清晰、齐全。

10）机柜按要求贴放标签。

4.3 光传输设备安装

这里以 OptiX Metro 1000 为例，介绍光传输设备的安装流程。

4.3.1 安装流程

主要安装流程包括机柜内安装、制作线缆标签、安装接地电缆、安装电源线、安装 E1 电缆及安装尾纤。设备安装流程如图 4-25 所示。

OptiX Metro 1000 可以提供多种安装方式，可以根据现场情况选择下列安装方式：

1）安装在 ETSI 机柜中。

2）安装在 19in 机柜中。

3）壁挂式安装。

4）桌面安装。

5）安装在 OC-500 室外机箱中。

安装前，请根据现场情况准备工具和仪表，仪器和工具见表 4-15。

表 4-15 仪器和工具

分类	工具和仪器
测量工具	长卷尺、直尺(1m)、水平仪、记号笔、铅笔
紧固工具	一字螺钉旋具、十字螺钉旋具、套筒扳手(M5)、梅花扳手(M6)、双梅花扳手或双开口扳手
钳工工具	尖嘴钳、斜口钳、老虎钳
辅助工具	裁纸刀、电烙铁、焊锡丝、梯子
专用工具	防静电手套、防静电手腕、剥线钳、压线钳、水晶头压线钳、打线刀、光衰减器
仪表	万用表、500V 兆欧表(测绝缘电阻用)、地阻测量仪、误码仪、光功率计、SDH 分析仪

本书将主要讨论在机柜中安装设备的方法。

4.3.2 在机柜中安装设备

本节描述在 ETSI 机柜或 19in 机柜中安装 OptiX Metro 1000 设备的方法。

1. 前提条件

1）机柜已经安装完成。

2）机柜中留有机盒安装的空间。

3）机盒和安装材料已经运抵安装现场。

4）检查机盒，应无明显凹痕、划痕、污垢。

2. 工具和仪表

一字螺钉旋具、十字螺钉旋具。

3. 安装材料

OptiX Metro 1000 机盒、挂耳、浮动螺母、面板螺钉。

挂耳的外形如图 4-26 所示，在 ETSI 机柜安装时的挂耳如图 4-26a 所示，在 19in 机柜安装时的挂耳如图 4-26b 所示。

4. 操作步骤

1）在机柜中选定机盒的安装孔位，将浮动螺母扣入机柜侧立柱的相应安装孔中。每侧需要两个浮动螺母，立柱两侧的浮动螺母应该在同一水平线上。

2）分别拆除机盒两侧靠近前面板的 M3 螺钉。该位置将作为挂耳的安装位置。

3）根据机柜的不同，选择挂耳进行安装。用步骤 2）拆下的 M3 螺钉，把挂耳固定在机盒的两侧，ETSI 机柜中挂耳安装如图 4-27 所示，19in 机柜中挂耳安装如图 4-28 所示。

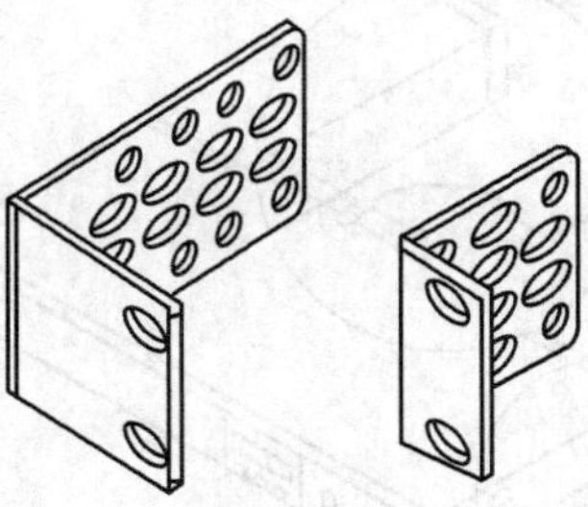

图 4-26　挂耳的外形

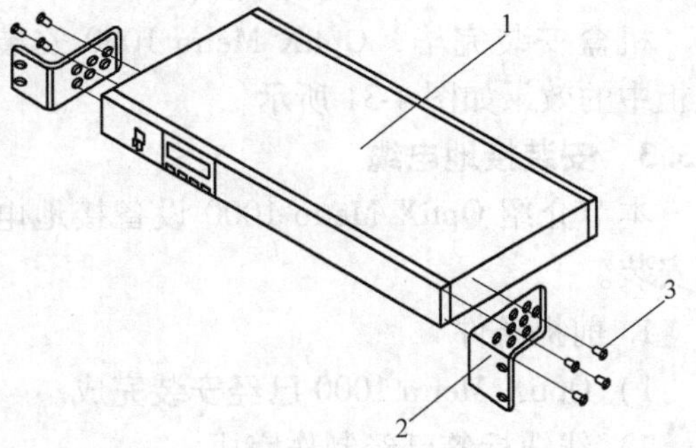

图 4-27　ETSI 机柜中挂耳安装

1—OptiX Metro 1000　2—挂耳　3—M3 ×6 沉头螺钉

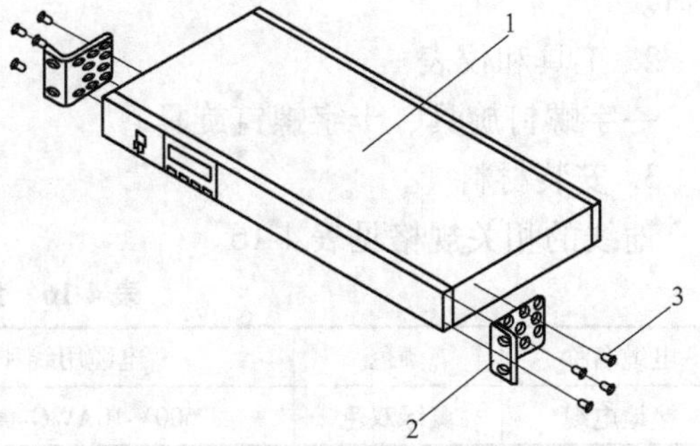

图 4-28　19in 机柜中挂耳安装

1—OptiX Metro 1000　2—挂耳　3—M3 ×6 沉头螺钉

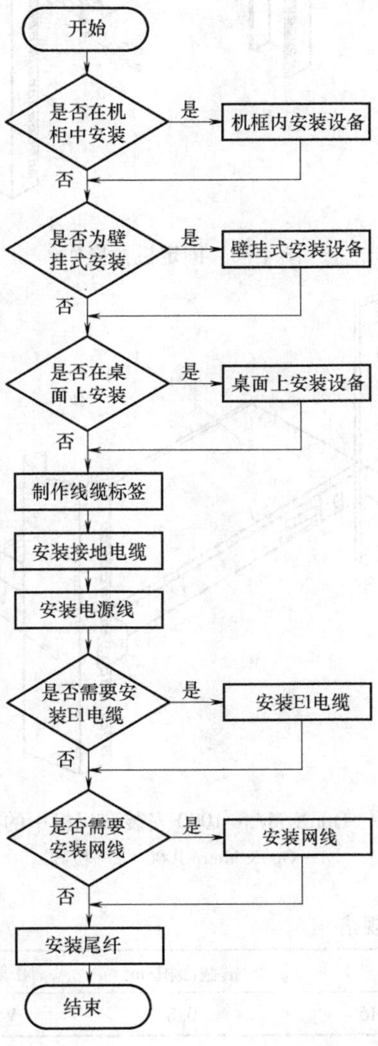

图 4-25　设备安装流程

4）拆除机盒侧面接地线连接处的两个 M4 的螺钉。

5）用拆下的螺钉，将接地线固定在机盒左侧，安装接地线操作如图 4-29 所示。

6）用 4 个面板螺钉，将挂耳固定在机柜选定位置上，固定机盒操作如图 4-30 所示。

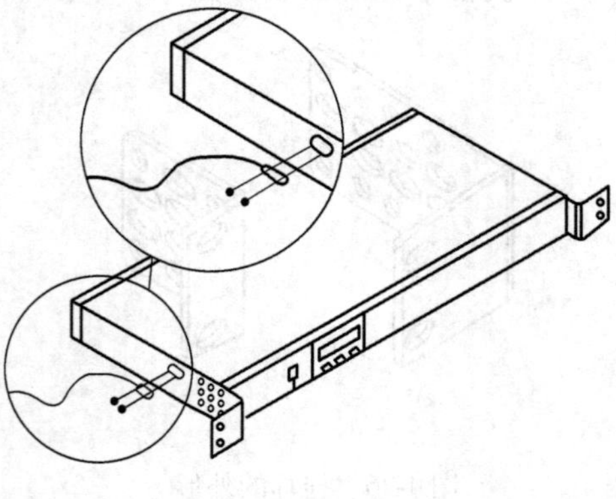

图 4-29　安装接地线操作

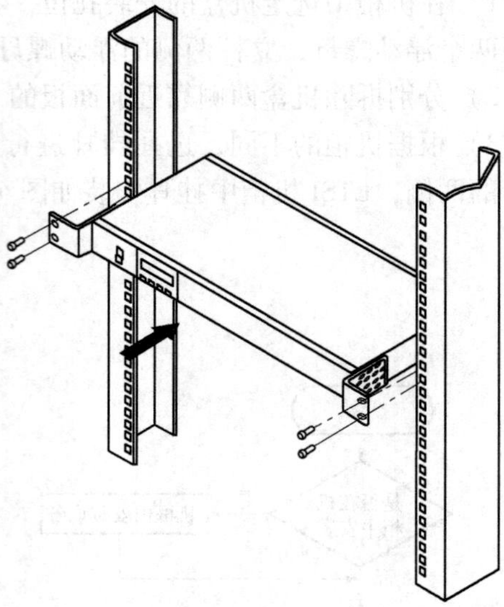

图 4-30　固定机盒操作

机盒安装完毕，OptiX Metro 1000 安装在机柜中的效果如图 4-31 所示。

4.3.3　安装接地电缆

本节介绍 OptiX Metro 1000 设备接地电缆的安装。

1. 前提条件

1）OptiX Metro 1000 已经安装完成。

2）线缆标签已经制作完成。

3）接地电缆已经运抵安装现场。

4）安装现场已经预留接地电缆的地排接口。

2. 工具和仪表

一字螺钉旋具、十字螺钉旋具。

3. 安装材料

地线的相关规格见表 4-16。

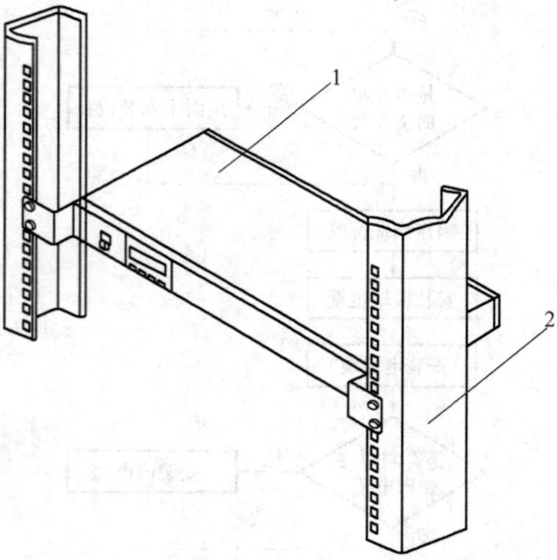

图 4-31　OptiX Metro 1000 安装在机柜中的效果图
1—OptiX Metro 1000　2—机架

表 4-16　地线的相关规格

电缆名称	颜色	电缆用线和接插件型号	横截面积/m^2	阻燃等级
接地电缆	黄绿双色	600V-10AWG-黄绿双色-UL1015	0.8	VW-1

4. 操作步骤

1）在接地电缆两端粘贴临时标签，标明电缆的源和宿。

2）将接地电缆连接到预留的地排接口(又称接地接口)上。

3）将接地电缆布放到 OptiX Metro 1000 侧，并连接到设备的接地电缆接口上。将接地电缆连接到设备的操作如图 4-32 所示。

4）用做好的正式标签替换临时标签，将标签粘贴在距离线缆连接器 2cm 处。如果此处有其他标签，将正式标签的位置后移。

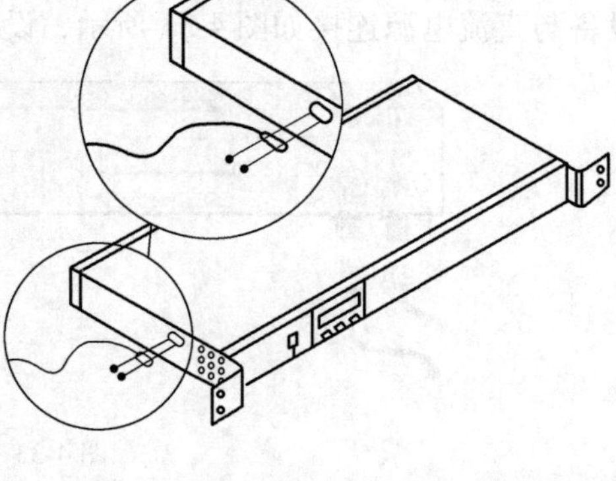

图 4-32　将接地电缆连接到设备的操作

5. 安装检查

检查已安装好的电缆，应满足下列要求：

1）接地电缆安装牢固，没有松脱的地方。

2）接地电缆连接正确，没有错误连接。

3）标签粘贴位置正确、美观，标签内容正确无误。

4）接地电缆一定要采用整段电缆，中间不能有接头。

5）线缆布放美观，应符合线缆布放与绑扎要求。

4.3.4　安装电源线

本节介绍 OptiX Metro 1000 设备电源线的安装。

1. 前提条件

1）OptiX Metro 1000 已经安装完成。

2）线缆标签已经制作完成。

3）电源线已经运抵安装现场。

4）安装现场的电源设备已经预留电源线接口。

5）安装现场的电源指标符合 OptiX Metro 1000 的安装标准。

2. 工具和仪表

一字螺钉旋具、十字螺钉旋具。

3. 安装材料

电源线的相关规格见表 4-17。

表 4-17　电源线的相关规格

电缆名称	颜色	电缆用线和接插件型号	横截面积/m^2	阻燃等级
-48 ~ -60V 直流电源线	黑	600V-18AWG-黑-UL1015	0.8	VW-1
	蓝	600V-18AWG-蓝-UL1015	0.8	VW-1
24V 直流电源线	红	600V-18AWG-红-UL1015	0.8	VW-1
	黄绿双色	600V-18AWG-黄绿双色-UL1015	0.8	VW-1
	黑	600V-18AWG-黑-UL1015	0.8	VW-1
交流电源线	黑	227 IEC 53(RVV)	3.0	VW-1

4. 操作步骤

1）在电源线两端粘贴临时标签，标明电缆的源和宿。

2）将电源线连接到电源设备预留的接口上。直流电源线包括主备两根电源线，都要连接到电源接口上。

3）若是交流电源线，则需要连接到预留的电源插座上。

4）将电源线布放到 OptiX Metro 1000 侧，并将电源线连接器连接到设备的电源接口。设备与直流电源连接如图 4-33 所示，设备与交流电源连接如图 4-34 所示。

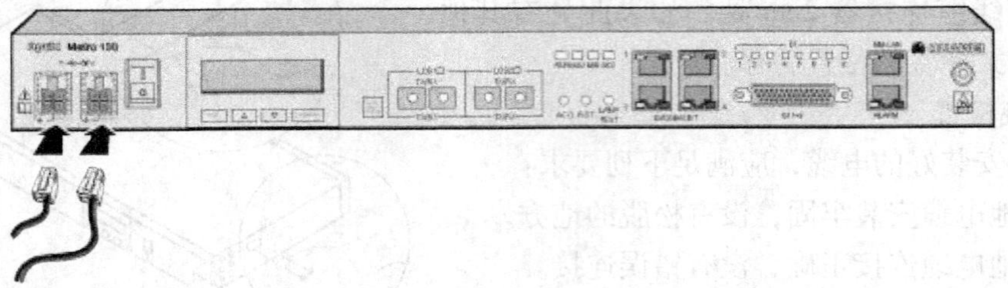

图 4-33 设备与直流电源连接

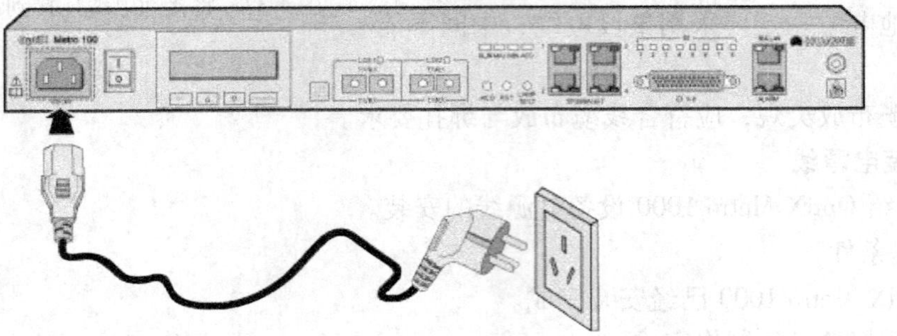

图 4-34 设备与交流电源连接

5）用做好的正式标签替换临时标签，将标签粘贴在距离线缆连接器 2cm 处。若此处有其他标签，则正式标签的位置后移。

6）用线扣将电源线和接地电缆绑扎整齐，多余部分齐根平滑剪齐，在接头处不能留有尖刺。

5. 安装检查

检查已安装好的电源线，应满足下列要求：

1）电源电缆、接地电缆安装牢固，应没有松脱的地方。

2）电源电缆、接地电缆连接正确，应没有错误连接。

3）标签粘贴位置正确、美观，标签内容应正确无误。

4）电源电缆、接地电缆一定要采用整段电缆，中间不能有接头。

5）线缆布放美观，应符合线缆布放与绑扎要求。

4.3.5 安装 E1 电缆

本节介绍 OptiX Metro 1000 设备 E1 电缆的安装。

1. 前提条件

1）OptiX Metro 1000 已经安装完成。

2）线缆标签已经制作完成。

3）E1 电缆已经运抵安装现场。

4）根据施工文档，确定 E1 电缆与设备接口的连接关系。

5）查询出设备 E1 端口的阻抗值。

2. 工具和仪表

一字螺钉旋具、十字螺钉旋具。

3. 安装材料

OptiX Metro 1000 可以选择安装 75Ω 和 120Ω 两种 E1 电缆。

1）75Ω E1 电缆可采用 DB44 导线连接器，可以传输 8 路 E1。75Ω E1 电缆结构如图 4-35 所示。

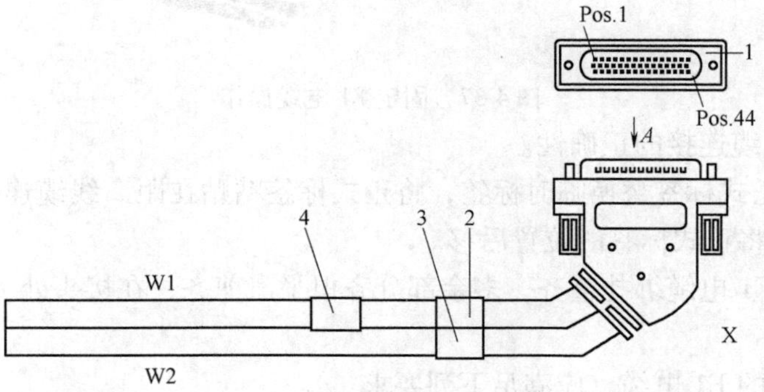

图 4-35　75Ω E1 电缆结构

1—电缆连接器：D 型 44PIN 公头　2—标签 1，印字：“W1(E1:1～4)”
3—标签 3，印字：“W2(E1:5～8)”　4—主标签

2）120Ω E1 电缆采用 DB44 导线连接器，可以传输 8 路 E1。120Ω E1 电缆结构如图 4-36 所示。

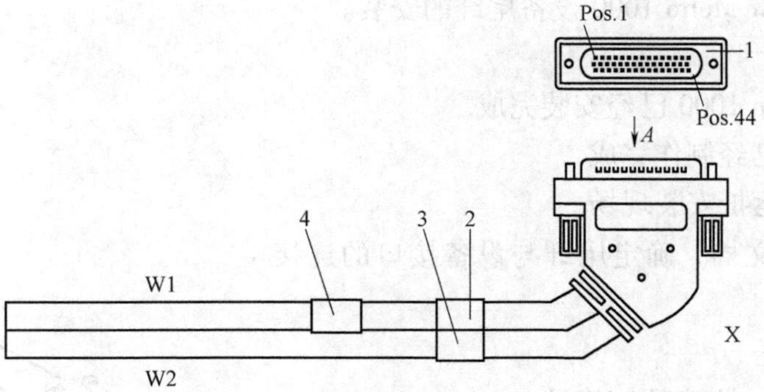

图 4-36　120Ω E1 电缆结构

1—电缆连接器：D 型 44PIN 公头　2—标签 1，印字：“W1(Tx1～8)”
3—标签 3，印字：“W2(Rx1～8)”　4—主标签

4. 操作步骤

1）在电缆两端粘贴临时标签，标明电缆的源和宿。

2）根据电缆上的标签信息，将 E1 电缆与 DDF(Digital Distribution Frame)或用户侧设备连接。

3）将 E1 电缆布放到 OptiX Metro 1000 侧。

4）将电缆的 DB44 连接器连接到设备的 E1 接口，旋紧电缆 DB44 连接器两侧的螺钉。

固定 E1 电缆操作如图 4-37 所示。

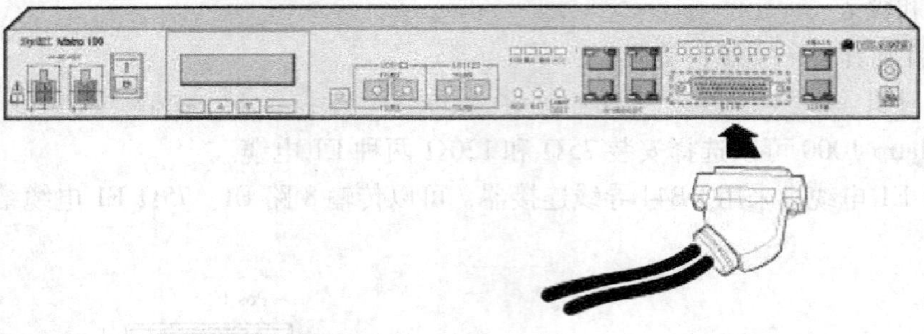

图 4-37　固定 E1 电缆操作

5）确认 E1 电缆连接的正确性。

6）用做好的正式标签替换临时标签，将正式标签粘贴在距离线缆连接器 2cm 处。若此处有其他标签，则将正式标签的位置后移。

7）用线扣将 E1 电缆绑扎整齐，多余部分齐根平滑剪齐，在接头处不能留有尖刺。

5. 安装检查

检查已安装好的 E1 电缆，应满足下列要求：

1）E1 电缆安装牢固，应没有松脱的地方。

2）E1 电缆连接正确，应没有错误连接。

3）标签粘贴位置正确、美观，标签内容应正确无误。

4）线缆布放美观，应符合线缆布放与绑扎要求。

4.3.6　安装尾纤

本节介绍 OptiX Metro 1000 设备尾纤的安装。

1. 前提条件

1）OptiX Metro 1000 已经安装完成。

2）线缆标签已经制作完成。

3）尾纤已经运抵安装现场。

4）根据施工文档，确定尾纤与设备接口的连接关系。

2. 工具和仪表

一字螺钉旋具、十字螺钉旋具。

3. 安装材料

OptiX Metro 1000 可以接入两种光接口的尾纤，即 LC/PC 光接口尾纤和 SC/PC 光接口尾纤。LC/PC 和 SC/PC 光接口如图 4-38 所示。

4. 确定尾纤连接关系

根据组网图才能确定尾纤连接关系，OptiX Metro 1000 支持链形和环形组网，本节将介绍不同组网下的尾纤连接方法。

尾纤连接有两个原则“收发配对，东发西收”。

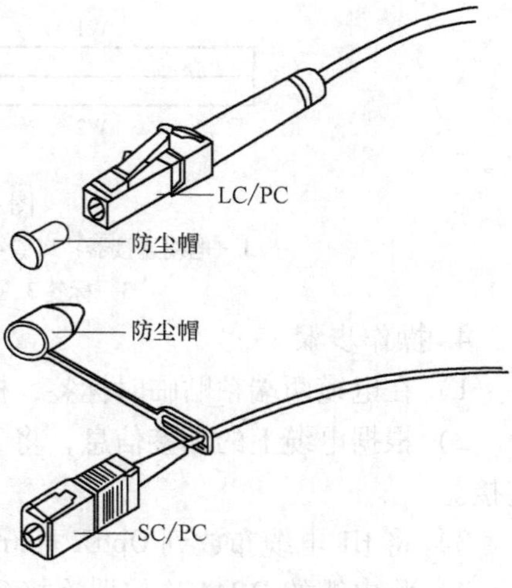

图 4-38　LC/PC 和 SC/PC 光接口

收发配对原则：相邻两个设备间，若一根光纤连接到某个设备的发送端(Tx)，则光纤的另一端将与对端设备的接收端(Rx)连接。2纤无保护链形网光纤连接如图4-39所示。

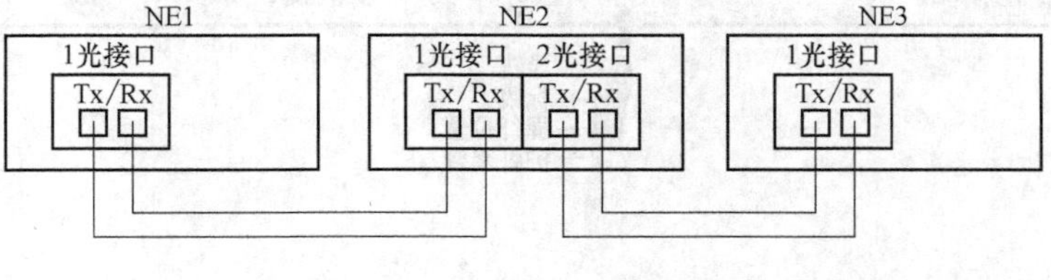

图4-39　2纤无保护链形网光纤连接

东发西收原则：在组网时，为保证网络中光纤连接关系的统一性，多采用东发西收原则。即对于有两个光接口的ADM设备，右侧的光接口称之为东向，左侧的光接口称之为西向。在连接光纤时，按逆时针方向，东向的光接口与对端设备的西向光接口相连。2纤环形网光纤连接如图4-40所示。

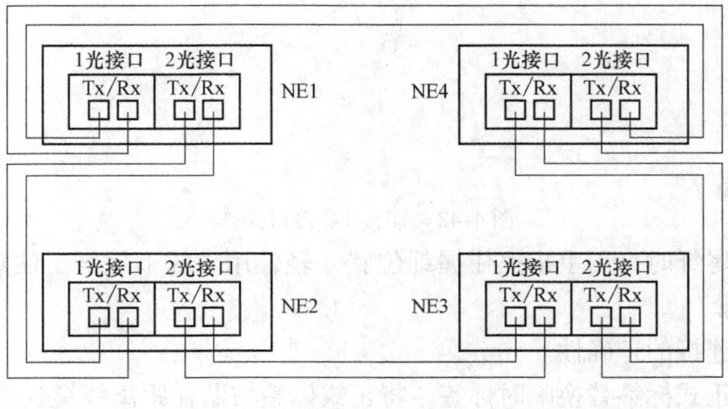

图4-40　2纤环形网光纤连接

5. 操作步骤

1）根据尾纤连接关系，在尾纤两端粘贴临时标签，标明尾纤的源和宿。

2）将需要连接到OptiX Metro 1000的尾纤穿入波纹管或缠绕管中。**注意：**尾纤穿管时，不能用力过猛，防止拉拽尾纤。穿入波纹管或缠绕管的尾纤要能自由抽动。尾纤严禁用扎线带固定，应用胶布固定。

3）根据尾纤标签上的信息，将尾纤连接到ODF(Optical Distribution Frame)或用户侧设备对应的接口上。穿入尾纤的波纹管或缠绕管引入机柜。**注意：**尾纤的弯曲半径不能小于2cm。

4）取下防尘帽，进行光纤接头清洁。防尘帽不可丢弃。

5）根据设备的连接器类型，选择相应的尾纤进行如下操作：

① 连接SC/PC尾纤，手持尾纤的握纤位置，将需连接的尾纤头部对准设备面板上的光接口，适度用力推入，当听到一声脆响，并且SC/PC接口上白色标线全部插入光接口时，说明尾纤已经插好。连接SC接口操作如图4-41所示。

② 连接LC/PC尾纤，手持尾纤的握纤位置，将需连接的尾纤头部对准设备面板上的光接口，适度用力推入，当听到一声脆响时，说明尾纤已经插好。连接LC接口操作如图4-42所示。

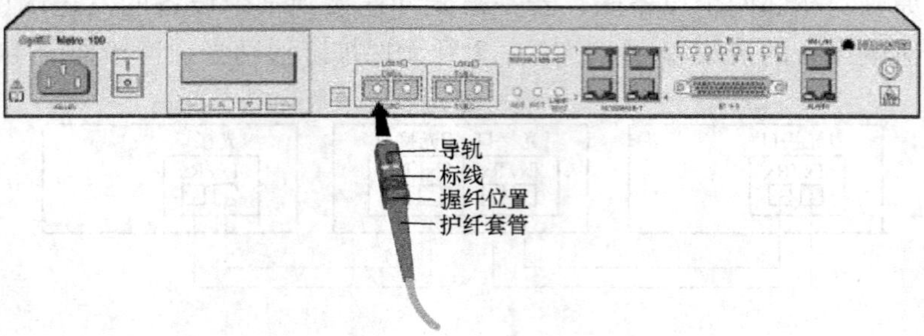

图 4-41 连接 SC 接口操作

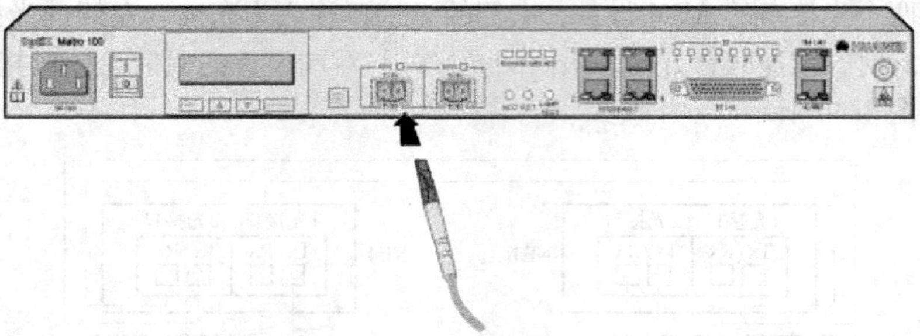

图 4-42 连接 LC 接口操作

6）需要拔下尾纤时，用手指捏住握纤位置，轻轻用力拔下尾纤。**注意**：严禁扯拉 SC/PC 尾纤的护纤套管。

7）确认尾纤连接的正确性。

8）用做好的正式标签替换临时标签，将正式标签粘贴在距离线缆连接器 2cm 处。若此处有其他标签，则正式标签的位置后移。

6. 安装检查

检查已安装好的尾纤，应满足下列要求：

1）尾纤与设备光接口、ODF 接口的连接紧固，应没有松脱的地方。

2）尾纤与设备光接口、ODF 接口的连接正确，应没有错误连接。

3）标签粘贴位置正确、美观，标签内容应正确无误。

4）线缆布放美观。

课后练习题

1. 填空题

（1）在华为光传输系列产品中，常用的接入层光传输产品有________。

（2）OptiX OSN 2500 子架采用________结构，分为________、________、________、________、________5 个组成部分。

（3）OptiX OSN 2500 提供的业务接口包括________，提供的辅助接口包括________。

2. 选择题

（1）以下（　）不是华为 OptiX Metro 1000 光传输设备支持的业务类型。

A. 以太网业务　B. ATM 业务　C. PDH 业务　D. 令牌环业务

（2）华为 OptiX Metro 1000 光传输设备共设置（　）个槽位用于安置各种单板。

A. 3　B. 5　C. 7　D. 8

(3) 华为 OptiX Metro 1000 光传输设备最大可接入(　　)路光接口 STM-1 业务。

A. 4　B. 8　C. 16　D. 32

(4) 华为 OptiX OSN 2500 光传输设备最大可接入(　　)路千兆以太网(GE)业务。

A. 8　B. 18　C. 28　D. 88

3. 简答题

(1) 简述机柜安装的主要流程。

(2) 简述光传输设备安装的主要流程。

第 5 章　光传输系统网络调测

5.1　调测准备

1. 调试仪表和工具

光传输设备调试需要的仪表和工具见表 5-1。

表 5-1　光传输设备调试需要的仪表和工具

工具名称	用　　途
SDH 分析仪	该仪表应用在复用段倒换等测试中
光功率计	该仪表应用在光接口板平均发送光功率和光接口板实际接收光功率等测试中
固定衰减器	该器件应用在收光接口，用于衰减光功率，保护光接口免受强光功率的破坏
便携式计算机	安装客户端网管软件(华为 T2000-LCT)；另外便携式计算机还可以应用在以太网指标的测试中
光纤跳线	在进行一些光接口光功率测试时，需要在光纤配线架 ODF 侧进行测量，这时可以使用光纤跳线进行转接
误码仪	该仪表应用在电接口误码的测试中
数据分析仪	该仪表应用在以太网业务指标的测试中

2. 调试所需工程信息

为顺利完成调试，需要熟悉相关的工程信息。进行设备调试需要的工程信息包括：

1）组网图。

2）IP 和 ID 地址分配表。

3）各网元单板信息。

4）纤缆连接关系表。

5）时隙分配图。

6）时钟跟踪图。

7）公务图。

3. 设备调测条件

在进行光传输设备调测前，应确认各项设备调测条件。

(1) 网管安装检查　对于华为光传输设备，一般均使用 T2000 网管软件。

1）网管软件服务端(T2000)已经在中心机房安装完毕，并进行了正确性检查。

2）网管软件客户端(T2000-LCT)已经安装在便携式计算机内，并进行了正确性检查。

(2) 硬件安装检查

1）检查机盒是否安装正确。

2）检查线缆布放是否规范。

3）检查单板外观是否正常。

(3) 接地检查

1）检查设备是否已经安装接地。

2）检查接地是否良好。

5.2　单站调测

对于华为光传输设备，单站调试必须通过PC上的T2000网管软件对设备进行调试。在单站调试的一些测试项目中，需要基于已配置的业务进行测试，故在测试之前需要完成调测业务的配置。可以使用T2000网管软件实现简单的调测业务配置，具体方式参见“7.4　业务配置”。

5.2.1　测试线缆连接

在安装过程中设备线缆可能连接错误或者发生硬件故障，为避免这些问题影响业务的正常运行，必须测试设备线缆的连接。

（1）测试业务接口线缆的连接　在安装过程中业务接口线缆可能连接错误或者发生硬件故障，为避免这些问题影响业务的正常运行，线缆的连接必须正确无误。

（2）测试光接口尾纤的连接　在安装过程中光接口尾纤可能连接错误或者发生硬件故障，为避免这些问题影响业务的正常运行，尾纤的连接必须正确无误。

1. 测试业务接口线缆的连接

在安装过程中业务接口线缆可能连接错误或者发生硬件故障，为避免这些问题影响业务的正常运行，线缆的连接必须正确无误。

（1）测试前的准备工作　测试前，必须已经完成下列操作：

1）业务接口到DDF架的线缆布放和安装。

2）登录网元。

（2）测试工具　主要使用工具为误码仪或SDH分析仪、T2000网管软件。

（3）测试线路连接　本测试不需要配置测试业务。通过软件设置支路板外环回，测试信号由仪表发送端经过支路板回到仪表接收端。通过仪表的显示确认业务接口线缆的收发端口和顺序没有错误。测试业务接口线缆连接的信号流程如图5-1所示，测试业务接口线缆连接的实际连接如图5-2所示。

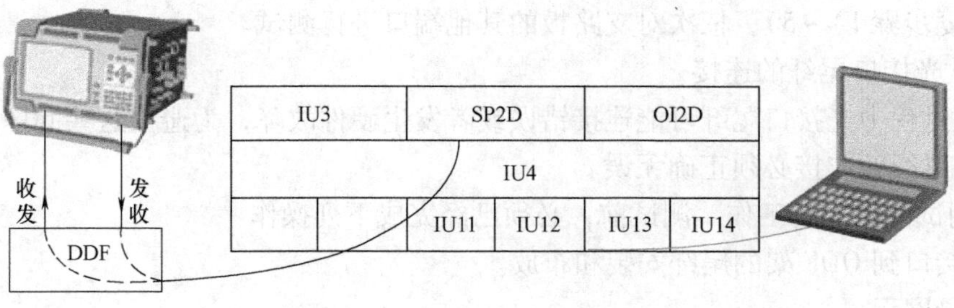

图5-1　测试业务接口线缆连接的信号流程

（4）测试步骤　测试过程的操作步骤如下：

1）按照测试连接图，将SDH分析仪或误码仪连接到DDF架所要测试的端口上。仪表的接收端接端口的发送端，仪表的发送端接端口的接收端。

对于2048kbit/s速率的业务，可以用2Mbit/s误码仪代替SDH分析仪进行测试。

2）根据配置的业务速率设置仪表的伪随机序列码。业务速率、编码和伪随机序列码的

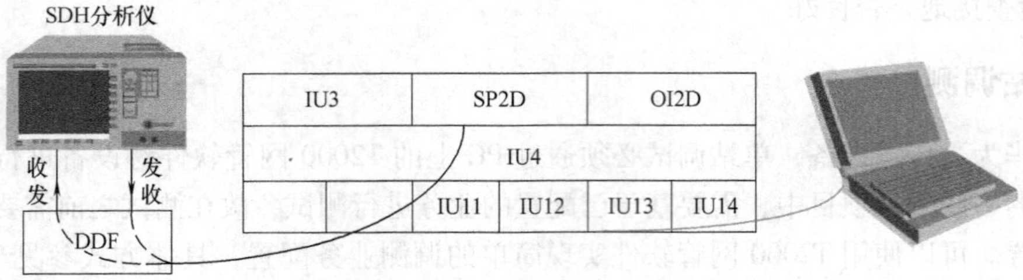

图 5-2 测试业务接口线缆连接的实际连接

对应关系见表 5-2。

表 5-2 业务速率、编码和伪随机序列码的对应关系

速率/(kbit/s)	编　码	伪随机序列	速率/(kbit/s)	编　码	伪随机序列
2048	HDB3	$2^{15}-1$	139264	CMI	$2^{23}-1$
34368	HDB3	$2^{23}-1$	155520	CMI	$2^{23}-1$
44736	B3ZS	$2^{15}-1$			

3）在 T2000 客户端软件(2000-LCT)上设置测试的支路端口“外环回”，该端口与所测端口对应。具体步骤包括：

① 进入 T2000-LCT，在“网元信息列表”中右键单击网元，选择“网元管理器”。

② 在“网元管理器”中选择需要设置环回的支路板，在功能树中选择“配置→PDH 接口”。

③ 选择“按功能”，并在下拉菜单中选择“支路环回”。

④ 设置测试的支路端口为“外环回”，单击“应用”，弹出确认对话框。

⑤ 单击“确定”。弹出操作结果对话框提示操作成功，单击“关闭”。

4）观察 SDH 分析仪，正常情况下，仪表显示无误码。

5）再将所测端口的环回模式改为“不环回”，观察 SDH 分析仪，仪表应显示 AIS 告警。

6）重复步骤 1）~5），依次对支路板的其他端口进行测试。

2. 测试光接口尾纤的连接

在安装过程中光接口尾纤可能连接错误或者发生硬件故障，为避免这些问题影响业务的正常运行，尾纤的连接必须正确无误。

（1）测试前的准备工作　测试前，必须已经完成下列操作：

1）光接口到 ODF 架的尾纤安装和布放。

2）登录网元。

（2）测试工具　主要使用工具为光功率计。

（3）测试步骤　测试过程的操作步骤如下：

1）进入 T2000-LCT，选择调测的网元，在右键菜单中选择“网元管理器”。

2）选择光接口板，然后在功能树中选择“配置→激光器自动关断”，查看各个光接口的“自动关断”的设置。确保“自动关断”功能为“禁止”。

说明： 如果光接口板设置了“激光器自动关断 ALS”，当光接口板 IN 端口接收不到光信号时，则会自动关闭光接口的发送激光器，此时用光功率计测量OUT端口输出光功率，光功率计会显示“Loss”。

3）在ODF架侧，将连接到某一光接口板OUT端口的尾纤连接到光功率计上，这时，光功率计应该能够测得光功率值，说明OUT端口有光功率输出。

4）拔下对应光接口板上OUT端口的尾纤，光功率计显示“Loss”状态，表示接收不到光信号。

5）在ODF架侧，将光功率计连接到该光接口板IN端口的尾纤，光功率计显示“Loss”状态，表示接收不到光信号。

6）在设备侧将原先插在IN端口上的尾纤插入OUT端口，这时光功率计显示所测得的功率值，说明有光功率输入。

7）在设备侧将OUT端口上的尾纤插回IN口，将原先OUT端口上的尾纤插回OUT口。

8）重复步骤3）~7），完成对其他光接口的测试。

5.2.2　测试光接口指标

光接口收发功率过高或者过低会导致设备产生误码，对业务造成影响，甚至会对设备器件造成损害。本节介绍如何测试光接口指标，确保设备上的各个光接口的收发光功率正常。

测试分为如下两个：

（1）测试光接口平均发送光功率　光接口平均发送光功率过高或者过低会导致设备产生误码，对业务造成影响，甚至会对设备器件造成损害。

（2）测试光接口实际接收光功率　完成平均发送光功率的测量后就需要测量本站实际接收光功率。

1. 测试光接口平均发送光功率

光接口平均发送光功率过高或者过低会导致设备产生误码，对业务造成影响，甚至会对设备器件造成损害。

（1）测试前提条件　测试的前提条件为设备已上电。

（2）测试用工具、材料及仪表　测试使用的主要工具、材料及仪表为：擦纤纸、尾纤、法兰盘、光功率计。

（3）测试步骤　测试过程的操作步骤如下：

1）用专用擦纤纸清洁待测的尾纤接头和待测光接口板的法兰盘。

2）根据被测单板光接口的实际光波长，设置光功率计的光波长。

3）用测试尾纤连接光接口板的输出光接口和光功率计的测试输入口，测量平均发送光功率如图5-3所示。

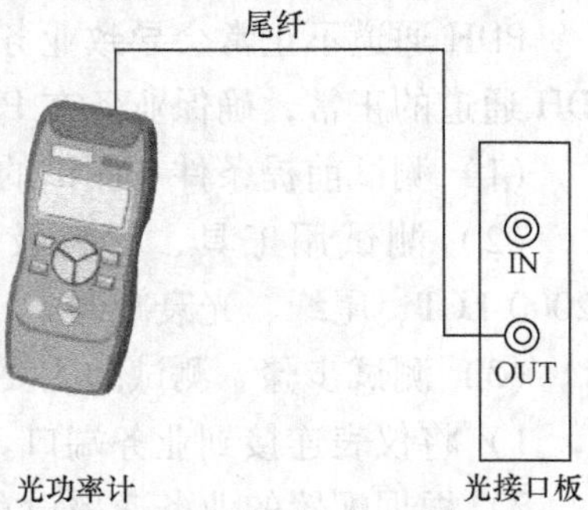

图5-3　测量平均发送光功率

4）待输出功率稳定，读出光功率计上显示的数值，即为光接口的平均发送光功率。

5）对比测量结果和相应指标，如测量结果不符合指标，应查找原因，直至测量合格。

2. 测试光接口实际接收光功率

完成平均发送光功率的测量后就需要测量本站光接口实际接收光功率。

（1）测试前提条件　测试的前提条件为：对端站的光

纤已经布放到本站，对端站已经完成了单站调试。

（2）测试用工具、材料及仪表测试使用的工具、材料及仪表有：光功率计、光衰减器和尾纤。

（3）测试步骤　测试的操作步骤如下：

1）根据被测单板光接口的实际光波长，设置光功率计的光波长。

2）拔下被测单板接收光接口的尾纤，将此尾纤连接到光功率计的测试输入口，测量实际接收光功率如图 5-4 所示。

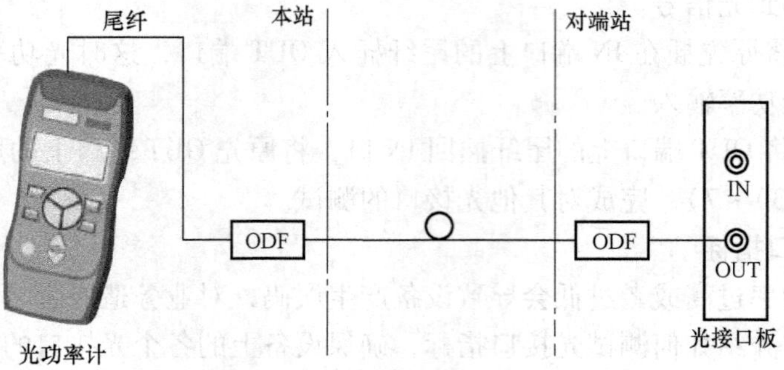

图 5-4　测量实际接收光功率

3）待接收光功率稳定后，光功率计上显示的数值即为该光接口的实际接收光功率。

4）对比测量结果和相应指标。

① 如果测量值小于该光接口的接收灵敏度，转步骤 5）。

② 如果测量值大于该光接口的过载光功率，转步骤 6）。

③ 如果测量值在该光接口的接收灵敏度和过载光功率范围内，说明接收光功率正常，转步骤 7）。

说明：光接口的实际接收光功率应留有一定的余量，建议大于接收灵敏度 3dB，小于过载光功率 5dB。

5）检查光缆、连接点和对端站光接口板，排除故障后，返回步骤 2）重新测量接收光功率。

6）在本站 ODF 侧加光衰减器后，返回步骤 2）重新测量接收光功率。

7）恢复尾纤与被测单板接收光接口的连接。

5.2.3　测试 PDH 通道

PDH 通道不正常会导致业务运行过程中产生误码。本节介绍如何测试 PDH 通道，保证 PDH 通道的正常，确保业务在 PDH 通道中运行的稳定性。

（1）测试前提条件　测试的前提条件为已经根据配置单站调测业务配置了测试业务。

（2）测试用工具、材料及仪表　测试使用的工具、材料及仪表包括 SDH 分析仪、T2000-LCT、尾纤、光衰减器。

（3）测试步骤　测试的主要操作步骤如下：

1）将仪表连接到业务端口。在 ODF 侧用尾纤和光衰减器将光接口板自环回。

2）根据配置的业务速率设置仪表的伪随机序列码。

3）进行 24h 误码测试，测试结果应该 24h 无误码。

4）如果出现误码，排除故障后应再次进行 24h 误码测试，直至测试无误码为止。

5.3　系统调试

本节介绍系统调试的具体项目和调试的方法，主要项目如下：

1. 测试光接口实际接收光功率

光接口实际接收功率过高或者过低会导致设备产生误码，对业务造成影响，甚至会对设备器件造成损害。测试光接口实际接收光功率，确保设备上的各个光接口的实际接收光功率正常。操作过程可参见 5.2.2 节。

2. 检查全网光纤的连接

不同的组网方式，光纤的连接也不相同。光纤连接错误不仅会导致后期的调测错误，而且会影响实际运行的业务。为了避免光纤连接错误对调测和业务配置的影响，必须根据实际网络拓扑检查光纤的连接，保证光纤正确连接。根据实际网络拓扑检查每个站点的光纤连接。检查光纤连接的方法可以使用插拔光纤、关闭激光器、下插告警、修改“J0/J1”字节和 ECC 路由法中的任何一种。操作过程见 5.3.1 节。

3. 检查网管计算机与设备的连接

网管计算机通过安装的网管软件对设备进行管理，连接错误会导致网管无法管理网元。为避免网管计算机连接错误，必须检查网管计算机与设备之间的连接，保证连接正确。

4. 创建和配置网络

确认光纤连接和网管计算机连接正确后，可以根据工程文件在网管上创建和配置网络，目的是为了网管能够管理所有网元，并且能够进行后续的系统调测任务而做准备。使用 T2000 网管创建和配置网络的过程参见 8.4 节。

5. 同步网元时间

同步网元时间可以使当前网元的时间和网管时间保持一致。

操作步骤如下：

1）在功能树中选择“配置→网元时间同步”，单击“查询”，获取当前网元时间信息。

2）右键单击“网元当前时间”项下方的网元时间，选择“与网管时间同步”，弹出“同步时间操作”对话框。

3）单击“是”，弹出“操作结果”对话框，提示操作成功，单击“关闭”。

6. 监测全网性能和告警

在系统调试过程中，需要开启全网性能和告警监视设置，方便确定调试过程中是否有新增性能事件和告警。

操作步骤见 5.3.2 节。

7. 查询全网软件版本

网元的软件版本需要查询并记录，以确保全网版本一致。下面介绍如何查询单板软件版本，保证全网相同单板的软件版本一致。

操作步骤如下：

1）登录 T2000-LCT 客户端，在主菜单中选择“报表→单板信息报表”。

2）单击左面的导航树的刷新图标刷新导航树，刷新后在导航树中选择要查询的网元。

3）单击“查询”，弹出操作结果对话框，提示操作成功。

4）单击“关闭”，界面中会显示出网元的各个单板的状态和版本信息。

5）记录网元的各个单板的软件版本、Logic 版本和 BIOS 版本。

6）查询并记录其他网元的各个单板的软件版本。比较各单板的软件版本，全网相同单板的软件版本应该一致。如果不一致，请及时向华为公司驻本地办事处反馈。

8. 测试时钟保护倒换

时钟保护倒换对网元时钟进行保护，保证整个网络中的各个网元的时钟同步，对业务非常重要。时钟保护倒换不正常，时钟出现问题会导致时钟失效，将严重影响业务。为避免时钟失效，必须对时钟保护倒换进行测试，保证能够正常倒换。

操作步骤如下：

1）在主菜单中选择“配置→时钟视图”。

2）分别选定各个网元，在主菜单中选择“时钟视图→网元时钟设置”。在菜单下选择“时钟同步状态”、“时钟源优先级表”、“时钟源恢复参数”、“时钟源倒换条件”、“时钟子网设置”，查询相关参数信息是否正确。

3）拔掉(或关闭激光器)某网元东向的主用光纤，单击“时钟视图→网元时钟设置→时钟源倒换”，查询各网元的时钟状态是否正常。

4）在主菜单中选择“故障→当前告警浏览”，在左窗格中选择步骤 3)中的网元，单击，查询通过网管查询告警。正常情况下该网元会产生“SYNC _ C _ LOS”告警。

5）恢复网元的光纤连接(或开启激光器)。

6）按照步骤 1）~5)，完成网元西向时钟倒换的测试。

9. 测试公务电话

下面介绍检查公务电话的操作步骤，目的是为了保证整个网络的公务电话工作正常。操作步骤如下：

1）在一个站点，逐一拨打其他站点的公务电话，被拨打的站点应该有回铃音。

① 如果没有回铃音，请确认公务是否设置正确。

② 如果公务电话设置正确，请更换公务电话。

2）检查通话质量，通话声音应该清晰，没有噪声。

3）重复步骤 1）~2)，测试其他站点的公务电话。

10. 测试网络保护倒换

网络配置的各种保护倒换，能对业务进行保护。为保证网络发生故障后保护倒换正常，需要测试网络保护倒换。

11. 测试以太网业务

操作步骤见 5. 3. 3 节。

12. 测试全网误码

系统调测最后进行全网的误码测试。误码测试的目的是为了发现业务通道中存在的隐患和问题，保证业务的稳定性。测试案例见 5. 3. 4 节。

5. 3. 1 检查全网光纤的连接

不同的组网方式，光纤的连接也不相同。光纤连接错误不仅会导致后期的调测错误，而且会影响实际运行的业务。为了避免光纤连接错误对调测和业务配置的影响，必须根据实际网络拓扑检查光纤的连接，保证光纤正确连接。根据实际网络拓扑检查每个站点的光纤连接。检查光纤连接的方法可以使用插拔光纤、关闭激光器、下插告警、修改“J0/J1”字节和 ECC 路由法中的任何一种。

1. 插拔光纤

1）佩戴防静电手套后在本端拔掉光纤。设备会发出告警声音，同时面板上对应的告警指示灯会闪烁。

注意：光接口板及光纤内部的激光束会伤害您的眼睛！严禁眼睛靠近或直视光接口或光纤接头。

2）在 T2000-LCT 上查看本端是否产生“R_LOS”、“R_LOF”等相关告警。若有，则说明光纤没有问题。

2. 关闭激光器

1）在 T2000-LCT 主界面的“网元信息列表”中右键单击网元，在右键菜单中选择“网元管理器”。

2）在“网元管理器”中选择相应的单板，在功能树中选择“配置→SDH 接口”。

3）在“SDH 接口”页面中选中“按功能”，在下拉列表中选择“激光器开关”。

4）在“激光器开关”列表中，设置“激光器开关”为“关闭”。

5）单击“应用”。

3. 下插告警

1）在 T2000-LCT 主界面的“网元信息列表”中右键单击网元，在右键菜单中选择“网元管理器”。

2）在“网元管理器”中选择相应的单板，在功能树中选择“告警→告警插入”。

3）在“监视对象”下拉列表中，选择相应的监视对象。

4）在“告警名称”列表中选择相应的告警，如“AU_AIS”，单击“插入”。

5）在“确认”对话框中选择“确认”。

6）查看对端是否有相应的回传告警。若有，则说明光纤没有问题。

4. 修改“J0/J1”字节

1）在 T2000-LCT 主界面的“网元信息列表”中右键单击网元，在右键菜单中选择“网元管理器”。

2）在“网元管理器”中选择相应的单板，在“功能树”中选择“配置→开销管理→再生段开销”。

3）双击“应收 J0([模式]内容)”，修改对端网元“应收 J0([模式]内容)”，应与本端网元“应发 J0”不一致。

说明：J0 字节的默认值是“HuaWei SBS”。

注意：对端网元应收 J0([模式]内容)默认值为“Disable”，如果不做修改，即使 J0 字节的应收和实收不一致，也不会上报“J0_MM”告警。

4）单击“确定”。

5）查看对端网元是否有“J0_MM”告警。若有，则说明光纤没有问题。

5. 查看 ECC 路由

1）在网元管理器中单击网元，在功能树中选择“通信→网元 ECC 链路管理”。

2）单击“刷新”，网元的 ECC 路由显示在“网元 ECC 链路管理列表”中。

3）在本站查看和对端站的 ECC 路由是否正常。若正常，则说明光纤没有问题。

5.3.2 监测全网性能和告警

1. 设置性能参数

设置性能参数的操作包括在 T2000 上设置性能参数监视启停。性能参数用于监视设备、业务的运行状态和对网络进行分析。操作步骤如下：

1）登录 T2000 客户端，在主菜单中选择“配置→网元时间同步”。

2）在导航树中选中网元，单击。

3）将每一个网元同步方式选择为“网管”，单击“应用”。系统弹出操作成功提示对话框，单击“关闭”。

4）选中所有网元，单击右键，选择“与网管时间同步”。在系统弹出的确认对话框中单击“是”。

5）系统弹出对话框提示操作成功，单击“关闭”。

6）在主菜单中选择“性能→网元性能监视时间”。

7）选中所需网元。

8）在“性能监视启停设置”窗口中，选中网元并设置以下参数：

①“设置 15min 监视”为“打开”。

②“设置 24h 监视”为“打开”。

③“开始时间”根据需要设置，必须晚于网管和网元的当前时间。

9）单击“应用”。系统弹出操作成功提示对话框，单击“关闭”。

2. 设置告警参数

可在 T2000 上设置告警参数，为了避免数据溢出或被损坏，应当及时转储性能数据。操作过程如下：

1）登录 T2000 客户端，在主菜单中选择“系统管理→数据库管理→转储”。

2）选择“转储条件设置”选项卡，选择告警事件。对需要定期转储的记录类型，进行如下设置：

①“是否定期转储”：选择“是”。

②“转储周期”：一般采用缺省值 5，也可以根据网络实际情况进行设置。

③“时间限制”：一般采用缺省值 1，也可以根据网络实际情况进行设置。

④ 其余各项参数采用缺省值。

3）单击“应用”。

4）单击“确定”。

5.3.3 测试以太网连接

测试以太网连接如图 5-5 所示，假设 NE1 与 NE5 之间已经配置了以太网业务。

操作步骤：

1）在 NE1 选定一条已经配置了以太网业务的通道，用交叉网线将该业务对应的以太网板端口与便携式计算机 A 相连。

2）在 NE5 选定该以太网业务的通道，用交叉网线将该业务对应的以太网板端口与便携式计算机 B 相连。

3）设置便携式计算机 A 和便携式计算机 B 的 IP 地址，保证两台计算机的 IP 地址在同

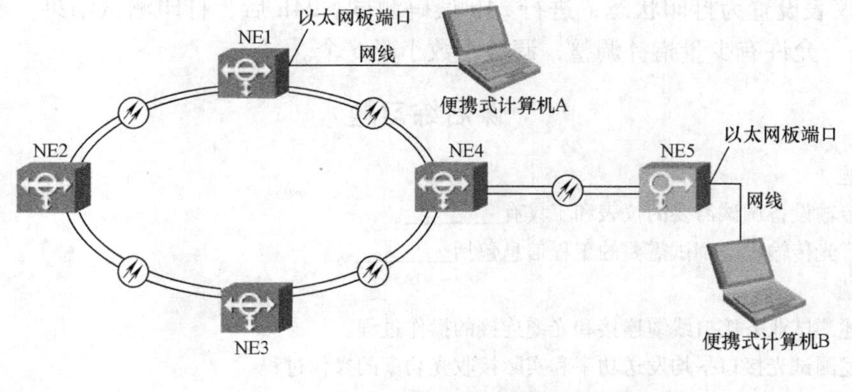

图 5-5　测试以太网连接

一个网段。

4）在便携式计算机 A 上进入 MS-DOS 方式，在弹出的命令窗口中键入“ping”命令与便携式计算机 B 进行通信，查看收发情况。

5.3.4　测试全网误码

测试采用的工具、仪表为 SDH 分析仪、自环线缆和尾纤。

假设 NE1 和 NE3 之间配置了 16 个 2Mbit/s 业务。将 NE3 的 16 个 2Mbit/s 业务按照 2Mbit/s 端口串接方法串接起来，并与 SDH 分析仪相连接。将 NE1 对应的 16 个 2Mbit/s 业务端口全部在 DDF 架做内环回。

测试全网误码的测试连接如图 5-6 所示，2Mbit/s 端口串接方法如图 5-7 所示。

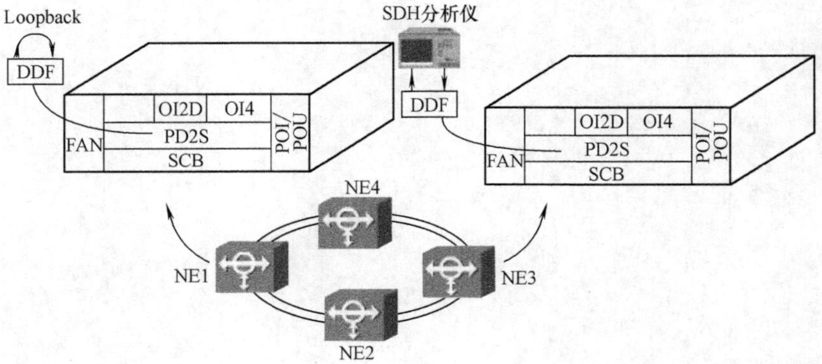

图 5-6　测试全网误码的测试连接

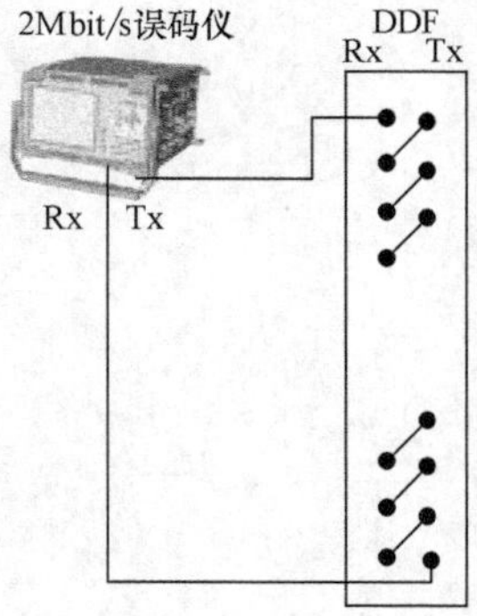

图 5-7　2Mbit/s 端口串接方法

操作步骤如下：

1）按照测试连接图，将 SDH 分析仪连接到 NE3 的业务端口，在 DDF 侧将 NE1 对应的所有 2Mbit/s 业务端口自环。

2）进入 T2000，开启 NE1 和 NE3 的 15min 性能监视和 24h 性能监视。开启“性能监视功能”请参考“设置性能参数”。设置性能监视的原因是为了对测试出现的问题进行分析和定位。

3）根据配置的业务速率设置仪表的伪随机序列码。业务速率、编码和伪随机序列码的对应关系见表 5-2。

4）将仪表设置为打印状态，进行24h误码测试。24h后，打印测试结果。测试结果应该为0误码。允许有少量指针调整，调整个数小于6个。

课后练习题

1. 填空题

（1）光传输设备调试需要的仪表和工具有________。

（2）进行光传输设备调试需要的工程信息包括________。

2. 简答题

（1）简述测试业务接口线缆连接和光缆连接的操作过程。

（2）简述测试光接口平均发送功率和实际接收光功率的操作过程。

（3）简述光传输系统调试的主要项目。

学习领域3

光传输系统业务开通

第 6 章　光传输网技术

6.1　数字光传输网通信体系

1. 时分复用数字通信体系

为了提高光传输系统信道利用率，可使多路信号沿同一信道传输而又互不干扰，这就是多路复用。多路复用的方法主要有频分复用、时分复用及码分复用等，在光传输数字通信中广泛采用时分复用方式。时分复用通信的特点是通过各路信号在信道上占有不同的时隙来进行通信，在固定电话系统中普遍使用 PCM 数字基带信号时分复用体系。

PCM 数字基带信号时分复用如图 6-1 所示，在发送端依次将并行的 N 路 PCM 数字信号复合成串行的数字码流，经传输后在接收端再依次将这串行的 N 路信号顺序依次分开，并行送到相应的支路信道。可见，在每路 PCM 信号的相邻时隙之间，依次插入了其他 N-1 个信号时隙。这 N 路信号时隙，再加几个附加的帧开销（FOH）时隙，构成一帧，该 FOH 的附加比特可用于帧定时开销（使收发同步）、误码检测及系统运行监测等。

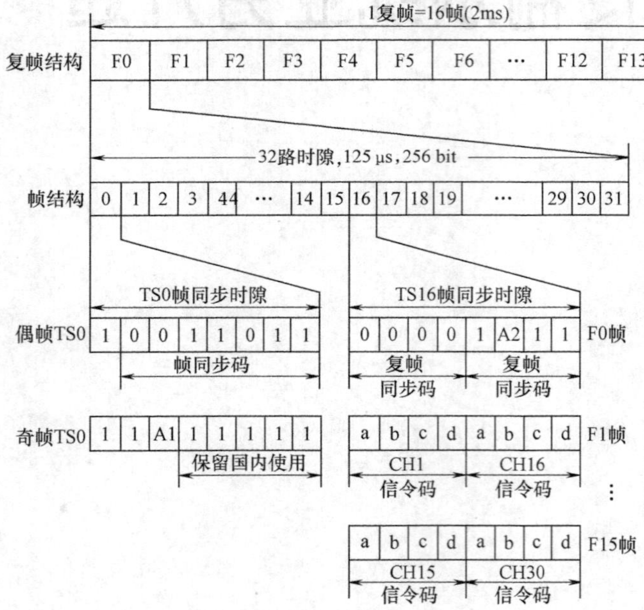

图 6-1　PCM 数字基带信号时分复用

2. PDH 数字传输体系

按国际电报电话咨询委员会（CCITT）对话音 PCM 数字信号复用的建议，有两种基群系列，即 PCM30/32 路系统（欧洲采用）及 PCM24 路系统（日美采用）。CCITT 规定的三种群路体制的标准如图 6-2 所示，我国使用 PCM30/32 路系统。

在 PCM30/32 路系列中，帧长 125μs，共有 32 个时隙（TS0 ~ TS31），其中有 30 个话路时隙（TS1 ~ TS15 及 TS17 ~ TS31），TS0 时隙用作帧同步，TS16 时隙用作信令及复帧同步。由于每个时隙为 8bit，故一帧共有 8bit × 32 = 256bit，相应的码速为 2.048Mbit/s。为了实现

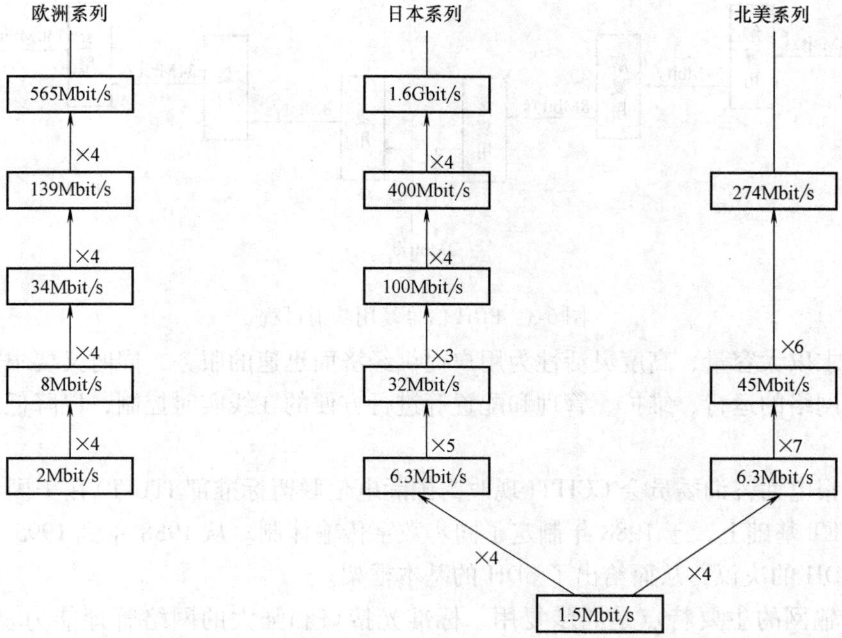

图 6-2　CCITT 规定的三种群路体制的标准

更多路信号的复用，可采用数字复接的方法将几个低次群复接成一个高次群，如将 4 个 32 路的基群复接成一个二次群，四个二次群复接成一个三次群等，这种数字复接方式称为准同步数字传输体制(Plesiochronous Digital Hierarchy, PDH)。

准同步数字传输体制的复接结构采用异步方式，即各支路的数字信号流标称速率值相同，它们的主时钟是彼此独立的，但通过加进一些额外的位可使各支路信号与复接设备同步，并复用成高速信号。

PDH 可很好地适应传统电信网的点对点通信，但难以适应动态联网要求，也难以支持新业务的开发及现代网络管理。PDH 的缺点包括：

1）PDH 有两种系列，即以 2.048Mbit/s 为基群及以 1.544Mbit/s 为基群的体系，相互间难以互通和兼容。

2）由于没有统一规范的光接口，不同厂家的设备在光路上不能互通，必须转换成标准电接口才能互通，限制了联网应用。

3）PDH 高次群信号中的低次群信号位置没有指示，因此要从中取出/插入一个低次群信号(俗称上/下电路)很不方便，必须逐级分接、复接才能实现，需要设备多，上下业务费用高。PDH 信号复用映射过程如图 6-3 所示。

4）PDH 各等级的帧结构中预留的插入比特(开销)很少，使网络无法适应不断演变的管理要求，更难以支持新一代的网络。

为此，CCITT 根据世界各国间通信联网的需要，制定了同步数字传输体制(Synchronous Digital Hierarchy, SDH)的建议。在用光纤构成基于 SDH 的传输网时，在美国也称为同步光网(Synchronous Optical Network, SONET)，是一种新一代的理想传输体制。

3. SDH 传输体制的提出和基本特点

由于 PDH 存在着一系列缺点，已经不能适应目前的光纤通信领域的迅速发展。一个现

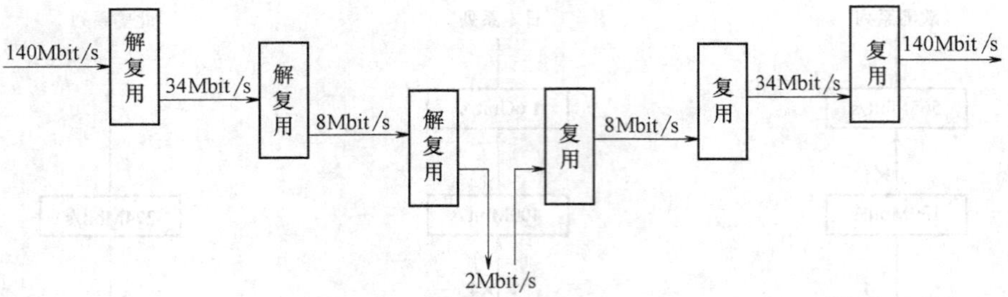

图 6-3 PDH 信号复用映射过程

代通信网要求以大容量、高度灵活性为用户提供经济而迅速的服务，同时又要求电信网络管理部门能对网络的运行、维护、管理和配置等进行方便的在线实时控制，以降低网络的运行费用。

国际电报电话咨询委员会 CCITT(现改为国际电信联盟标准部 ITU-T)在美国贝尔实验室提出的 SONET 基础上，于 1988 年制定了同步数字传输体制。从 1988 年到 1995 年共通过了 16 个有关 SDH 的决议，从而给出了 SDH 的基本框架。

SDH 传输网的主要特点是同步复用、标准光接口和强大的网络管理能力。具体地说，有如下主要特点：

1）使 24 路制和 30 路制两种 PDH 数字系列在 STM-1 等级上实现了统一，使之成为数字传输体制上的世界标准。

2）由于采用了同步复用和复用映射方法，各种不同等级的码流在帧结构净负荷内的排列是有规律的，而净负荷与网络同步。因此可以方便地从高速信号中一次分出低速支路信号，省去 PDH 中全套背靠背的数字复用/去复用设备，及相应的多次码速调整与变换，这不仅使上下业务变得非常容易，而且便于业务的管理及改善网络的业务透明性。

3）在帧结构中安排了丰富的开销比特，因而使网络的运行、管理和维护(OAM)能力大大加强，而且便于将部分网络管理能力分配到网络单元，实现分布式管理以及实现高可靠性的自愈环形网结构。

4）确定了世界统一的光纤网络接口，可以在光路上实现横向兼容，便于网络的组织和调度，使网络投资成本节约 10%~20%。

5）SDH 网具有信息净负荷的透明性。所谓信息净负荷的透明性，指的是网络可以传送各种净负荷及它们的组合，而与信息的具体结构无关。

6）SDH 网具有后向和前向兼容性。它与传统的 PDH 网完全兼容。另外，它还能容纳新的业务信号，如 B-ISDN 中的 ATM 信元、高速局域网的光纤分布式数据接口(FDDI)信号和分布排队双总线(DQDB)信号等。

作为一种新的技术体制，也有其不足之处：

1）SDH 的频带利用率不如传统的 PDH 系统。

2）由于采用了指针调整技术，增加了设备的复杂性。

3）在 PDH 网到 SDH 网的过渡时期，由于指针调整产生的相位跃变，使得信号经过多次 PDH/SDH 变换后，抖动和漂移性能损伤较大，一般要采取相位平滑措施才能满足抖动和漂移性能指标。

4）由于大规模采用软件管理和控制方式，在网络层上的人为错误、软件故障及计算机病毒等可能导致全网瘫痪，因此对网络拓扑和软件测试等均提出了较高的要求。

6.2 SDH 传输原理

1. SDH 速率等级标准

SDH 网的关键是规范一个统一的网络节点接口（Network Node Interfaces，NNI），而实现统一的 NNI 的首要任务是接口速率等级和数据传送格式的安排。为此，在 SDH 传输网中，信息结构采用标准化的模块信号，即同步传送模块 STM-N（N=1、4、16 等），其中 N=1 是基本的标准模块信号，其速率为 155.52Mbit/s。SDH 速率等级见表 6-1。

表 6-1　SDH 速率等级

SDH 信号	比特率/(Mbit/s)	SDH 信号	比特率/(Mbit/s)
STM-1	155.52	STM-16	2488.32
STM-4	622.08	STM-64	9953.28

2. SDH 的帧结构

SDH 的帧结构与 PDH 不同，它是块状帧。SDH 帧结构如图 6-4 所示。它由横向 $270\times N$ 列和纵向 9 行字节（1 字节为 8 比特）组成，因而全帧由 $2430\times N$ 个字节，相当于 $19440\times N$ 个比特组成，帧重复周期为 125μs。字节的传输是由左到右按行进行的，首先由图中左上角第一个字节开始，从左到右、由上而下按顺序传送，直至整个 $9\times270\times N$ 个字节都传送完毕再转入下一帧，如此一帧一帧地传送，每秒共传送 8000 帧。因此对于 STM-1 而言，传送速率为 $9\times270\times8\times8000$bit/s = 155.52Mbit/s。

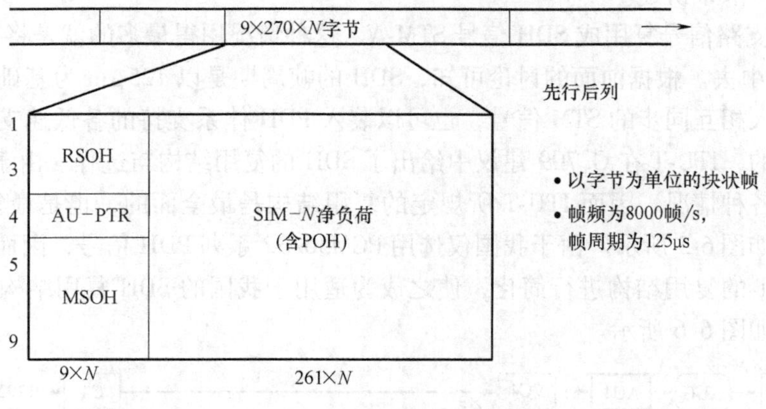

图 6-4　SDH 帧结构

整个帧结构大体可以分为三个主要区域，现分别叙述如下：

（1）段开销（SOH）　所谓段开销，是指 STM 帧结构中为了保证信息正常灵活传送所必需的附加字节，主要是一些维护管理字节，例如误码监视、帧定位、数据通信、公务通信和自动保护倒换字节等。由图 6-4 可知，对于 STM-1，帧结构中左边 9 列 ×8 行（除去第 4 行）共 72 个字节（相当于 576bit）均可用于段开销。由于每秒传 8000 帧，因此共有 4.608Mbit/s 可用于维护管理，可见段开销相当丰富。段开销还可进一步划分为第 1 行至第 3 行的再生段开销(RSOH)和第5行至第9行的复用段开销(MSOH)。其中，第4行9个字节用做管理单元指针(AU-PTR)，它主要用来指示信息净负荷的第一个字节在STM-1帧内的准确位置，以便在接收端正确地分解。SDH光缆线路系统对开销通路都应提供接入能力，并能在不中断业务的情况下提供所需的开销通路应用。除段开销外，在净负荷中还包含通道开销字节，它是用于通道性能监视、控制、维护和管理的开销比特。

(2) 信息净负荷区域　所谓信息净负荷，就是网络节点接口码流中可用于电信业务的部分，因而净负荷区域就是存放各种信息业务容量的地方。对于STM-1，图6-4右边261列×9行共2349个字节都属于净负荷区域。

(3) 管理单元指针区域　管理单元指针(AU-PTR)是一种指示符，主要用来指示净负荷的第1个字节在STM-N帧内的准确位置，以便接收端正确地分解。图6-4中第4行的9个字节是保留给指针用的。因此用指针可以使之在PDH环境中完成复用同步和帧定位，消除了常规PDH系统中滑动缓冲器所引起的延时和性能损伤。

3. 复用映射结构

SDH的复用包括两种情况：一种是低阶SDH信号复用成高阶SDH信号；另一种是低速支路信号(例如2Mbit/s、34Mbit/s、140Mbit/s)复用成SDH信号STM-N。

(1) 低阶SDH信号复用成高阶SDH信号　这种情况在前面已有所提及，复用主要通过字节间插复用方式来完成的，复用的个数是4合1，即4×STM-1→STM-4，4×STM-4→STM-16。在复用过程中保持帧频不变(8000帧/s)，这就意味着高一级的STM-N信号速率是低一级的STM-N信号速率的4倍。在进行字节间插复用过程中，各帧的信息净负荷和指针字节按原值进行间插复用，而段开销则会有些取舍。在复用成的STM-N帧中，SOH并不是所有低阶SDH帧中的段开销间插复用而成，而是舍弃了一些低阶帧中的段开销，其具体的复用方法在下一节中讲述。

(2) 低速支路信号复用成SDH信号STM-N　这种情况用得最多的就是将PDH信号复用进STM-N信号中去。根据前面的讨论可知，SDH的帧周期是以125μm为基础的，在此周期中，既可以装入相互同步的STM信号，也可以装入PDH体系支持的各低速支路信号，同时为达到上述目的，ITU-T在G.709建议中给出了SDH的复用结构与过程。由于ITU-T要照顾全球范围内的各种情况，因而ITU-T所规定的复用结构是最全面的，也是最复杂的。ITU-T复用映射标准如图6-5所示。由于我国仅选用PCM30/32系列PDH信号，因而根据具体实际情况，对ITU-T的复用结构进行简化，使之成为适用于我国的SDH复用结构。我国的SDH复用映射结构如图6-6所示。

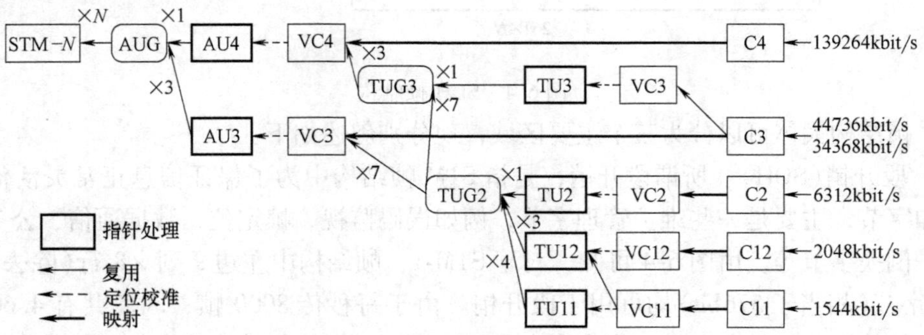

图6-5　ITU-T复用映射标准

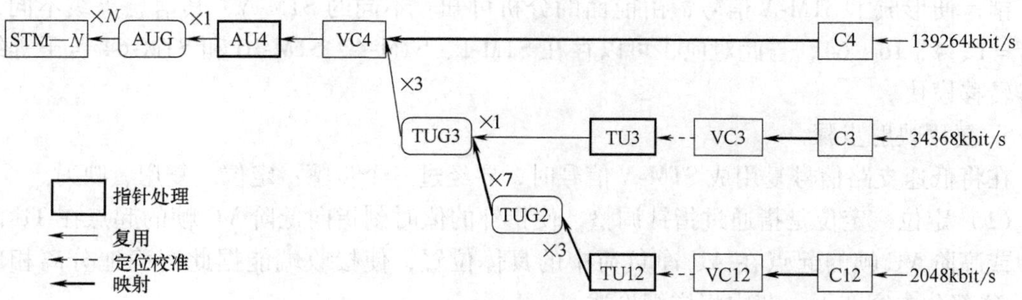

图6-6　我国的SDH复用映射结构

我国目前采用的复用结构是以2Mbit/s系列PDH信号为基础，通常应采用2Mbit/s和140Mbit/s支路接口，当然如有需要时，也可采用34Mbit/s支路接口，但由于一个STM-1只能容纳3个34Mit/s的支路信号，因而相对而言不经济，故应尽可能不使用该接口。

4. 复用映射单元

SDH的复用结构是由一系列基本复用单元组成的，而复用单元实际上是一种信息结构，不同的复用单元，其信息结构不同，因而在复用过程中所起的功能各不相同。常用的复用单元有容器(C)、虚容器(VC)、管理单元(AU)及支路单元(TU)等。

(1) 容器(C)　所谓容器，实际上是一种用来装载各种速率业务信号的信息结构，主要完成PDH信号与VC之间的适配功能(如码速调整等)。针对不同的PDH信号，ITU-T规定了5种标准容器，我国的SDH复用结构中，仅用了装载2.048Mbit/s、34.368Mbit/s和139.264Mbit/s信号的3种容器，即C12、C3和C4。其中，C4为高阶C，而C12和C3则属于低阶C。

(2) 虚容器(VC)　VC是用来支持SDH通道层连接的信息结构，它是由标准容器(C)的信号再加上用以对信号进行维护与管理的通道开销(POH)构成的。VC又分为高阶VC和低阶VC，很明显能够容纳高阶容器的VC为高阶虚容器，容纳低阶容器的VC为低阶虚容器。

无论是高阶虚容器，还是低阶虚容器，它们在SDH网络中始终保持独立的、相互同步的传输状态，即其帧速率与网络保持同步，并且同一网络中的不同VC的帧速率都是相互同步的，因而在VC级别上可以实现交叉连接操作，从而在不同VC中装载不同速率的PDH信号。另外，VC信号仅在PDH/SDH网络边界处才进行分接，从而在SDH网络中始终保持完整不变，独立地在通道的任意一点进行分出、插入或交叉连接。

(3) 支路单元(TU)　TU是为低阶通道层与高阶通道层提供适配功能的一种信息结构，它由一个低阶VC和指示其在高阶VC中初始字节位置的支路单元指针(TU-PTR)组成。可见低阶VC可在高阶VC中浮动，并且由一个或多个在高阶VC净负荷中占有固定位置的TU组成一个支路单元组(TUG)。

(4) 管理单元(AU)　AU是在高阶通道层与复用段层之间提供适配的一种信息结构，它由高阶VC和指示高阶VC在STM-N中的起始字节位置的管理单元指针(AU-PTR)构成，同样高阶VC在STM-N中的位置也是浮动的，但AU指针在STM-N帧结构中的位置是固定的。一个或多个在STM帧中占有固定位置的AU组成一个管理单元组(AUG)。

(5) 同步转移模块(STM)　在N个AUG的基础上，加上起到运行、维护和管理作用的段开销，便形成了 STM-N 信号，由前面的分析可知，不同的 STM-N，其信息等级不同，一般 N=1、4、16、64，与此对应，可以存在 STM-1、STM-4、STM-16 和 STM-64 若干等级的同步转移模块。

5. 复用映射步骤

在将低速支路信号复用成 STM-N 信号时，要经过三个步骤：定位、复用、映射。

（1）定位　定位是指通过指针调整，使指针的值时刻指向低阶 VC 帧的起点在 TU 净负荷中或高阶 VC 帧的起点在 AU 净负荷中的具体位置，使接收端能据此正确地分离相应的 VC，这部分内容在下一节中将详细论述。

（2）复用　复用的概念比较简单，复用是一种使多个低阶通道层的信号适配进高阶通道层，例如 TU12（×3）→TUG2（×7）→TUG3（×3）→VC4，或把多个高阶通道层信号适配进复用层的过程，例如 AU4（×1）→AUG（×N）→STM-N。复用也就是通过字节间插方式把 TU 组织进高阶 VC 或把 AU 组织进 STM-N 的过程。由于经过 TU 和 AU 指针处理后的各 VC 支路信号已相位同步，因此该复用过程是同步复用，复用原理与数据的串并变换相类似。

（3）映射　映射是一种在 SDH 网络边界处（例如 SDH/PDH 边界处）将支路信号适配进虚容器的过程。像我们经常使用的将各种速率（140Mbit/s、34Mbit/s、2Mbit/s）信号先经过码速调整，分别装入到各自相应的标准容器中，再加上相应的低阶或高阶的通道开销，形成各自相对应的虚容器的过程。

6. 业务复用映射过程

以下依次讨论 140Mbit/s、34Mbit/s 及 2Mbit/s 业务复用映射过程。

（1）140Mbit/s 业务复用映射过程　首先将 140Mbit/s 的 PDH 信号经过码速调整（比特塞入法）适配进 C4，C4 是用来装载 140Mbit/s 的 PDH 信号的标准信息结构。140Mbit/s 的信号装入 C4 也就相当于将其打了个包封，使 140Mbit/s 信号的速率调整为标准的 C4 速率。C4 的帧结构是以字节为单位的块状帧，帧频是 8000 帧/s，也就是说，经过码速调整，140Mbit/s 的信号在适配成 C4 信号时已经与 SDH 传输网同步了，这个过程也就相当于 C4 装入异步 140Mbit/s 的信号。

为了能够对 140Mbit/s 的通道信号进行监控，在复用过程中要在 C4 的块状帧前加上一列通道开销字节（高阶通道开销 VC4-POH），此时信号成为 VC4 信息结构。VC4 是与 140Mbit/s PDH 信号相对应的标准虚容器，此过程相当于对 C4 信号再打一个包封，将对通道进行监控管理的开销（POH）打入包封中去，以实现对通道信号的实时监控。虚容器（VC）的包封速率也是与 SDH 传输网络同步的，不同的 VC（例如与 2Mbit/s 相对应的 VC12，与 34Mbit/s 相对应的 VC3）是相互同步的，而虚容器内部却允许装载来自不同容器的异步净负荷。虚容器这种信息结构在 SDH 网络传输中保持其完整性不变，也就是可将其看成独立的单位（货包），十分灵活和方便地在通道中任一点插入或取出，进行同步复用和交叉连接处理。

140Mbit/s 业务复用映射过程如图 6-7 所示。

（2）34Mbit/s 业务复用映射过程　34Mbit/s 的信号先经过码速调整将其适配到相应的标准容器 C3 中，然后加上相应的通道开销 C3 打包成 VC3，此时的帧结构是 9 行×85 列。为了便于接收端定位 VC3，以便能将它从高速信号中直接拆离出来，在 VC3 的帧上加了 3 个字节的指针 TU-PTR（支路单元指针）。此时的信息结构是支路单元 TU3（与 34Mbit/s 的信

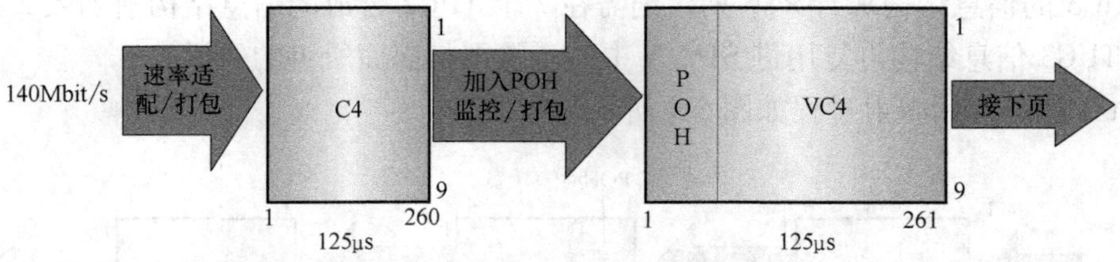

图6-7　140Mbit/s业务复用映射过程

号相应的信息结构)，支路单元提供低阶通道层和高阶通道层之间的桥梁，也就是高阶通道(高阶VC)拆分成低阶通道(低阶VC)，或低阶通道复用成高阶通道的中间过渡信息结构。

3个TUG3通过字节间插复用方式，复合成C4信号结构，因为TUG3是9行×86列的信息结构，所以3个TUG3通过字节间插复用方式复合后的信息结构是9行×258列的块状帧结构，而C4是9行×260列的块状帧结构。于是在3×TUG3的合成结构前面加2列塞入比特，使其成为C4的信息结构。

这时剩下的工作就是将C4→STM-*N*中去了，过程同前面所讲的将140Mbit/s信号复用进STM-*N*信号的过程类似：C4→VC4→AU4→AUG→STM-*N*。

34Mbit/s业务复用映射过程如图6-8所示。

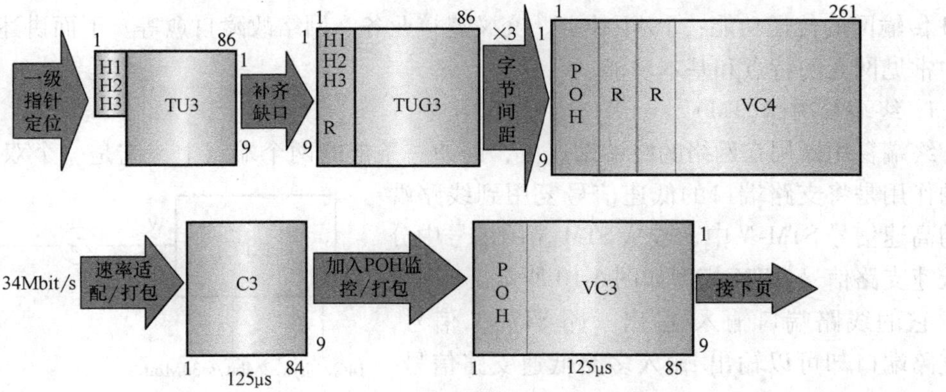

图6-8　34Mbit/s业务复用映射过程

(3) 2Mbit/s业务复用映射过程　当前运用得最多的复用方式是将2Mbit/s信号复用进STM-*N*信号中，它也是PDH信号复用进SDH信号最复杂的一种复用方式。

首先，将2Mbit/s的PDH信号经过码速调整装载到对应的标准容器C12中，为了便于速率的适配采用了复帧的概念，即将4个C12基帧组成一个复帧。C12的基帧帧频也是8000帧/s，那么C12复帧的帧频就成了2000帧/s。为了在SDH网的传输中能实时监测任一个2Mbit/s通道信号的性能，需将C12再打包加入相应的通道开销(低阶通道开销)，使其成为VC12的信息结构。

为了使接收端能正确定位VC12的帧，在VC12复帧的4个缺口上再加上4个字节的TU-PTR，这时信号的信息结构就变成了TU12，9行×4列。TU-PTR指示复帧中第1个VC12的起点在TU12复帧中的具体位置。

3个TU12经过字节间插复用合成TUG2，此时的帧结构是9行×12列。7个TUG2经过字节间插复用合成TUG3的信息结构。请注意，7个TUG2合成的信息结构是9行×84列，为满足 TUG3 的信息结构 9 行 ×86 列，则需在 7 个 TUG2 合成的信息结构前加入 2 列固定塞入比特。TUG3 信息结构再复用进 STM-*N* 中的步骤则与前面所讲的一样。

2Mbit/s 业务复用映射过程如图 6-9 所示。

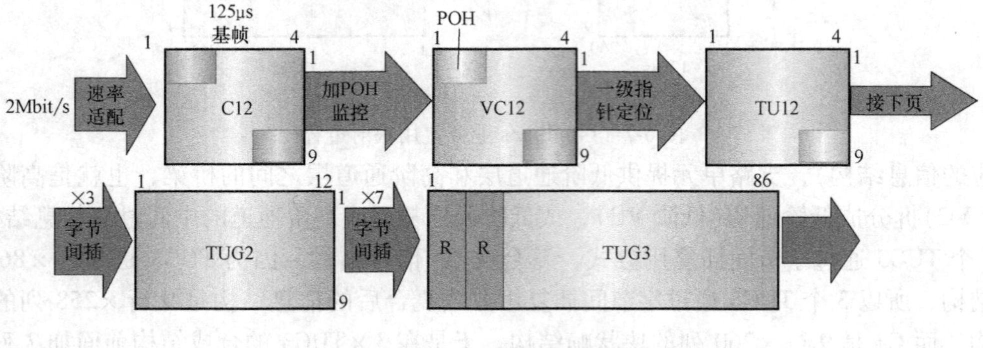

图 6-9 2Mbit/s 业务复用映射过程

6.3 SDH 传输网结构

6.3.1 SDH 传输网的常见网元

SDH 传输网是由不同类型的网元通过光缆线路的连接组成的，通过不同的网元完成 SDH 传输网的传送功能：上/下业务、交叉连接业务、网络故障自愈等。下面讲述 SDH 传输网中常见网元的特点和基本功能。

1. 终端复用器(TM)

终端复用器用在网络的终端站点上，例如一条链的两个端点上，它是一个双端口器件。它的作用是将支路端口的低速信号复用到线路端口的高速信号 STM-*N* 中，或从 STM-*N* 的信号中分出低速支路信号。TM 模型如图 6-10 所示。

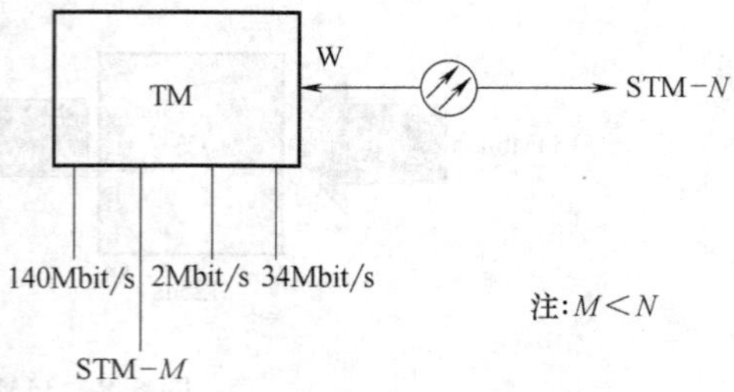

图 6-10 TM 模型

它的线路端口输入/输出一路 STM-*N* 信号，而支路端口却可以输出/输入多路低速支路信号。在将低速支路信号复用进 STM-*N* 帧(将低速信号复用到线路)上时，有一个交叉的功能，例如：可将支路的一个 STM-1 信号复用进线路上的 STM-16 信号中的任意位置上，也就是指复用在 1 ~ 16 个 STM-1 的任一个位置上。将支路的 2Mbit/s 信号可复用到一个 STM-1 中 63 个 VC12 的任一个位置上去。对于华为设备，TM 的线路端口(光接口)一般以西向端口默认表示的。

2. 分插复用器(ADM)

分插复用器用于 SDH 传输网络的转接站点处，例如链的中间节点或环上节点，是 SDH 传输网上使用最多、最重要的一种网元，它是一个三端口的器件。ADM 模型如图 6-11 所示。

ADM 有两个线路端口和一个支路端口。两个线路端口各接一侧的光缆(每侧收/发共两根光纤)，为了描述方便将其分为西(W)向、东向(E)两个线路端口。ADM 的作用是将低速支路信号交叉复用进东或西向线路上去，或从东或西侧线路端口收的线路信号中拆分出低速支路信号。另外，还可将东/西向线路侧的STM-N信号进行交叉连接，例如将东向STM-16中的第3个STM-1与西向STM-16中的第15个STM-1相连接。ADM是SDH最重要的一种网元，通过它可等效成其他网元，即能完成其他网元的功能，例如：一个ADM可等效成两个TM。

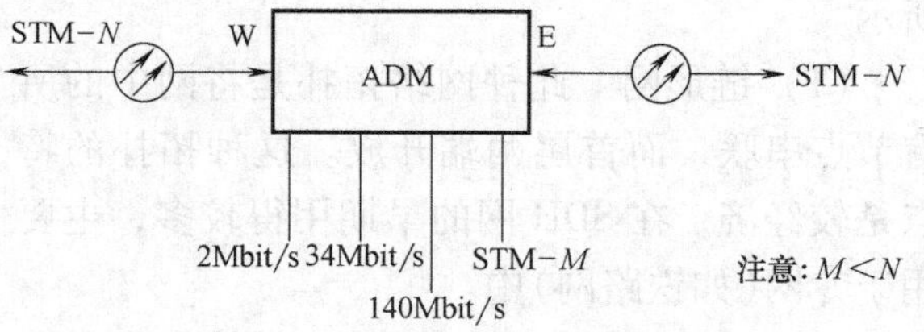

图6-11　ADM模型

3. 再生中继器(REG)

光传输网的再生中继器有两种，一种是纯光的再生中继器，主要进行光功率放大，以延长光传输距离；另一种是用于脉冲再生整形的电再生中继器，主要通过光/电转换、电信号抽样、判决、再生整形、电/光转换，以达到不积累线路噪声，保证线路上传送信号波形的完好性。此处讲的是后一种再生中继器，REG是双端口器件，只有两个线路端口——W、E。REG模型如图6-12所示。

图6-12　REG模型

它的作用是将一侧(W侧或E侧)的光信号经光/电转换、抽样、判决、再生整形、电/光转换在另一侧发出。REG与ADM相比仅少了支路端口，所以ADM若本地不上/下话路(支路不上/下信号)时完全可以等效一个REG。真正的REG只需处理STM-N帧中的RSOH，且不需要交叉连接功能(W侧到E侧直通即可)，而ADM和TM因为要完成将低速支路信号分/插到STM-N中，所以不仅要处理RSOH，还要处理MSOH；另外ADM和TM都具有交叉复用能力(有交叉连接功能)，因此用ADM来等效REG有点大材小用了。

4. 数字交叉连接设备(DXC)

数字交叉连接设备主要完成STM-N信号的交叉连接，它是一个多端口器件，实际上相当于一个交叉矩阵，用于完成各个信号间的交叉连接。DXC模型如图6-13所示。

DXC可将输入的m路STM-N信号交叉连接到输出的n路STM-N信号上，图6-13表示有m条入光纤和n条出光纤。DXC的核心是交叉连接，功能强的DXC能完成高速(例STM-16)信号在交叉矩阵内的低级别交叉(例如VC12级别的交叉)。

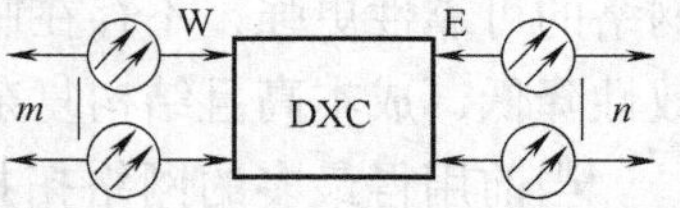

图6-13　DXC模型

通常用DXC m/n来表示一个DXC的类型和性能(注$m \geqslant n$)，m表示可接入DXC的最高速率等级，n表示在交叉矩阵中能够进行交叉连接的最低速率级别。m越大，表示DXC的承载容量越大；n越小，表示DXC的交叉灵活性越大。

6.3.2　SDH传输网拓扑

SDH网是由SDH网元设备通过光缆互连而成的，网络节点(网元)和传输线路的几何排列就构成了网络的拓扑。网络的有效性(信道的利用率)、可靠性和经济性在很大程度上与其拓扑有关。

1. 基本网络拓扑

网络拓扑的基本结构有链形、星形、树形、环形和网孔形，基本网络拓扑如图6-14

所示。

(1) 链形网　此种网络拓扑是将网中的所有节点串联，而首尾两端开放。这种拓扑的特点是较经济，在SDH网的早期用得较多，主要用于专网(如铁路网)中。

(2) 星形网　此种网络拓扑是将网中一网元作为特殊节点与其他各网元节点相连，其他各网元节点互不相连，网元节点的业务都要经过这个特殊节点转接。这种网络拓扑的特点是可通过特殊节点来统一管理其他网络节点，利于分配带宽，节约成本，但存在特殊节点的安全保障和处理能力的潜在瓶颈问题。特殊节点的作用类似交换网的汇接局，此种拓扑多用于本地网(接入网和用户网)。

(3) 树形网　此种网络拓扑可看成是链形拓扑和星形拓扑的结合，也存在特殊节点的安全保障和处理能力的潜在瓶颈。

(4) 环形网　环形拓扑实际上是指将链形拓扑首尾相连，从而使网上任何一个网元节点都不对外开放的网络拓扑形式。这是当前使用最多的网络拓扑形式，主要是因为它具有很强的生存性，即自愈功能较强。环形网常用于本地网(接入网和用户网)、局间中继网。

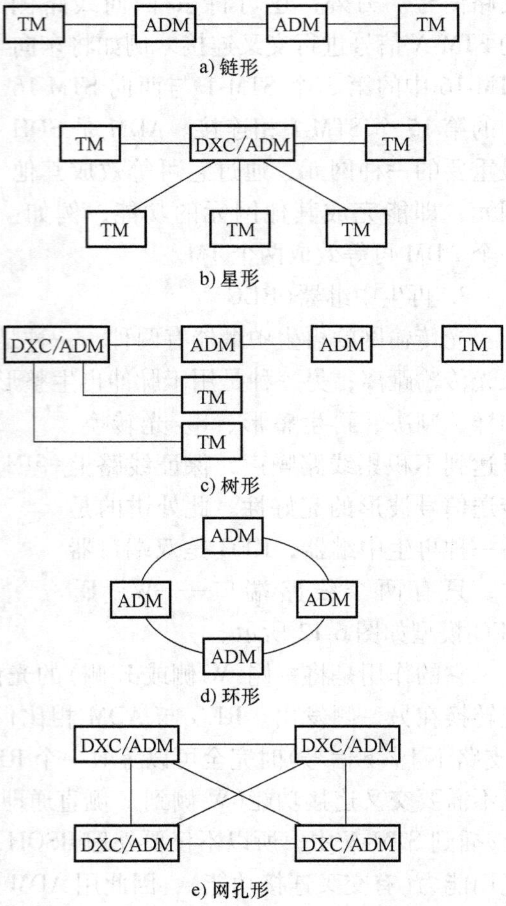

图 6-14　基本网络拓扑

(5) 网孔形网　网孔形网将所有网元节点两两相连，就形成了网孔形网络拓扑。这种网络拓扑为两网元节点间提供多个传输路由，使网络的可靠性更强，不存在瓶颈问题和失效问题。但是由于系统的冗余度高，必会使系统有效性降低，成本高且结构复杂。网孔形网主要用于长途网中，以提供网络的高可靠性。

当前用得最多的网络拓扑是链形和环形，通过它们的灵活组合，可构成更加复杂的网络。下文将讲述链形网的组成和特点、环形网的几种主要的自愈形式(自愈环)的工作机理及特点。

2. 业务流向

传输网上的业务按流向可分为单向业务和双向业务。下面以环形网为例说明单向业务和双向业务的区别，环形网如图6-15所示。

若A和C之间互通业务，A到C的业务路由假定是A→B→C，若此时C到A的业务路由是C→B→A，则业务从A到C和从C到A的路由相同，称为一致路由。若此时C到A的路由是C→D→A，那么业务从A到C和业务从C到A的路由不同，

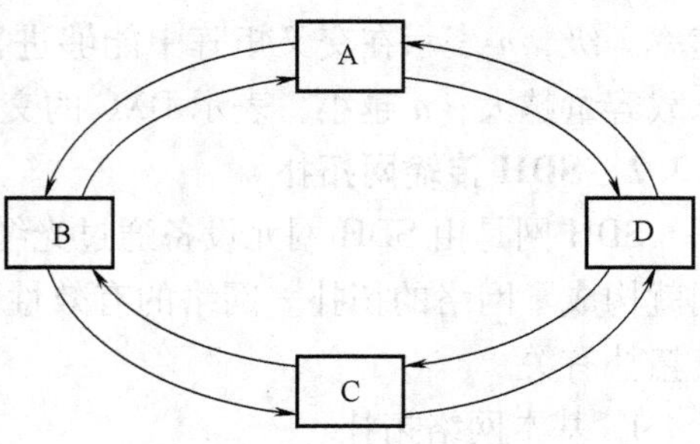

图 6-15　环形网

称为分离路由。

我们称一致路由的业务为双向业务，分离路由的业务为单向业务。对于链形网络，业务流向一般为一致路由；对于环形网络，根据保护方式的不同，业务流向可以为分离路由或一致路由。

6.3.3　链形网业务传输

链形网结构如图6-16所示。

链形网的特点是具有时隙复用功能，即线路STM-*N*信号中某一序号的VC可在不同的传输光缆段上重复利用。如图6-16中A—B、B—C、C—D以及A—D之间通有业务，这时可将A—B之间的业务占用A—B光缆段X时隙(序号为X的VC,例如第3个VC4的第48个VC12)，将B—C的业务占用B—C光缆段的X时隙(第3个VC4的第48个VC12)，将C—D的业务占用C—D光缆段的X时隙(第3个VC4的第48个VC12)，这种情况就是时隙重复利用。这时A—D的业务因为光缆的X时隙已被占用，所以只能占用光路上的其他时隙——Y时隙(例如第3个VC4的第49个VC12或第7个VC4的第48个VC12)。

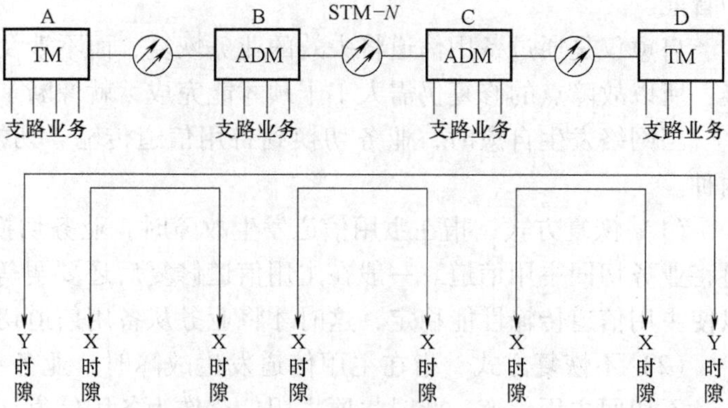

图6-16　链形网结构

链形网的这种时隙重复利用功能，使网络的业务容量较大。网络的业务容量与网络拓扑、网络的自愈方式、网元节点间业务分布关系有关。链形网达到最小业务容量情况发生在链形网的端站为业务主站的情况下，所谓业务主站，是指各网元都与主站互通业务，其余网元间无业务互通。以图6-16为例，若A为业务主站，那么B、C、D之间无业务互通。此时B、C、D分别与网元A通信。这时由于A—B光缆段上的最大容量为STM-*N*(因系统的速率级别为STM-*N*)，则网络的业务容量为STM-*N*。

链形网达到业务容量最大的条件是链形网中只存在相邻网元间的业务。如图6-16所示，若此时网络中只有A—B、B—C、C—D的业务，不存在A—D的业务，这时可时隙重复利用，那么在每一个光缆段上业务都可占用整个STM-*N*的所有时隙，若链形网有*M*个网元，则此时网上的最大业务容量为$(M-1)\times$STM-*N*，*M*-1为光缆段数。

常见的链形网有二纤链——不提供业务的保护功能(不提供自愈功能)、四纤链——一般提供业务的1+1或1:1保护。四纤链中两根光纤收/发作为主用信道，另外两根收/发作为备用信道。

6.3.4　环形网业务传输

1. 自愈的概念

当今社会各行各业对信息的依赖越来越大，要求通信网络能及时准确地传递信息。随着网上传输的信息越来越多，传输信号的速率越来越快，一旦网络出现故障(这是难以避免的,例如土建施工中将光缆挖断)，将对整个通信系统造成极大影响。因此，网络的生存能力即网络的安全性是当今第一要考虑的问题。

所谓自愈，是指在网络发生故障(例如光纤断)时，无需人为干预，网络自动地在极短的时间内(ITU-T规定为50ms以内)，使业务自动从故障中恢复传输，使用户几乎感觉不到网络出了故障。其基本原理是网络要具备发现替代传输路由并重新建立通信的能力。替代路由可采用备用设备或利用现有设备中的冗余能力，以满足全部或指定优先级业务的恢复。由上可知，网络具有自愈能力的先决条件是有冗余的路由、网元强大的交叉能力以及网元一定的智能。

自愈仅是通过备用信道将失效的业务恢复，而不涉及具体故障的部件和线路的修复或更换，所以故障点的修复仍需人工干预才能完成，就像断了的光缆还需人工接好。

当网络发生自愈时，业务切换到备用信道传输，切换的方式有恢复方式和不恢复方式两种。

(1) 恢复方式　指在主用信道发生故障时，业务切换到备用信道，当主用信道修复后，再将业务切回主用信道。一般在主用信道修复后还要再等一段时间，一般是几到十几分钟，以使主用信道传输性能稳定，这时才将业务从备用信道切换过来。

(2) 不恢复方式　指在主用信道发生故障时，业务切换到备用信道，主用信道恢复后业务不切回主用信道，此时将原主用信道作为备用信道，原备用信道当做主用信道，在原备用信道发故障时，业务才会切回原主用信道。

2. 自愈环的分类

目前环形网的拓扑用得最多，因为环形网具有较强的自愈功能。自愈环的分类可按保护的业务级别、环上业务的方向及网元节点间的光纤数来划分。

按环上业务的方向可将自愈环分为单向环和双向环两大类；按网元节点间的光纤数可将自愈环划分为双纤环(一对收/发光纤)和四纤环(两对收/发光纤)；按保护的业务级别可将自愈环划分为通道保护环和复用段保护环两大类。

通道保护环和复用段保护环在保护原理上存在较大区别。对于通道保护环，业务的保护是以通道为基础的，也就是保护的是STM-*N*信号中的某个VC(某一路PDH信号)，倒换与否按环上的某一通道信号的传输质量来决定，通常利用接收端是否收到简单的TU-AIS信号来决定该通道是否应进行倒换。例如在STM-16环上，若接收端收到第4个VC4的第48个TU12有TU-AIS，那么就仅将该通道切换到备用信道上去。复用段保护环是以复用段为基础的，倒换与否是根据环上传输的复用段信号的质量决定的。倒换是由K1、K2(b1~b5)字节所携带的APS协议来启动的，当复用段出现问题时，环上整个STM-*N*或1/2的STM-*N*业务信号都切换到备用信道上。复用段保护倒换的条件是LOF、LOS、MS-AIS、MS-EXC等告警信号。

由于STM-*N*帧中只有1个K1和1个K2，所以复用段保护倒换是将环上的所有主用业务STM-*N*(四纤环)或1/2STM-*N*(二纤环)都倒换到备用信道上去，而不是仅仅倒换其中的某一个通道。通道保护环往往是专用保护，在正常情况下保护信道也传主用业务(业务的1+1保护)，信道利用率不高。复用段保护环使用公用保护，正常时主用信道传主用业务，备用信道传额外业务(业务的1:1保护)，信道利用率高。

3. 二纤单向通道保护环

二纤通道保护环由两根光纤组成两个环，其中一个为主环——S1，一个为备环——P1。

两环的业务流向一定要相反，通道保护环的保护功能是通过网元支路板的“并发选收”功能来实现的，也就是支路板将支路上环业务“并发”到主环S1、备环P1上，两环上业务完全一样且流向相反，平时网元支路板“选收”主环下支路的业务，业务流向属于“分离路由”。二纤单向通道保护环结构如图6-17所示。

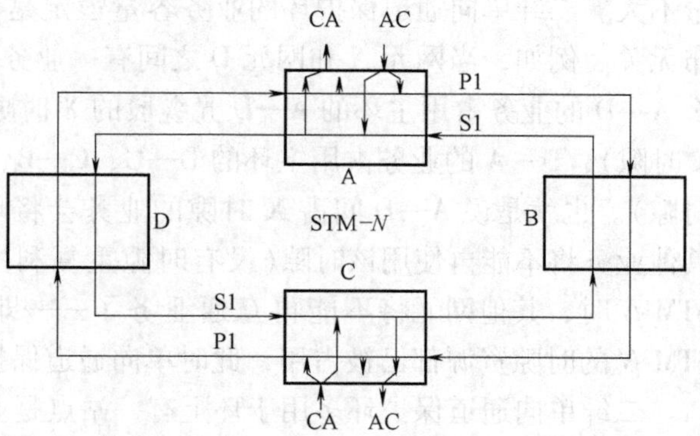

图6-17 二纤单向通道保护环结构

若环形网中网元A与C互通业务，网元A和C都将上环的支路业务“并发”到环S1和P1上，S1和P1上的所传业务相同且流向相反——S1逆时针，P1为顺时针。在网络正常时，网元A和C都选收主环S1上的业务。那么A与C业务互通的方式是A到C的业务经过网元D穿通，主环业务由S1光纤经过网元D传到C；备环业务由P1光纤经过网元B穿通传到C。在网元C支路板“选收”主环S1上的A→C业务，完成网元A到网元C的业务传输。网元C到网元A的业务传输与此类似。

当B光缆段的光纤同时被切断时，注意此时网元支路板的并发功能没有改变，也就是说，此时S1环和P1环上的业务还是一样的，这时网元A与网元C之间的业务仍然可以通过环保护技术保持畅通。网元A到网元C的业务由网元A的支路板并发到S1和P1光纤上，其中S1业务经光纤由网元D穿通传至网元C，P1光纤的业务经网元B穿通传至网元C，由于B—C间光缆切断，所以光纤P1上的业务无法传到网元C，不过由于网元C默认选收主环S1上的业务，这时网元A到网元C的业务并未中断，网元C的支路板不进行保护倒换。

网元C的支路板将到网元A的业务并发到S1环和P1环上，其中P1环上的C到A业务经网元D穿通传到网元A，S1环上的C到A业务，由于B—C间光纤断所以无法传到网元A，网元A默认是选收主环S1上的业务，此时由于S1环上的C→A的业务传不过来，这时网元A的支路板就会收到S1环上TU-AIS告警信号。网元A的支路板收到S1光纤上的TU-AIS告警后，立即切换到选收备环P1光纤上的C到A的业务，于是C→A的业务得以恢复，完成环上业务的通道保护，此时网元A的支路板处于通道保护倒换状态——切换到选收备环方式。网元发生了通道保护倒换后，支路板同时监测主环S1上业务的状态，当连续一段时间(华为的设备是10min左右)未发现TU-AIS时，发生切换网元的支路板将选收切回到收主环业务，恢复成正常时的默认状态。二纤单向通道保护环原理如图6-18所示。

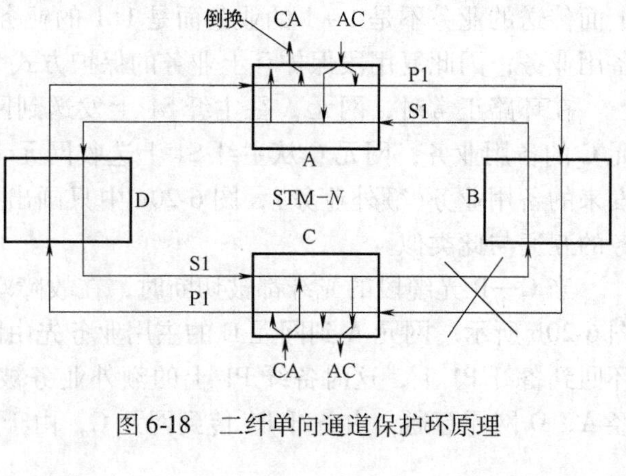

图6-18 二纤单向通道保护环原理

二纤单向通道保护环由上环业务是并发选收，所以通道业务的保护实际上是1+1保护。优点是倒换速度快(华为公司设备倒换时间≤15ms)，业务流向简捷明了，便于配置维护；缺点是网络的业务容量不大。二纤单向通道保护环的业务容量恒定是 STM-*N*，与环上的节点数和网元间业务分布无关。例如，当网元 A 和网元 D 之间有一业务占用 X 时隙时，由于业务是单向业务，那么 A→D 的业务占用主环的 A—D 光缆段的 X 时隙(占用备环的 A—B、B—C、C—D 光缆段的 X 时隙)；D—A 的业务占用主环的 D—C、C—B、B—A 的 X 时隙(备环的 D—A 光缆段的 X 时隙)。也就是说 A—D 间占 X 时隙的业务会将环上全部光缆的(主环、备环)X 时隙占用，其他业务将不能再使用该时隙(没有时隙重复利用功能)了。这样，当 A—D 之间的业务为 STM-*N* 时，其他网元将不能再互通业务了——即环上无法再增加业务了，因为环上整个 STM-*N* 的时隙资源都已被占用，此时单向通道保护环仅有最小业务容量 STM-*N*。

二纤单向通道保护环多用于环上有一站点是业务主站——业务集中站的情况，华为公司设备在目前组网中，二纤单向通道保护环多用于 STM-1、STM-4 系统。在组成通道环时要特别注意：主环 S1 和备环 P1 光纤上业务的流向必须相反，否则该环形网无保护功能。

4. 二纤双向通道保护环

二纤双向通道保护环网上业务为双向(一致路由)，保护机理也是支路的“并发选收”，业务保护是 1+1 的，网上业务容量与二纤单向通道保护环相同，但结构更复杂，与二纤单向通道保护环相比无明显优势，故一般不用这种自愈方式。二纤双向通道保护环结构如图 6-19 所示。

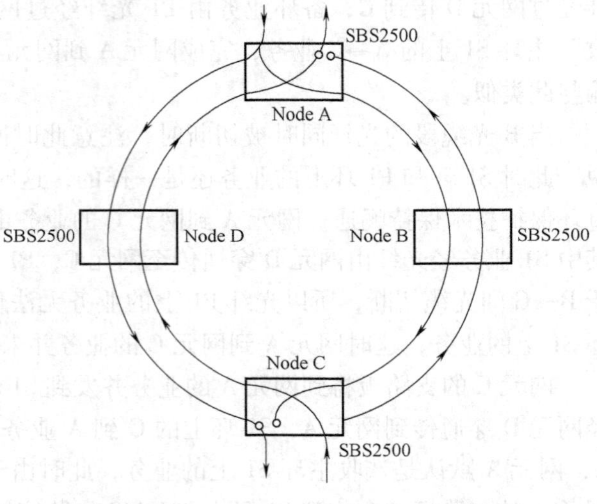

图 6-19 二纤双向通道保护环结构

5. 二纤单向复用段保护环

前面讲过复用段保护环的业务单位是复用段级别的业务，需通过 STM-*N* 信号中 K1、K2 字节承载的 APS 协议来控制倒换的完成。由于倒换要通过运行 APS 协议，所以倒换速度不如通道保护环快。

二纤单向复用段保护环原理如图 6-20 所示，下面介绍二纤单向复用段保护环的自愈机理。

若环上网元 A 与网元 C 互通业务，构成环的两根光纤 S1、P1 分别称之为主纤和备纤，上面传送的业务不是 1+1 的业务而是 1∶1 的业务——主环 S1 上传主用业务，备环 P1 上传备用业务；因此复用段保护环上业务的保护方式为 1∶1 保护，有别于通道保护环。

在环路正常时，网元 A 往主纤 S1 上发送到网元 C 的主用业务，往备纤 P1 上发送到网元 C 的备用业务，网元 C 从主纤 S1 上选收网元 A 发来的主用业务，从备纤 P1 上收网元 A 发来的备用业务(额外业务)，图 6-20a 中只画出了收主用业务的情况。网元 C 到网元 A 业务的互通与此类似。

当 C—B 光缆段的光纤都被切断时，在故障端点的两网元 C、B 产生一个环回功能，如图 6-20b 所示。网元 A 到网元 C 的主用业务先由网元 A 发到主纤 S1 上，到故障端点站 B 处环回到备纤 P1 上，这时备纤 P1 上的额外业务被清掉，改传网元 A 到网元 C 的主用业务，经 A、D 网元穿通，由备纤 P1 传到网元 C，由于网元 C 只从主纤 S1 上提取主用业务，所以这时备纤 P1 上的网元 A 到网元 C 的主用业务在 C 点处（故障端点站）环回到主纤 S1 上，网元 C 从主纤 S1 上下载网元 A 到网元 C 的主用业务。网元 C 到网元 A 的主用业务因为 C→D→A 的主用业务路由未中断，所以 C 到 A 的主用业务的传输与正常时无异只不过备用业务此时被清除。通过这种方式，故障段的业务被恢复，完成业务自愈功能。

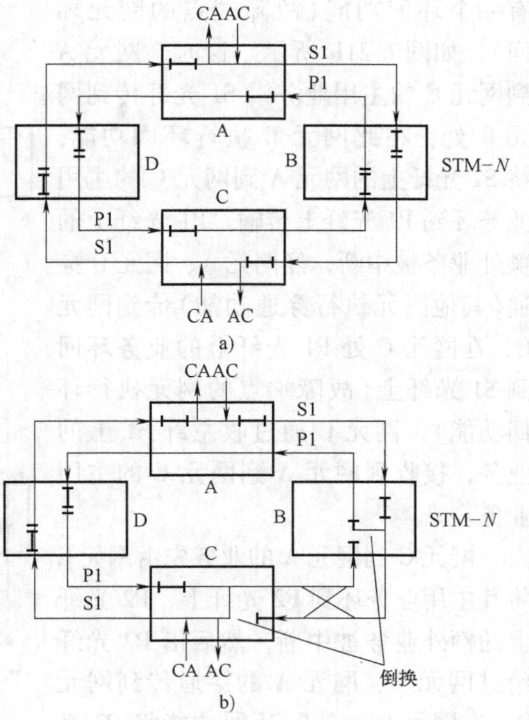

图 6-20　二纤单向复用段保护环原理

二纤单向复用段保护环的最大业务容量的计算方法与二纤单向通道保护环类似，只不过是环上的业务是 1∶1 保护的，在正常时备环 P1 上可传额外业务，因此二纤单向复用段保护环的最大业务容量在正常时为 2×STM-N（包括了额外业务），发生保护倒换时为 1×STM-N。

二纤单向复用段保护环由于业务容量与二纤单向通道保护环相差不大，倒换速率比二纤单向通道保护环慢，所以优势不明显，在组网时应用不多。

6. 四纤双向复用段保护环

前面讲的三种自愈方式，网上业务的容量与网元节点数无关，随着环上网元的增多，平均每个网元可上/下的最大业务随之减少，网络信道利用率不高。例如二纤单向通道保护环为 STM-16 系统时，若环上有 16 个网元节点，则平均每个网元最大上/下业务只有一个 STM-1，这对资源是很大的浪费。为克服这种情况，出现了四纤双向复用段保护环这种自愈方式，这种自愈方式环上业务量随着网元节点数的增加而增加。四纤双向复用段保护环原理如图 6-21 所示。

四纤环是由 4 根光纤组成，这 4 根光纤分别为 S1、P1、S2、P2。其中，S1、S2 为主纤，传送主用业务；P1、P2 为备纤，传送备用业务；也就是说，P1、P2 光纤分别用来在主纤故障时保护 S1、S2 上的主用业务。注意 S1、P1、S2、P2 光纤的业务流向，S1 与 S2 光纤业务流向相反（一致路由，双向环），S1、P1 和 S2、P2 两对光纤上业务流向也相反。从图 20a 可看出，S1 和 P2、S2 和 P1 光纤上业务流向相同（这是以后讲二纤双向复用段保护环的基础，二纤双向复用段保护环就是因为 S1 和 P2、S2 和 P1 光纤上业务流向相同，才得以将四纤环转化为二纤环）。另外，要注意的是，四纤环上每个网元节点的配置要求是双 ADM 系统，为什么？因为一个 ADM 只有东/西两个线路端口（一对收发光纤称之为一个线路端口），而四纤环上的网元节点是东/西向各有两个线路端口，所以要配置成双 ADM 系统。

在环形网正常时，网元 A 到网元 C 的主用业务从 S1 光纤经网元 B 到网元 C，网元 C 到网元 A 的业务从 S2 光纤经网元 B 到网元 A（双向业务）。网元 A 与网元 C 的额外业务分别通过 P1 和 P2 光纤传送。网元 A 和网元 C 通过收主纤上的业务互通两网元之间的主用业务，通过收备纤上的业务互通两网元之间的备用业务，如图 6-21a 所示。

当 B—C 间光缆段光纤均被切断后，在故障两端的网元 B、C 的光纤 S1 和 P1、S2 和 P2

有一个环回功能（故障端点的网元环回），如图 6-21b 所示。这时，网元 A 到网元 C 的主用业务沿 S1 光纤传到网元 B 处，在此网元 B 执行环回功能，将 S1 光纤上的网元 A 到网元 C 的主用业务环到 P1 光纤上传输，P1 光纤上的额外业务被中断，经网元 A、网元 D 穿通（其他网元执行穿通功能）传到网元 C，在网元 C 处 P1 光纤上的业务环回到 S1 光纤上（故障端点的网元执行环回功能），网元 C 通过收主纤 S1 上的业务，接收到网元 A 到网元 C 的主用业务。

网元 C 到网元 A 的业务先由网元 C 将其主用业务环到 P2 光纤上，P2 光纤上的额外业务被中断，然后沿 P2 光纤经过网元 D、网元 A 的穿通传到网元 B，在网元 B 处执行环回功能将 P2 光纤上的网元 C 到网元 A 的主用业务环回到 S2 光纤上，再由 S2 光纤传回到网元 A，由网元 A 下主纤 S2 上的业务。通过这种环回，穿通方式完成了业务的复用段保护，使网络自愈。

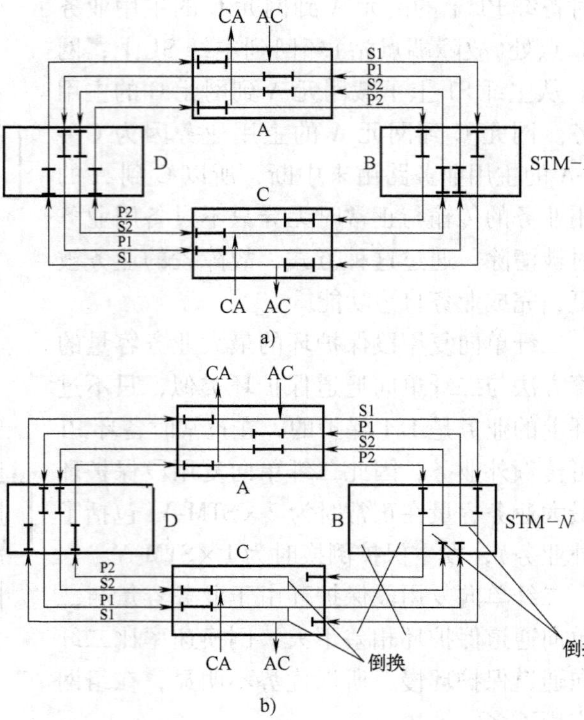

图 6-21 四纤双向复用段保护环原理

四纤双向复用段保护环的业务容量有两种极端方式：一种是环上有一业务集中站，各网元与此站通业务，并无网元间的业务。这时环上的业务量最小为 2×STM-N（主用业务）和 4×STM-N（包括额外业务），因为该业务集中站东西两侧均最多只可通 STM-N（主）或 2×STM-N（包括额外业务）（由于光缆段的速率级别只有 STM-N）。另一种情况是环形网上只存在相邻网元的业务，不存在跨网元业务。这时每个光缆段均为相邻互通业务的网元专用，例如 A—D 光缆只传输 A 与 D 之间的双向业务，D—C 光缆段只传输 D 与 C 之间的双向业务等。相邻网元间的业务不占用其他光缆段的时隙资源，这样各个光缆段都最大传送 STM-N（主用）或 2×STM-N（包括备用）的业务（时隙可重复利用），而环上的光缆段的个数等于环上网元的节点数，所以这时网络的业务容量达到最大：n×STM-N 或 2n×STM-N。

尽管复用段保护环的倒换速度要慢于通道保护环，且倒换时要通过 K1、K2 字节的 APS 协议控制，使设备倒换时涉及的单板较多，容易出现故障，但由于双向复用段保护环最大的优点是网上业务容量大，业务分布越分散，网元节点数越多，它的容量也越大，信道利用率要大大高于通道环，所以双向复用段保护环得以普遍的应用。

双向复用段保护环主要用于业务分布较分散的网络，四纤环由于要求系统有较高的冗余度——4 纤，双 ADM，成本较高，故用得并不多。为了降低成本，一般使用二纤双向复用段保护环（双纤共享复用段保护环）代替。

7. 二纤双向复用段保护环（双纤共享复用段保护环）

鉴于四纤双向复用段保护环的成本较高，出现了一个新的变种：二纤双向复用段保护环，它们的保护机理相似，只不过采用双纤方式，网元节点只用单ADM即可，所以得到了广泛的应用。从图6-21a中可看到光纤S1和P2、S2和P1上的业务流向相同，那么我们可以使用时分技术将这两对光纤合成为两根光纤——S1/P2和S2/P1。这时将每根光纤的前半个时隙（例如STM-16系统的第1～8个STM-1）传送主用业务，后半个时隙（例如STM-16系统的第9～16个STM-1）传送额外业务，也就是说，一根光纤的保护时隙用来保护另一根光纤上的主用业务，例如S1/P2光纤上的P2时隙用来保护S2/P1光纤上的S2业务。因为在四纤环上S2和P2本身就是一对主备用光纤，因此在二纤双向复用段保护环上无专门的主、备用光纤，每一条光纤的前半个时隙是主用信道，后半个时隙是备用信道，两根光纤上业务流向相反。二纤双向复用段保护环保护原理如图6-22所示。

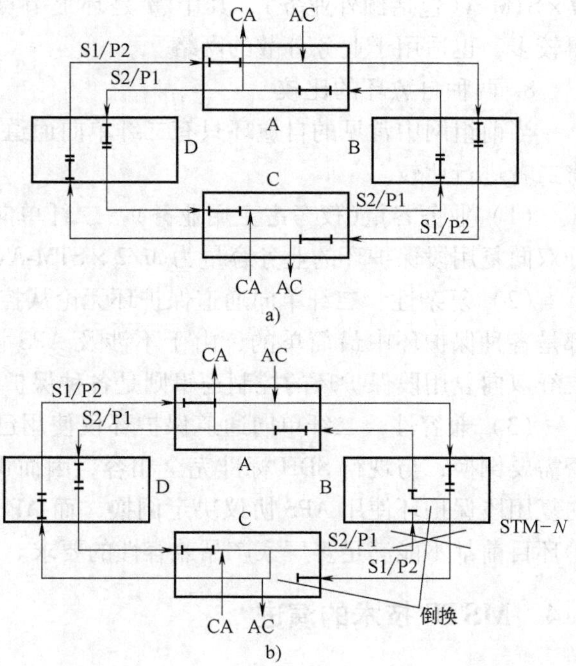

a)
b)

图6-22　二纤双向复用段保护环保护原理

在网络正常情况下，网元A到网元C的主用业务放在S1/P2光纤的S1时隙（对于STM-16系统只能放在STM-N的前8个时隙，即第1～8个STM-1中），备用业务放于P2时隙（对于STM-16系统只能放在第9～16个STM-1中），沿光纤S1/P2由网元B穿通传到网元C，网元C从S1/P2光纤上的S1、P2时隙分别提取出主用、额外业务。网元C到网元A的主用业务放于S2/P1光纤的S2时隙，额外业务放于S2/P1光纤的P1时隙，经网元B穿通传到网元A，网元A从S2/P1光纤上提取相应的业务，如图6-22a所示。

在网元B到网元C间光缆段被切断时，网元A到网元C的主用业务沿S1/P2光纤传到网元B，在网元B处进行环回（故障端点处环回），环回是将S1/P2光纤上S1时隙的业务全部环到S2/P1光纤上的P1时隙上去（例如STM-16系统是将S1/P2光纤上的第1～8个STM-1全部环到S2/P1光纤上的第9～16个STM-1），此时S2/P1光纤P1时隙上的额外业务被中断。然后沿S2/P1光纤经网元A、网元D穿通传到网元C，在网元C执行环回功能（故障端点站），即将S2/P1光纤上的P1时隙所载的网元A到网元C的主用业务环回到S1/P2的S1时隙，网元C提取该时隙的业务，完成接收网元A到网元C的主用业务，如图6-22b所示。

网元C到网元A的业务先由网元C将网元C到网元A的主用业务S2，环回到S1/P2光纤的P2时隙上，这时P2时隙上的额外业务中断。然后沿S1/P2光纤经网元D、网元A穿通到达网元B，在网元B处执行环回功能——将S1/P2光纤的P2时隙业务环回到S2/P1光纤的S2时隙上去，经S2/P1光纤传到网元A落地。

通过以上方式完成了环形网在故障时业务的自愈。

二纤双向复用段保护环的业务容量为四纤双向复用段保护环的1/2，即M/2（STM-N）或

$M\times$STM-N(包括额外业务)，其中 M 是环上节点数。二纤双向复用段保护环在组网中使用得较多，也适用于业务分散的网络。

8. 两种自愈环的比较

当前组网中常见的自愈环只有二纤单向通道保护环和二纤双向复用段保护环两种，下面将二者进行比较。

(1) 业务容量(仅考虑主用业务) 二纤单向通道保护环的最大业务容量是 STM-N，二纤双向复用段保护环的业务容量为 $M/2\times$STM-N(M 是环上节点数)。

(2) 复杂性 二纤单向通道保护环无论从控制协议的复杂性，还是操作的复杂性来说，都是各种保护环中最简单的，由于不涉及 APS 协议处理过程，因而业务倒换时间也最短。二纤双向复用段保护环的控制逻辑则是各种保护环中最复杂的。

(3) 兼容性 二纤单向通道保护环仅使用已经完全规定好了的通道 AIS 信号来决定是否需要倒换，与现行 SDH 标准完全相容，因而也容易满足多厂家产品兼容性要求。二纤双向复用段保护环使用 APS 协议决定倒换，而 APS 协议尚未标准化，所以二纤双向复用段保护环目前都不能满足多厂家产品兼容性的要求。

6.4 MSTP 技术的演进

6.4.1 MSTP 的引入

在以话音业务为主体的通信时代，SDH 作为承载网，通过时隙映射和交叉连接功能以及端到端的质量保证机制很好地确保了话音业务的实时性。然而，随着以包交换为传送机制的 IP 数据业务的大幅度、高速发展，以时分交换为机制的 SDH 网络很难在满足话音业务的同时，再实现高效率的承载 IP 业务。摒弃 SDH 技术重新建设承载网还是引入一些新的技术对 SDH 进行改造，将问题解决在网络的边缘(接入端)，使 IP 业务在 SDH 网络中也能有良好的通过性，曾经是业界人士讨论的焦点。无疑，后者具有更大的操作价值，因为这不仅可以使现有的网络资源得到更为合理的利用，而且 SDH 本身具有的一些特性也可以弥补以太网的一些不足，例如 QoS 问题。

于是多业务传送平台(Multi-Service Transport Platform, MSTP)的概念出现了，MSTP 是基于 SDH 的多业务平台(基于 SDH 的多业务节点)，也有人称其为新一代的 SDH，总之，它有别于传统的 SDH 设备。从网络定位上讲，MSTP 应处在网络接入部分，用户侧——面向不同的业务接口，网络侧——面向 SDH 传输设备；形象地讲，MSTP 就像一个长途客/货枢纽站，如何有效地将客/货分离，按照不同的需求安全、快捷地运送到目的地，是其追求的目标。

6.4.2 第一代 MSTP

最初的 MSTP 只是为了解决 IP 数据包在 SDH 上实现端到端的透传，机理是将以太网帧直接映射到 SDH 的容器(C)中。众所周知，SDH 的不同容器的净荷装载单元大小是固定的，无论是 10Mbit/s 以太网、100Mbit/s 以太网，还是 1000Mbit/s 以太网都很难理想地装载到 SDH 的容器中。而且作为端到端的透传机制，也无法实现流量控制、以太网业务 QoS、不同以太业务流的统计复用等功能，所以不具备任何商用价值。

针对以上问题，如何实现 SDH 更有效地承载 IP 数据业务就是第一代 MSTP 要解决的。

1. 虚级联技术的引入

将 VC 单元级联起来组成适合的装载单元是一个有效的方法，例如将 5 个 VC12 单元绑定即可以很好地承载10Mbit/s以太业务。但新的问题同时产生，如果将相邻的容器(C)级联形成VC n Xn，级联后的装载单元在整个传输过程中将不得不保持相同的路由和连续的带宽，同时还要求业务途径的其他设备也必须支持级联功能，确保整个级联后的装载单元端到端的传输。这无疑给长距离传输提出了过高的要求，不利于业务的实际发展。

虚级联技术的引入使这个问题得到了彻底解决，它与相邻级联技术不同之处在于：VC n单元可分属于不同的STM-N中，具有自己独立的结构和相应的POH序列；通过虚级联的复帧标示符(MFI)、序列标示符(SQ)加以标示(其属于LCAS和VC控制帧)，形成一个虚拟的大容器(VC n Xv)(或称为虚容器组)进行传输。这样，每个独自的VC n作为虚容器组的不同成员，可以通过不同的路径传输，只要在目的端汇聚即可，无须途径设备提供级联功能。

2. LCAS技术的引入

虚级联技术只是提供一个更为有效的组合装载单元的可能方案，保证IP数据业务在SDH承载网上实现端到端的高效传送还需要一种真正的管理机制，就像有了四通八达的公路，有了各式各样的汽车，没有一个好的调度站，依然无法形成一个良好的运输体系一样，关键的环节在于如何有效地管理和调配，特别是虚级联不像相邻级联，虚容器VC n可以属于不同的STM-N中，存在着各种各样的组合方式，没有一种良好的调配机制，后果将不堪想象，这就引入了链路容量调整机制(Link Capacity Adjustment Scheme,LCAS)技术。简单地说，LCAS技术，就是建立在源和目的之间双向往来的控制信息系统。这些控制信息可以根据需求，动态调整虚容器组中成员的个数，以此来实现对带宽的实时管理；从而在保证承载业务质量的同时，大大提高了网络利用率。

从整体技术角度讲，虚级联技术和LCAS技术使得SDH高效承载IP业务成为了可能，也就形成了具有实际应用价值的第一代MSTP。

MSTP设备的出现，促进了SDH网络的进一步发展，同时其本身作为一种很有效的城域组网技术，在网络的接入段也发挥了重要的作用，特别是它秉承了SDH良好的质量保证特性，大大提升了IP业务的可靠性。LCAS配合MAC层的流量控制功能，在网络正常状态下，人工增减虚容器组中的成员个数，不会使网络造成IP业务丢包；即使当光接收端判断光信号强度达不到光接收灵敏度(或断纤故障)或误码率高于门限的时候，借助SDH本身所具有的保护倒换能力，系统也能在50ms内实现保护倒换，利用LCAS动态带宽调整机制和流量控制仅会造成少量丢包，不会影响业务正常进行，这是以太网络所不具备的。

6.4.3　第二代MSTP

得益于MSTP高品质的商用价值，也使MSTP技术本身得到了进一步发展。

1. RPR技术的引入

弹性分组环(Resilient Packet Ring,RPR)工作于MAC层，它的出现是为了更好地解决在环状拓扑上传送数据流的问题。众所周知，环形网络与星形网络、总线型网络或树形网络比较，具有节约投入成本、便于管理等优点。其实，早期的令牌环技术就是为了解决这个问题。但在令牌环网络中数据包将漫游整个网络，随着网络中的节点增加，网络中的共享带宽就会急剧下降，这就制约了它的发展。RPR技术很好地解决了这个问题，在结构上，它采用双环结构，每两个相邻节点间都存在两条物理路径，保证了高可靠性；在传送机制上，它采用环路带宽空间重用机制，单播数据可在环的不同部分同时传送，这样整个环的容量将被增加，从某种程度上缓解了因加入节点带来的带宽下降问题；而在环的拓扑发生变化的时候，它具有网络拓扑自动发现、更新能力，可避免手工配置带来的人为错误，便于管理和维护；另外，在带宽管理方面，采用带宽动态分配和统计复用原则，每个节点通过自身的数据负载量，并把相应数据发送给环上相邻节点，这样相邻节点根据这些信息就可以获得在源节点上有多少可利用带宽。还有一点要说明的是，由于RPR采用双环结构，单播数据在环上不同部分同时传送，因此环上任意两个节点间最大路由也仅为半个环，这样大大减少了数据流在环上的运行过程；而它的网络拓扑发现、更新能力是通过采用类似OSPF(Open Shortest Path First)——开放式最短路径优先的算法交换拓扑识别信息实现的，这样可以有效地避免分组死循环，增加环路自愈能力，可谓一举两得。

2. MPLS技术的引入

多协议标签交换(Multiple Protocol Label Switching, MPLS)是一种结合三层路由、二层交换的数据传送技术，基于标签交换分组的机制，把路由选择和数据转发分开，由标签来规定一个分组通过网络的路径，实现了由面向无连接的IP业务到面向连接的标签交换的转变。其技术特点主要体现在以下几个部分：流量工程、负载均衡、故障恢复及路径优先级等。

其在以太网中的典型应用是基于MPLS的VPN，优点是：可为用户内部网提供无缝连接；可限制VPN路由信息的传播，只在VPN成员内部采用MPLS前转，保证安全性；通过嵌入二层MPLS技术，允许不同的用户使用同样的VLAN ID，扩展了VLAN的地址空间；并且能够实现VPN内部的多级业务，建立VPN间不同的优先级等。

将MPLS引入MSTP，除了能使MSTP具备MPLS以上的优势外，更为重要的是MSTP具有MPLS功能，将不需要在IP网络的边缘进行添加标签/去除标签的过程，直接与具有标签交换功能的核心路由器相连，实现真正意义的端到端标签交换。

在MSTP演进过程中，从最初的传统SDH不能有效承载IP业务，到第一代MSTP能够“胜任”承载IP业务，再到支持RPR、支持MPLS逐渐“健壮”的MSTP，都是以实际应用为推动力的。可以想象，只要这种设备还有其存在的实用价值，就一定还会有其他功能或技术融入到MSTP中。

6.5　密集波分复用技术

6.5.1　波分复用技术的产生背景

随着信息时代宽带高速业务的不断发展，不但要求光传输系统向更大容量、更长距离发展，而且，要求其交互便捷。因此，在光传输系统中引入了复用技术。所谓复用技术，是指利用光纤宽频带、大容量的特点，用一根光纤或光缆同时传输多路信号，在多路信号传输系统中，信号的复用方式对系统的性能和造价起着重要作用。

光纤传输网常用的复用技术包括：时分复用(TDM)、空分复用(SDM)及波分复用(WDM)等。

1. TDM

时分复用(Time Division Multiplexing, TDM)是指各路信号在同一条光纤上利用不同的时间间隔(即时隙)进行信号传输。在光通信中，TDM技术的典型应用是SDH。

由于高速电子器件和激光器调制能力的限制，SDH系统很难实现容量超过40Gbit/s的系统，进行线路升级困难，网络扩容能力不足。

2. SDM

空分复用（Space Division Multiplexing, SDM）是指利用空间分割构成不同的信道，实现光复用的技术。在光通信中，SDM 的应用是通过增加光纤芯线数或使用更多光纤构成不同的信道。这种方式设计简单实用，但光缆线路的扩充投资较大，故投资效益较差。

3. WDM

波分复用（Wavelength Division Multiplexing, WDM）是指在一根光纤上承载多个波长（信道）系统，将一根光纤转换为多条虚拟纤，每条虚拟纤独立工作在不同波长上。由于 WDM 技术的经济性与有效性，使之成为当前光纤通信网络最广泛使用的光波复用技术。

WDM 通常有三种复用方式，即 1310nm 和 1550nm 波长的波分复用、密集波分复用（DWDM）和粗波分复用（CWDM）。

（1）1310nm 和 1550nm 波长的波分复用　这种复用技术在 20 世纪 70 年代初时仅用两个波长：1310nm 窗口一个波长，1550nm 窗口一个波长，利用 WDM 技术实现单纤双窗口传输，这是最初的波分复用的使用情况。

（2）密集波分复用（DWDM）　简单地说，DWDM 技术是指相邻波长间隔较小的 WDM 技术，工作波长位于 1550nm 窗口，可以在一个光纤上承载 8～160 个波长。

（3）粗波分复用（CWDM）　CWDM 技术是指相邻波长间隔较大的 WDM 技术，相邻信道的间距一般大于等于 20nm，波长数目一般为 4 波或 8 波，最多 16 波。CWDM 使用 1200～1700nm 窗口。

CWDM 由于采用非制冷激光器、无光放大器件，成本较 DWDM 低；但是缺点在于容量小、传输距离短。因此，CWDM 技术适用于短距离的接入网系统，在长距离、大容量的光传输系统中主要使用 DWDM。

6.5.2　DWDM 技术概述

DWDM 是一种能在一根光纤上同时传送多个携带有信息（模拟或数字）的光载波，只需通过增加波长（信道）实现系统扩容的光纤通信技术。它将大量不同波长的光信号组合（复用）起来传输，传输后将光纤中组合的光信号再分离开（解复用），送入不同的通信终端，即在一根物理光纤上提供多个虚拟的光纤通道。

1. DWDM 与 SDH 等客户层信号的关系

（1）DWDM 与 SDH 等客户层信号在光传输网传送层的关系　DWDM 系统与 SDH 系统均属于传送网层，二者都是建立在光纤传输媒质上的传输手段，DWDM、SDH 在传输网中的关系如图 6-23 所示。

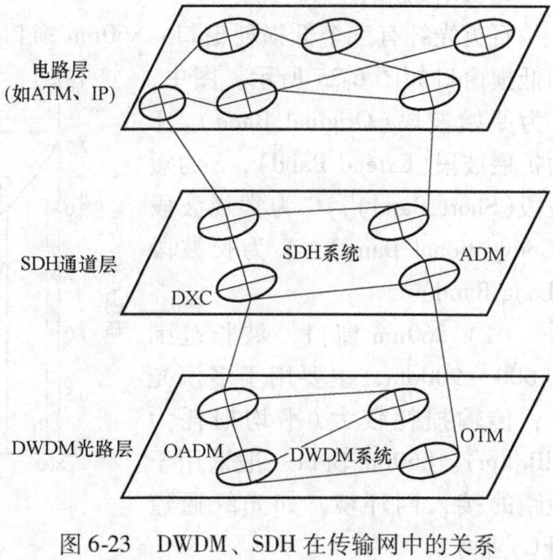

图 6-23　DWDM、SDH 在传输网中的关系

SDH 系统是在电通道层上进行的复用、交叉连接和组网，而 WDM 系统是在光域上进行的复用、交叉和组网。

（2）DWDM 与 SDH 对承载信号的复用方式　SDH 是基于单波长（一根光纤传输一个波长光路）的时分复用（TDM）系统，当传输速率超过 10Gbit/s 后，系统色散等不良影响将加重长距传输的难度。

DWDM 技术在一根光纤中同时传输不同波长的多个光载波信号，充分利用光纤的带宽资源，增加系统的传输容量。

（3）DWDM 可同时传输多种不同类型的信号　由于 DWDM 系统中使用的各波长相互独立，与业务信号的格式无关，因此每个波长可以传输特性完全不同的光信号，实现多种信号的混和传输。

DWDM 与其他业务的关系如图 6-24 所示。

（4）DWDM 与 SDH 信号的光接口标准　SDH 设备的光接口符合 ITU-T G. 957 建议，该建议对工作中心波长没有特别规定。

在 DWDM 系统中，光接口必须满足 ITU-T G. 692 建议，该建议规定了每个光通路的参考频率、通路间隔、标称中心频率（即中心波长）、中心频率偏差等参数。

为此，DWDM 系统提供开放式系统和集成式系统。

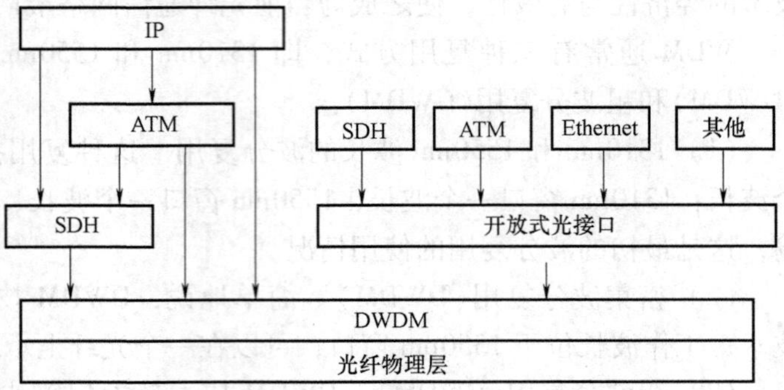

图 6-24　DWDM 与其他业务的关系

1）开放式系统。WDM 系统的发送侧提供有光波长转换器（OTU），使具有非标准波长的客户信号经过 OTU 转换为符合 G. 692 的标准波长。所谓开放式，是指 DWDM 系统对输入信号的工作波长没有特殊要求，如图 6-24 中经过开放式光接口接入的信号。

2）集成式系统。要求所有接入 DWDM 系统的客户信号都必须满足 G. 692 建议，如图 6-24 中未经过开放式光接口接入的信号。

（5）DWDM 与 SDH 的综合应用　通过 DWDM 与 SDH 的综合使用可更有效地提高光纤网络的传输容量。

2. 工作波长范围

石英光纤有三个低损耗窗口：860nm 窗口、1310nm 窗口和 1550nm 窗口，光纤通信中的低损窗口如图 6-25 所示。图中，O 为原始波段（Original Band），E 为扩展波段（Extend Band），S 为短波段（Short Band），C 为常规波段（Conventional Band），L 为长波段（Long Band）。

（1）860nm 窗口　波长范围为 600 ~ 900nm，主要用于多模光纤，传输损耗较大（平均损耗为 2dB/km）。860nm 窗口一般适用于短距的接入网环境，如光纤通道（FC）业务。

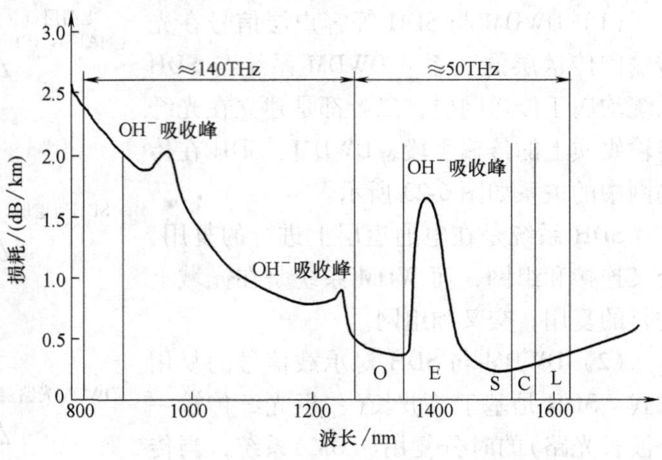

图 6-25　光纤通信中的低损窗口

（2）1310nm 窗口　该波长区的可用波长下限主要受限于光纤截止波长和光纤衰减系数，上限主要受限于1385nm处OH^-吸收峰的影响。其工作范围为1260～1360nm，平均损耗为0.3～0.4dB/km。

1310nm窗口可用于STM-N信号（N=1、4、16）的局内、短距和长距通信，光源类型采用多纵模激光器（MLM）和发光二极管（LED）。由于目前尚无工作于1310nm窗口的宽带光放大器，所以不适用于DWDM系统。

（3）1550nm 窗口　该波长区的下限主要受限于1385nm处OH^-吸收峰的影响，而上限主要受限于红外吸收损耗和弯曲损耗的影响。其工作波长为1460～1625nm，平均损耗为0.19～0.25dB/km。

1550nm窗口的损耗最低，可用于SDH信号的短距和长距通信。同时，由于目前常用的光放大器EDFA在该窗口具有良好的增益平坦度，因此，1550nm窗口也适用于DWDM系统。1550nm窗口的工作波长分为三部分（S波段、C波段和L波段），1550nm窗口工作波长范围如图6-26所示。

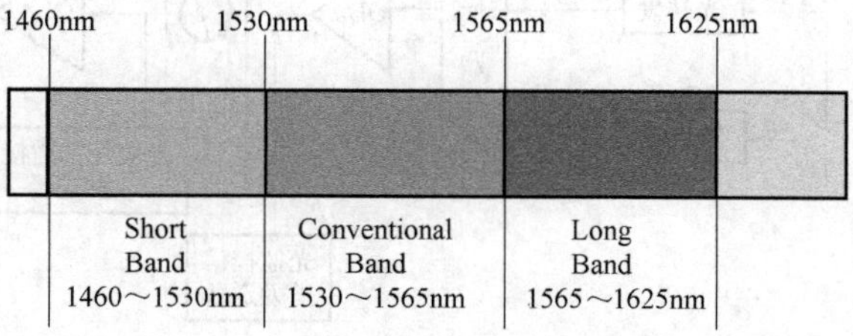

图6-26　1550nm窗口工作波长范围

1）S波段（1460～1530nm）。由于EDFA工作波长范围位于C波段或L波段，因此，目前DWDM系统中不使用S波段。

2）C波段（1530～1565nm）。常用于40个波长以下的DWDM系统（频道间隔为100GHz）、80个波长的DWDM系统（频道间隔为50GHz）以及SDH系统的工作波长区。

3）L波段（1565～1625nm）。常用于80个波长以上的DWDM系统的工作波长区。此时，频道间隔为50GHz。

3. 工作波长区说明

下面根据DWDM系统的复用通道的数量、频率间隔，分别介绍40个波长以下系统、80个波长系统和160个波长系统的工作波长。

（1）8/16/32/40个波长系统

1）工作波长范围：C波段（1530～1565nm）。

2）频率范围：192.1～196.0THz。

3）通路间隔：100GHz。

4）中心频率偏差：±20GHz（速率低于2.5Gbit/s）；±12.5GHz（速率为10Gbit/s）。

（2）80个波长系统

1）工作波长范围：C波段（1530～1565nm）。

2）频率范围：C波段（192.1～196.0THz）。

3）通路间隔：50GHz。

4）中心频率偏差：±5GHz。

（3）160个波长系统

1）工作波长范围：C波段（1530～1565nm）+L波段（1565～1625nm）。

2）频率范围：C波段（192.1～196.0THz）+L波段（186.95～190.90THz）。

3）通路间隔：50GHz。

4）中心频率偏差：±5GHz。

6.5.3 DWDM 系统结构

DWDM 系统就是把具有不同标称波长的几个或几十个光通路信号复用到一根光纤中进行传送，每个光通路承载一个业务信号。DWDM 系统组成示意图如图 6-27 所示。

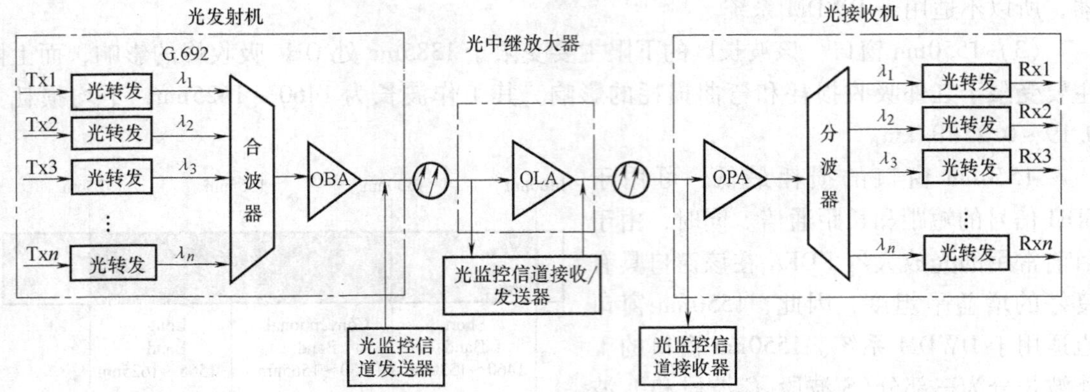

图 6-27 DWDM 系统组成示意图

1. 光发射机端

由各复用通路的光发送机 Tx1、…、Txn 分别发出具有不同标称波长的光信号（λ_1、λ_2、…、λ_n，对应的频率为 f_1、f_2、… f_n）。每个光通路承载着不同的业务信号，如标准的 SDH 信号、ATM 信号、Ethernet 信号等。然后，由合波器将这些信号合并为一束光波后，由 OBA 输出到光纤中进行传输。

2. 光接收机端

线路光纤经过 OPA 放大后，用分波器分解光通路信号后，再分别输入到相应的各复用通路光接收机 Rx_1、…、Rx_n 中。

3. 光中继放大器端

位于光传输段的中间位置，由光放大器（OLA 或 OBA + OPA）对光信号进行放大。

6.5.4 DWDM 系统的特点和优势

1. 充分利用光纤的带宽资源，传输容量巨大

DWDM 技术充分利用光纤的巨大带宽（约 25THz）资源，扩展系统的传输容量。

2. 超长的传输距离

利用掺铒光纤放大器（EDFA）等多种超长距传输技术，可以对 DWDM 系统中的各通路信号同时放大，实现系统的长距传输。

3. 丰富的业务接入类型

DWDM 系统中的各波长相互独立，可透明传输不同的业务，如 SDH、GbE、ATM 等信号，实现多种信号的混和传输。

4. 节约光纤资源

DWDM 系统将多个单信道波长复用后，在一根光纤中传输，极大地节约了光纤资源，降低线路建设成本。

5. 平滑升级扩容

由于DWDM系统中的每个波长通道透明传输数据，不对通道数据进行任何处理，因此，扩容时只需增加复用光波长通路数即可，方便易行。

6. 充分利用成熟的上层传输网技术

目前，TDM方式的光传输技术，如ATM、以太网、SDH等技术已经十分成熟，通过WDM技术可以将传输容量呈几倍甚至几十倍地增加，扩容成本比TDM方式扩容低。

7. 是全光网络的重要基础设施

全光网络是未来光传输网的发展方向。在全光网络中，通过WDM系统与网络节点中的光分插复用器(OADM)和光交叉连接设备(OXC)相连，直接对光波长信号及所带的各种业务进行光路的上下和交叉连接，组成具有高度灵活性、高可靠性、高生存性和高经济性的全光网络，以适应未来信息化社会对宽带传输网的发展需要。

6.5.5 DWDM系统发展趋势

1. 更高的通道速率

DWDM系统的通道速率由2.5Gbit/s发展到目前的10Gbit/s，基于40Gbit/s速率的系统已进入实验阶段，技术日渐成熟。

2. 更多波长复用数量

早期DWDM系统多用于8/16/32个波长，通道间隔为100GHz，工作波长位于C波段。随着技术的不断发展，DWDM系统的工作波长可覆盖C、L波段，间隔为50GHz。

3. 超长的全光传输距离

通过提高全光传输的距离，减少电再生点的数量，可降低建网的初始成本和运营成本。

传统的DWDM系统采用EDFA延长无电中继的传输距离，目前，通过分布式拉曼放大器、超强前向纠错技术(FEC)、色散管理技术、光均衡技术以及高效的调制格式等，可从目前的600km左右扩展到2000km以上。

4. 从长途网向城域网发展

首先，随着DWDM技术的发展，DWDM的业务接入类型由早期的只能接入高速率SDH业务，发展到可以通过连续速率业务接入单板、子速率汇聚单板、1000Mbit/s以太网业务接入单板实现各种速率的SDH业务、IP业务的接入，这使得DWDM系统可以满足城域网业务接入的需要。

其次，波分复用网元可实现灵活上下业务和平滑升级，在网络建设初期，可以根据当前业务量确定网元的单板配置。随着业务量的发展，可以通过网元的串联、并联或串并联结构，平滑扩容升级，在节约成本的同时，提供了广阔的扩容空间。

最后，波分复用网元设备可实现光层业务的保护和恢复，可构成链形、环形光传输网，可以实现包括基于链形网保护的光复用段1+1保护、光通道1+1保护、光通道1：N保护，基于环形网保护的二纤双向复用段保护、二纤双向通道共享保护、通道1+1的环形网保护。为城域网业务，尤其是1000Mbit/s以太网业务，提供了完善的保护机制，大大提高了可靠性。

因此，DWDM系统越来越多地应用到城域网和本地骨干网的建设中。

5. 从点到点WDM走向全光网络

早期DWDM传输系统多为点到点或链形的组网方式，这种组网方式的运用以长途干线为主，在长途DWDM传输系统基本采用带有3R再生的背靠背DWDM干线传输结构。这种结构使用大量光网元，建设、维护成本高，网络灵活性差、光电光转换次数多、信号转换速度慢、系统故障率高，并且不适宜与未来自动交换的传输网相适应。

OXC 全光交换机是下一代光通信的路由交换机。在全光网络中的主要功能包括：提供以波长为基础的连接功能，光通路的波长分插功能，对波长通路进行疏导以实现对光纤基础设施的最大利用率，实现在波长、波长组和光纤级上的保护和恢复。OXC 设置于网络上重要的汇接点，汇集各方不同波长的输入，再将各路信号以适当的波长输出。通过 OXC 可组建更为复杂的环形网络。在下一代 IP Over DWDM 的电信/网络体系结构中，OXC 是今后波分技术发展的一个重要阶段。

6. 光监控信道

在图 6-27 中，利用一个独立波长(1510nm)作为光监控信道，传送光监控信号。光监控信号用于承载 DWDM 系统的网元管理和监控信息，使网络管理系统能有效地对 DWDM 系统进行管理。

7. 网络管理系统

DWDM 系统的网络管理系统应当具有在一个平台上管理光放大单元(OBA、OLA、OPA)、波分复用器、波分转换器(OTU)、监控信道性能的功能，能够对设备进行性能、故障、配置以及安全等方面的管理。网络管理系统的信息由光监控信道中的监控信号承载。

40 个波长及以下的传输系统是在 C 波段上采用 100GHz 间隔实现传输，40 个波长 DWDM 光传输系统原理如图 6-28 所示。

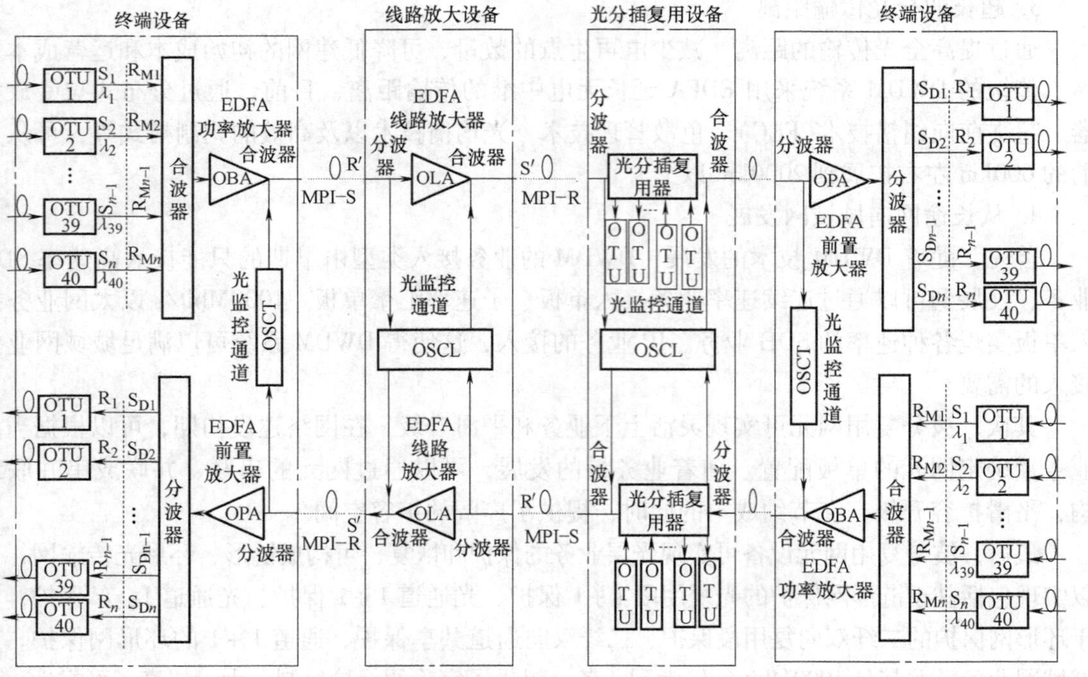

图 6-28　40 个波长 DWDM 光传输系统原理

80 个波长及以下的传输系统是在 C 波段上实现 50GHz 间隔传输。80 个波长 DWDM 光传输系统原理如图 6-29 所示。

160 个波长的传输系统是在 C 波段和 L 波段上各传 80 个波长，50GHz 间隔传输。160 个波长 DWDM 光传输系统原理如图 6-30 所示。

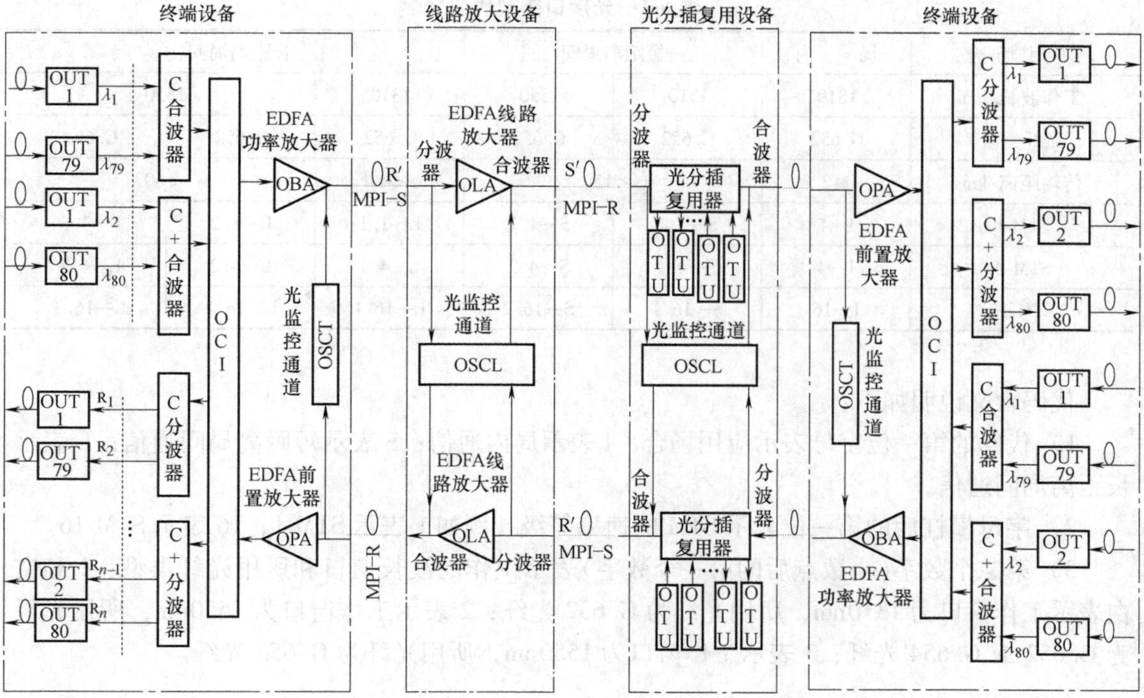

图 6-29　80 个波长 DWDM 光传输系统原理

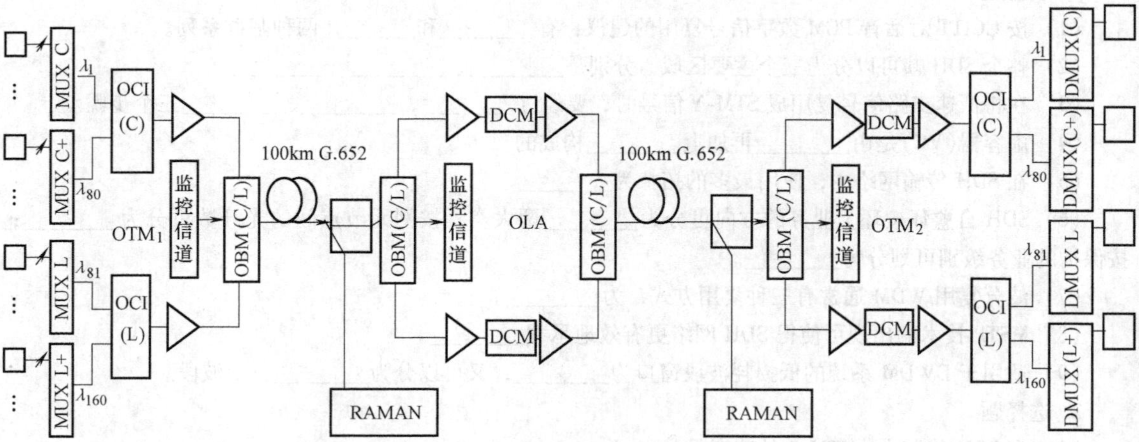

图 6-30　160 个波长 DWDM 光传输系统原理

6.6　光接口类型

光接口是同步光缆数字线路系统最具特色的部分，由于它实现了标准化，使得不同网元可以经光路直接相连，节约了不必要的光/电转换，避免了信号因此而带来的损伤(例如脉冲变形等)，节约了网络运行成本。

按照应用场合的不同，可将光接口分为三类：局内通信光接口、短距离局间通信光接口和长距离局间通信光接口。不同应用场合用不同的代码表示，光接口类型代码见表 6-2。

表 6-2　光接口类型代码

应用场合	局内	短距离局间		长距离局间		
工作波长/nm	1310	1310	1550	1310	1550	
光纤类型	G. 652	G. 652	G. 652	G. 652	G. 652	G. 653
传输距离/km	≤2	<15		<40	<60	
STM-1	I—1	S—1. 1	S—1. 2	L—1. 1	L—1. 2	L—1. 3
STM-4	I—4	S—4. 1	S—4. 2	L—4. 1	L—4. 2	L—4. 3
STM-16	I—16	S—16. 1	S—16. 2	L—16. 1	L—16. 2	L—16. 3

代码含义说明如下：

1）代码的第一位字母表示应用场合：I 表示局内通信；S 表示短距离局间通信；L 表示长距离局间通信。

2）字母横杠后的第一位表示 STM 的速率等级：例如 1 表示 STM-1；16 表示 STM-16。

3）第二个数字（小数点后的第一个数字）表示工作的波长窗口和所用光纤类型：1 和空白表示工作窗口为 1310nm，所用光纤为 G. 652 光纤；2 表示工作窗口为 1550nm，所用光纤为 G. 652 或 G. 654 光纤；3 表示工作窗口为 1550nm，所用光纤为 G. 653 光纤。

课后练习题

1. 填空题

（1）按 CCITT 对话音 PCM 数字信号复用的建议，有________和________两种基群系列。

（2）整个 SDH 帧可以分为三个主要区域，分别是________、________、________。

（3）在将低速支路信号复用成 STM-N 信号时，要经过________、________、________三个步骤。

（4）虚容器（VC）是由________再加上________构成的。

（5）在 SDH 传输网络中，使用最多的拓扑为________。

（6）SDH 自愈环按环上业务的方向可分为________两大类；按网元节点间的光纤数可分为________；按保护的业务级别可划分为________。

（7）波分复用 WDM 通常有三种复用方式，为________。

（8）MSTP 技术的出现可使得 SDH 网络更有效地承载________。

（9）适用于 DWDM 系统的低损耗波段窗口为________，又可以分为________三个波段。

2. 选择题

（1）在 SDH 体制中，STM-4 的速率是（　　）。

A. 2. 048Mbit/s　　B. 155. 520Mbit/s　　C. 622. 080Mbit/s　　D. 34. 368Mbit/s

（2）以下（　　）不属于我国的 SDH 复用结构中的容器（C）标准。

A. 1. 544Mbit/s　　B. 2. 048Mbit/s　　C. 34. 368Mbit/s　　D. 139. 264Mbit/s

（3）在 SDH 体制中，为低阶通道层与高阶通道层提供适配功能的信息结构是（　　）。

A. AU　　B. TU　　C. TUG　　D. VC

（4）以下 SDH 的常见网元类型中，属于三端口器件的是（　　）。

A. TM　　B. ADM　　C. REG　　D. OXC

（5）以下属于第二代 MSTP 的关键技术的是（　　）。

A. RPR　　B. 虚级联　　C. LCAS　　D. WDM

（6）80个波长系统的DWDM系统，其通路间隔为(　　)。

A. 20GHz　B. 50GHz　C. 100GHz　D. 200GHz

3. 简答题

（1）简述PDH体制的主要缺点。

（2）简述我国的SDH复用映射结构。

（3）简述二纤单向通道保护环的工作原理。

（4）简述二纤双向复用段保护环的工作原理。

第7章　光传输系统组网及业务配置开通

7.1　光传输系统组网

配置光传输设备开通业务，首先需要根据网络结构和上下支路数来确定具体的组网方式和设备配置，根据网络路由的分布情况确定网络采用链形、环形或其他复杂组网方式。

SDH光传输设备可以组成环形、链形、树形、星形、环带链形、链带环、相切环、相交环、网孔形等多种网络拓扑，下面介绍最常见的三种类型：链形、环形和环带链形。

7.1.1　链形网

链形网拓扑如图7-1所示，链形网的基本特点如下：

1）组成链形网时，一般按照“西—东—西—东”的原则来连接网元，即上游站的东光口接本站的西光口，本站的东光口再接下游站的西光口，依此类推(图7-1中,E1表示IU1槽位的东向光口,W1表示IU1槽位的西向光口)。

2）两个端站点按TM方式工作，中间的站点按ADM方式工作。

3）业务双向配置与传输，且传输的业务无保护。

4）根据组网及业务分配可得出各站点所需的光接口板和支路板的数量。

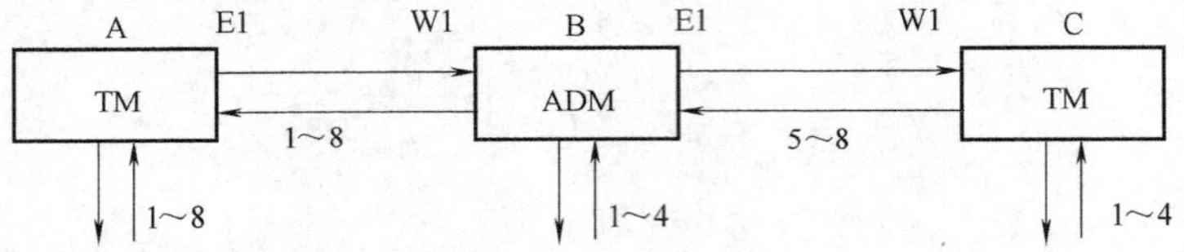

图7-1　链形网拓扑

下面以A站与C站之间的2Mbit/s业务为例，说明业务信号在图7-1所示的链形网上的传输过程。

1）A站的2Mbit/s业务(支路信号1~8)由相应的支路板配至东向线路板发出(线路时隙1~8)；穿过B站(线路时隙5~8由B站穿通,时隙1~4在B站上下)；C站从西向线路板接收业务(线路时隙5~8)，并配至相应的支路板，从支路口输出(支路信号1~4)。

2）C站的2Mbit/s业务(支路信号1~4)配至线路板发出业务信号由相应的支路板配至西向线路板发出(线路时隙5~8)；穿过B站，到达A站；A站从东向线路板接收该业务，并配至相应的支路板，并输出(支路信号5~8)。这正好与A站到C站的过程相反。

7.1.2　环形网

环形网由于具有良好的自愈能力，在实际应用中被广泛使用。其中二纤单向通道保护环是接入网中最常用的形式，环形网拓扑如图7-2所示，其主要特点包括：

1）二纤单向通道保护环，分为主环和备环。主环方向的光纤连接为东发西收，备环方向为西发东收。必须按照这种规则去连接光纤，否则会出现问题。

2）环上各站点的网元设备类型均是ADM。

3）业务信号的收、发是同向的，即业务单向配置与传输。同一业务的收和发过程合起来正好绕环路一周。

4）备环传送的业务与主环完全相同，只是方向相反，因此备环的业务无需网管配置。

下面以A站与C站之间的2Mbit/s业务为例，说明业务信号在图7-2所示的二纤单向通道保护环上的传输过程(只描述主环)。

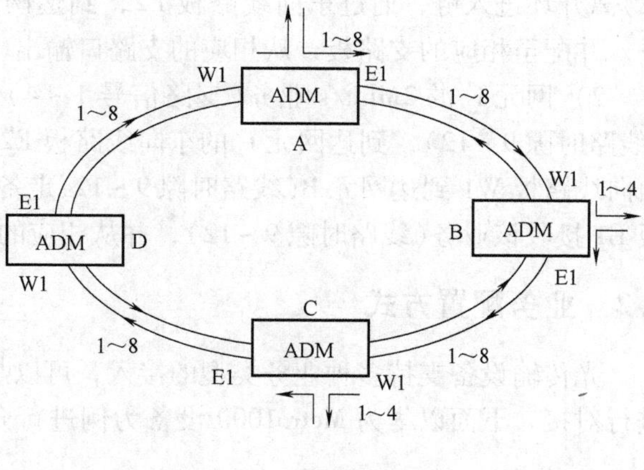

图7-2　环形网拓扑

1）A站2Mbit/s业务(支路信号1~8)由相应的支路板上配至东向线路板发出(线路时隙1~8)；信号沿着主环方向，穿过B站(线路时隙5~8由B站穿通,时隙1~4在B站上下)；C站从西向线路板接收业务(线路时隙5~8)，并配至相应的支路板，从相应的支路口输出(支路信号1~4)；C站还有穿通的业务(线路时隙1~4)。

2）C站2Mbit/s业务(支路信号1~4)由相应的支路板配至东向线路板发出(线路时隙5~8)，加上穿通的业务(线路时隙1~4)，沿着主环方向到达D站；D站的业务全部穿通送给A站；A站从西向线路板接收(线路时隙1~8)，并下配至相应的支路板，从相应的支路口输出(支路信号1~8)。

7.1.3　环带链形网

环带链形网拓扑如图7-3所示，这种网络结构的主要特点包括：

1）环带链形网实质上就是环形网与链形网的拼接。如图7-3所示，网元A、B、C、D组成STM-1的环；在网元C上，带一个STM-1的链，该链上有网元E。

2）环带链形网中环内业务配置可根据环的特点，即根据是单向通道环还是双向复用段环进行相应的业务配置；链上业务可按照链的业务配置特点进行，即配为双向业务。

3）根据组网不难看出，各网元光接口板的配置为：网元C使用3个光口，网元E使用1个光口，其他网元都使用了2个光口。

以图7-3所示的环带链形网为例，假设由A、B、C、D四个网元组成的是单向通道保护环，环上上、下的业务分析与环形网一致，请参考前面的内容进行分析。网元A与网元E之间传递的环带链的业务有4个2M bit/s业务，下面分析这些业务的传输过程：

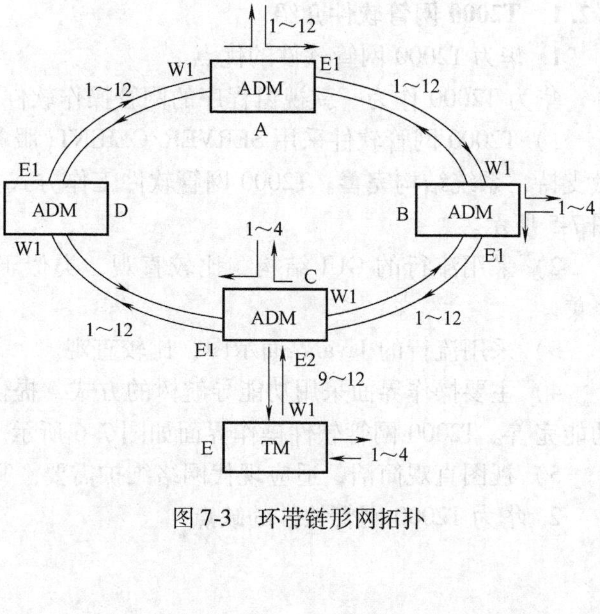

图7-3　环带链形网拓扑

1）网元A的2M bit/s业务(支路信号9~12)由相应的支路板配至东向线路板E1发出(线路时隙9~12)，到达网元B；由网元B的西向线路板W1接收后，使用“穿通法”将该业务转配至网元C；网元C的业务信号(线路时隙9~

12）离开环进入链，通过东向线路板 E2，到达网元 E；网元 E 从西向线路板 W1 接收该业务，并配至相应的支路板，从相应的支路口输出（支路信号 1 ~4）。

2）网元 E 的 2Mbit/s 业务（支路信号 1 ~4）由相应的支路板配至西向线路板 W1 发出（线路时隙 9 ~12），到达网元 C 的东向线路板 E2；网元 C 的业务信号离开链进入环，通过西向线路板 W1 到达网元 B（线路时隙 9 ~12，走备环）；然后穿通至网元 A，A 站从东向线路板 E1 接收该业务（线路时隙 9 ~12），并从相应的支路板输出（支路信号 1 ~4）。

7.2 业务配置方式

光传输设备支持多种业务类型的接入，可以与交换机、无线基站、以太网交换机等设备进行对接。下面以华为 Metro1000 设备为例进行介绍。华为 Metro1000 设备的业务类型见表 7-1。

表 7-1 华为 Metro1000 设备的业务类型

业务分类	单设备最大接入数量
SDH 业务	16 路 STM-1（光）、6 路 STM-1（电）、8 路 STM-4（光）
PDH 业务	96 路 E1/T1、9 路 E3/T3
以太网业务	24 路 FE（电）、8 路 FE（光）、3 路 GE（光）
$N\times64$kbit/s 业务	12 路 $N\times64$kbit/s（$N\leqslant31$）
ATM 业务	4 路 STM-1 ATM
音频和数据业务	12 路音频 +4 路 RS-232 +4 路 RS-422

在本书中，主要讨论 SDH 业务、PDH 业务和以太网业务的接入。

对 SDH 设备进行管理、配置、调试及维护一般采用以下两种软件：

1）网管软件，如华为 T2000 网管软件。

2）命令行配置软件，如华为公司的 NAVIGATOR 软件。

以上两种软件均可实现对 SDH 设备进行管理、维护等功能。下面就华为 T2000 网管软件与命令行软件对比作简要介绍。

7.2.1 T2000 网管软件介绍

1. 华为 T2000 网管软件的优点

华为 T2000 作为一款视窗程序的网管操作软件，具有如下特点：

1）T2000 网管软件采用 SERVER/CLIENT（服务器/客户端）工作方式，软件使用数据库做支持，系统结构完善。T2000 网管软件工作方式如图 7-4 所示，T2000 的软件部署结构如图 7-5 所示。

2）采用流行的 GUI 结构，比较直观，类似于 Windows 操作，不需要去记忆复杂的指令集。

3）采用流行的 Java 界面示图，比较直观。

4）主要操作界面采用功能导航树的方式，提供对设备的配置、管理和维护功能，保护功能完善。T2000 网管软件操作界面如图 7-6 所示。

5）视图直观简洁，适应现代网络维护需要。T2000 网管软件视图界面如图 7-7 所示。

2. 华为 T2000 网管软件的缺点

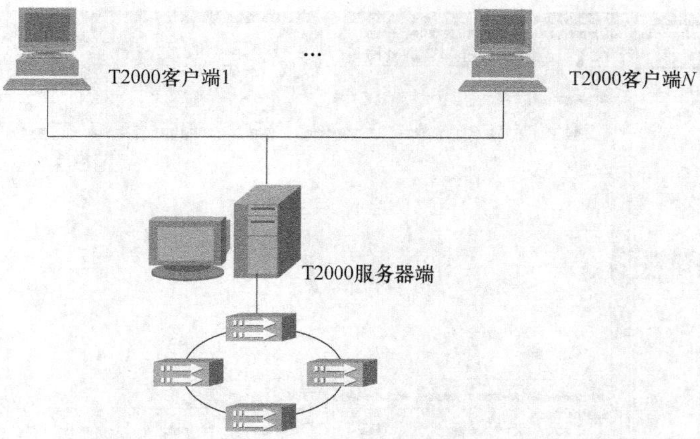

图 7-4　T2000 网管软件工作方式

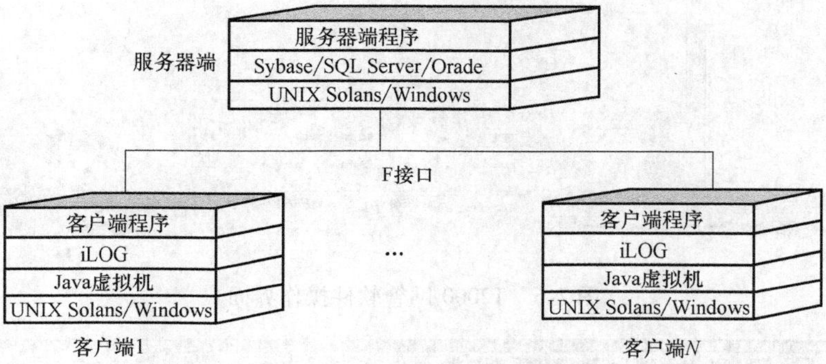

图 7-5　T2000 的软件部署结构

T2000 网管软件也存在一些缺点，主要包括：

1）数据库复杂而庞大，对服务器、计算机配置要求高。

2）维护、配置操作过程过于烦琐，使用起来不够方便，要进行专业培训才能使用。

3）对 SDH 设备深层次的 DEBUG 功能不具备，功能不如命令行软件强大。

4）采用流行的 Windows XP 操作系统，SERVER/CLIENT 工作方式，容易感染病毒使整个系统受到破坏。

7.2.2　命令行配置软件介绍

随着 OptiX 系列 SDH 光传输设备的广泛应用，如果只用网管来调试、维护、处理问题，操作复杂，而且速度也慢。熟练掌握 OptiX 系列 SDH 光传输产品的常用命令行和命令行的批处理文件，会给我们的开局调试、日常维护带来很大的方便。

1. 命令行配置软件的优点

具体说来，命令行的基本功能与网管是一样的，两者的区别在于：网管用视窗化中文界面、鼠标点击、菜单选择等来实现对网元的操作，比较形象，容易掌握，主要是面向用户的；而命令行则通过逐行输入命令及参数实现对网元的操作，这些命令是英文字符和数字，命令执行完后返回的信息也全是英文字符和数字，人机交互界面远没有网管那样形象友好，学习起来难度稍大。但命令行的优势也是明显的，下面简述几点：

1）命令行软件小巧，约为 1MB，不用安装，复制即可使用；网管软件大约为 10MB，

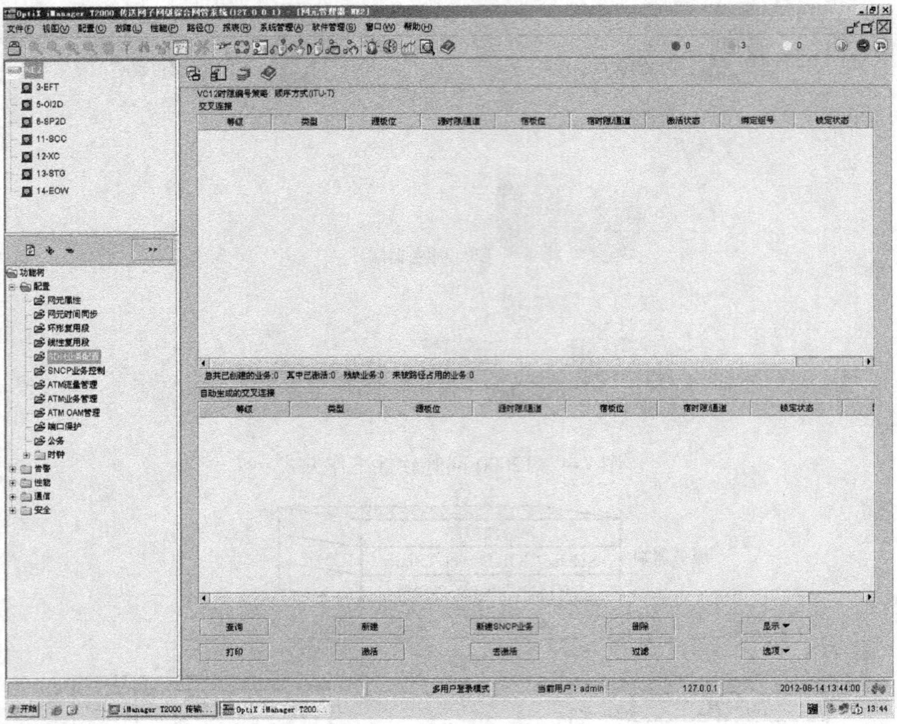

图 7-6　T2000 网管软件操作界面

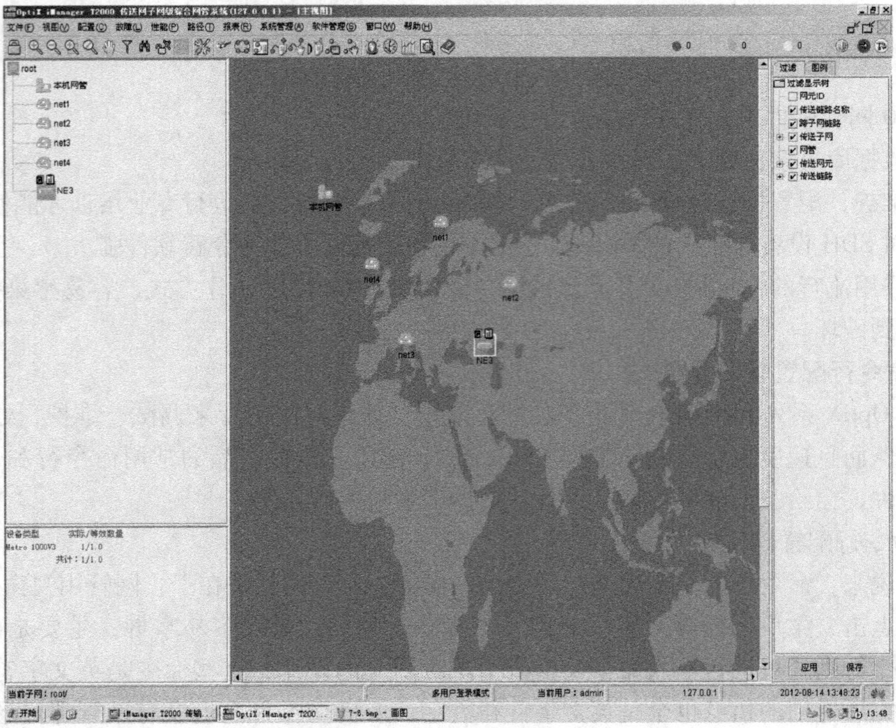

图 7-7　T2000 网管软件视图界面

需要安装使用。

2）命令行软件使用起来快捷简便，而且信息准确。相比起来，网管软件显得有点“臃肿”。特别是命令行软件有批处理功能，可以将命令编辑成文件，检查正确后成批下发执行。这在给网元下发配置数据和调测时十分好用。事实上，我们就是这样给网元配置数据的。

3）命令行软件比网管软件具有更多深层次的功能，如读写单板寄存器、查询开销字节等，这些命令在调测及故障处理中起重要的作用。

本书中，业务开通配置主要采用命令行模式。华为光传输设备的命令行软件，主要是在华为公司提供的 NAVIGATOR 软件或 sbsterm 软件中使用的。

2. 命令行配置软件的基本操作

（1）NAVIGATOR 软件　华为 NAVIGATOR 软件可以安装于 Windows 98/2000/XP 等操作系统上，NAVIGATOR 软件提供命令行输入窗口，在此窗口中的提示符下就可以输入命令了，它可以完成命令行输入、主控升级、所有单板软件的在线升级。

在 Windows 操作系统的资源管理器中，找到 NAVIGATOR 程序，用鼠标左键连击该程序两次即可启动；如果屏幕上有该程序的快捷方式，连击两次快捷方式也可启动。NAVIGATOR 程序的操作界面如图 7-8 所示。

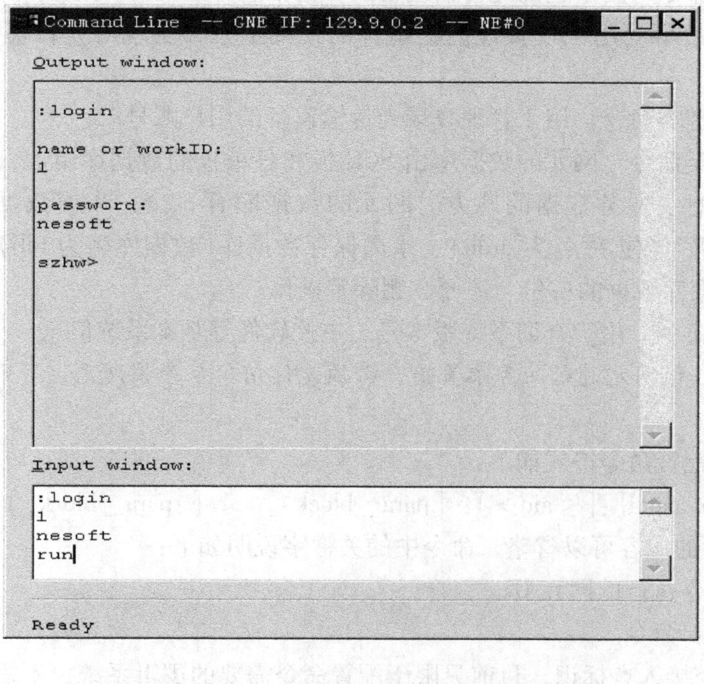

图 7-8　NAVIGATOR 程序的操作界面

（2）sbsterm 软件　华为 sbsterm 软件可以安装于 UNIX 操作系统中，提供命令行输入窗口，同 Windows 平台下的 NAVIGATOR 软件相比，sbsterm 软件只提供命令行的输入功能，没有下载主控和单板软件的功能。

在工作站终端窗口的系统提示符“%”下，输入 sbsterm 即可进入程序。工作站的屏幕上有命令行的动作图标，也可以用鼠标双击命令行动作图标启动 sbsterm。sbsterm 软件的操

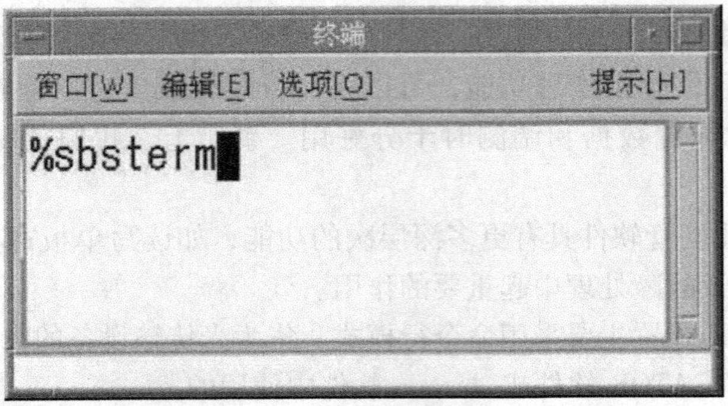

图 7-9　sbsterm 软件的操作界面

作界面如图 7-9 所示。

3. 主要命令类型

华为 OptiX 系列光传输设备的主要配置命令分为如下几类：

（1）业务配置类命令　实现各种业务开通的配置，是最主要的配置命令。

（2）业务查询类命令　用于查询网元的运行状态、物理板位、配置参数等相关信息。

（3）告警类命令　用于查询光传输设备的告警信息，或允许/禁止单板将告警上报。

（4）性能类命令　用于设置性能类事件的检测上报，实现对光传输设备性能数据的查询。

（5）用户管理类命令　用于管理登录光传输设备的用户账号。

（6）数据库类命令　网元的数据库由 SCC 板和各单板的数据库组成，是用来存储网元和各单板配置信息、业务数据的地方。网元的数据库有 3 个：当前数据库（数据库名为 mdb）、静态数据库（数据库名为 drdb）、永久保存数据库（数据库名为 fdb）。数据库类命令用于实现网元数据库数据的备份、还原、删除等操作。

（7）系统类命令　用于查询系统版本号、主控软件等基本系统信息。

注意：在对任何网元进行业务配置前，必须先使用命令登录网元，否则配置操作无效。

4. 命令格式

（1）格式　配置命令格式如下：

[#neid]: command[:[<aid>]: [para_block:] ... [:para_block]];

其中，[ ]里的内容可以省略，命令中的关键字说明如下：

1）neid：命令执行的网元 ID。

2）command：命令。

3）aid：命令接入点标识，目前只限于配置命令需要的逻辑系统，不需要逻辑系统号的命令此项缺省，但后面的冒号不可缺省。

4）para_block：参数块，含有一个或多个参数赋值。

（2）分隔符说明　所有的分隔符应全部采用英文（半角）标点，不能采用中文（全角）标点，否则将导致命令下发失败。主要使用的分隔符如下：

1）命令开始：“:”冒号。

2）命令结束：“;”分号。

3）参数块分隔符：“：”冒号。

4）参数间分隔符：“，”逗号。

5）名字定义型参数名和参数值间分隔符：“ =” 等号。

6）命令执行(又称命令接入)点分隔符：开始符“ <”，结束符“ >”（命令执行点目前仅有配置类命令使用,一般为逻辑系统号)。

（3）数组的重复输入　数组的重复输入利用信息组合符“&”和“&&”构成，格式说明如下：

1）item1&item2，可表示 item1 和 item2。

2）item1&&item2，可表示 item1 到 item2。

3）& 和 && 可以组合，例如 1&3&&5 可以表示 1、3、4、5；1&&3&5&&7 可以表示 1、2、3、5、6、7。

（4）命令名字　一般由三个部分组成，即模块名-操作-操作对象。模块名有 um(用户管理)、cfg(配置)、alm(告警)、per(性能)、dbms(数据库)、sys(系统)等；操作有 del、create、set、get、cancel 等；操作对象因模块而异。

典型举例如下：

1）登录 ID 为 1 的网元，命令如下：

#1：login：1，"nesoft";

2）查询当前网元上所有单板的当前告警，命令如下：

：alm-get-curdata：0，0；

（5）查询各个命令的使用　一个命令很可能带有很多的参数，可在命令行模式下使用“帮助”查询各个命令如何使用。只要在命令(不带参数)的后面加上“/?”，就可查询到该命令的具体使用方法。如：

：cfg-set-ohppara/?

（6）注释和屏蔽　对于以两个反斜杠“//”开头所有的文字，命令行配置软件不下发给网元，作为解释说明。

7.3　网元初始化配置

在本书中，采用的实验环境为 1 台 OptiX OSN 2500 和 2 台 OptiX Metro 1000 的 SDH 光传输设备。其中，OptiX OSN 2500 设备标记为网元 1，OptiX Metro 1000 设备标记为网元 2 和网元 3。

7.3.1　网元初始化基本命令介绍

下面就 SDH 设备常见命令的书写规范做具体的介绍，此处以 OptiX Metro 1000 SDH 传输设备为例。

1. 登录网元

#1：login："szhw"，"nesoft";

其中，#1 为网元 ID；szhw 为用户名；nesoft 为密码。

2. 初始化网元设备

：cfg-init-all;

在做新的配置前，需要对网元进行初始化操作，清除网元所有数据。

3. 设置网元整体参数

：cfg-set-devicetype：OptiXM1000V300，subrackI；

其中，OptiXM1000V300 表示设备类型；subrackI 表示设备的子架类型。

4. 设置网元名称

：cfg-set-nename：64，"sdh3"；

其中，“64”表示允许的字符串长度；“sdh3”为网元名称。

5. 增加网元逻辑板

：cfg-add-board：3，eft：5，oi2d：6，sp2d：11，scc：12，xc：13，stg：14，eow；

其中，3 槽位的单板是 eft；5 槽位的单板是 oi2d；6 槽位的单板是 sp2d；11 槽位的单板是 scc；12 槽位的单板是 xc；13 槽位的单板是 stg；14 槽位的单板是 eow。

6. 配置公务电话

//设置寻址呼叫号码

：cfg-set-telnum：14，1，103；

其中，14 为开销板位号；1 为电话序号；103 为电话号码。

//设置会议电话号码

：cfg-set-meetnum：14，999；

其中，14 为开销板位号；999 为会议电话号码。

//设置寻址呼叫可用光口

：cfg-set-lineused：14，5，2，used；

//设置会议电话呼叫可用光口

：cfg-set-meetlineused：14，5，2，used；

7. 配置网元时钟等级

：cfg-set-synclass：13，2，0x0502，0xf101；

//配置网元时钟等级（设置系统时钟源优先级表），第 13 板位的 2 个时钟源编号为 0x0502。

8. 配置校验下发

：cfg-verify；

//校验下发工作必须要完成，相当于是把硬件和配置互相比较，校验完成，设备开始工作。

9. 查询网元状态

：cfg-get-nestate；

//查询网元运行状态。

10. 退出

：logout；

安全退出。

7.3.2　使用网管软件初始化网元

1. T2000 服务器的登录

首先，在服务器计算机上双击 T2000Server. exe 图标，启动 T2000 服务器，输入用户名“admin”及密码“T2000”，等待服务器中所有进程都成功启动，T2000 服务器启动状态如图 7-10 所示。

然后再在客户端计算机上启动 T2000 客户端登录 T2000 服务器，在弹出的窗口中输入正

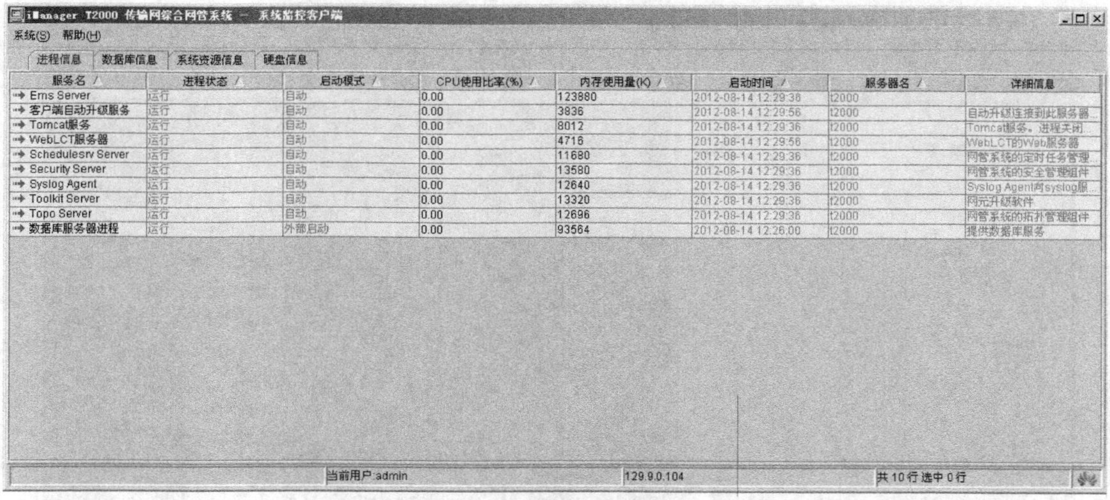

图7-10　T2000服务器启动状态

确的用户名和密码，登录的服务器IP地址这一项参数可以通过点击这一栏参数右边的省略号按钮进行设置，如果是本机做服务器，登录local即可。

服务器网管已经增加了两个账户，权限是一致的，admin的密码是T2000，其他用户名及密码分别为admin001/T2000001、admin002/T2000002，可以同时有两个人进行数据的操作（预配置），如果想再增加，可以由老师自行增加账户（最多创建8个用户）。

T2000服务器的用户账户设置如图7-11所示。

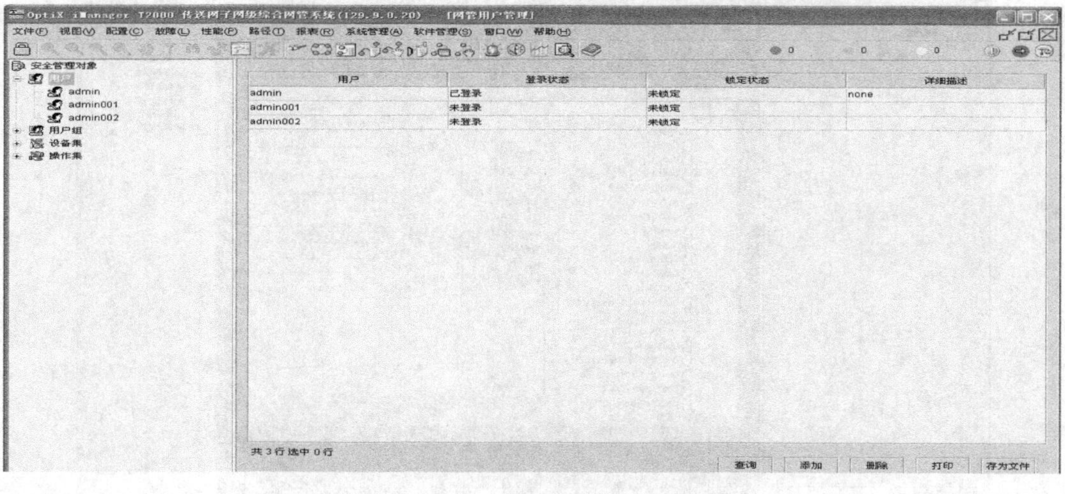

图7-11　T2000服务器的用户账户设置

2. 创建网元

网元的创建有两种方式，手工添加网元或自动搜索网元。

（1）创建真实存在的网元　按以下步骤进行操作即可。本实训共有3个网元，即3台OSN 2000设备，其IP地址分别是129.9.0.1、129.9.0.2、129.9.0.3。

1）右击“新建->拓扑对象”，创建新的网元拓扑对象。创建网元拓扑对象操作过程如图7-12所示。

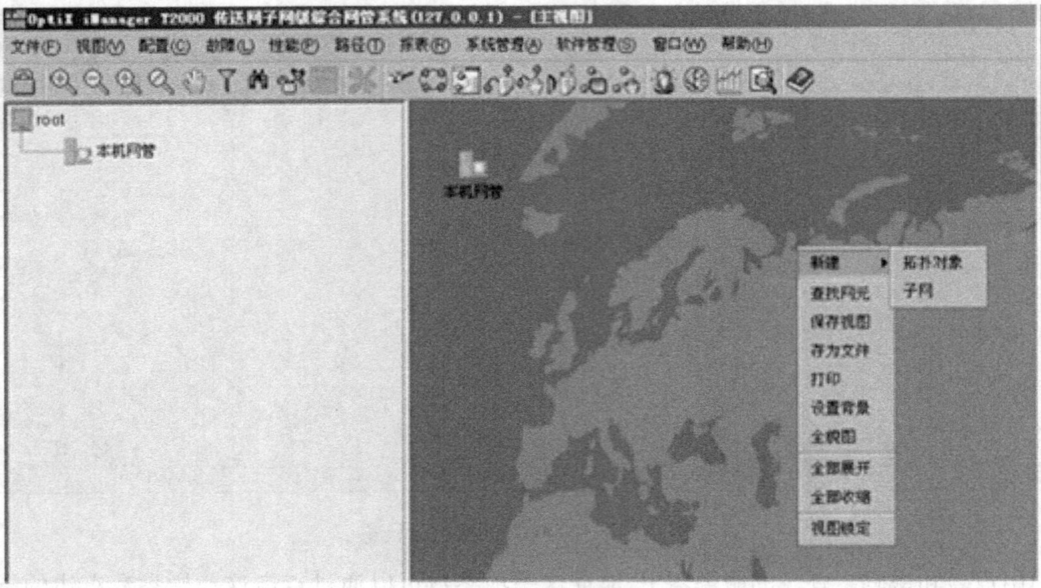

图 7-12　创建网元拓扑对象操作过程

2）选择网元的类型，如“Metro 1000”，然后依次输入网元信息，如网元 ID、IP 地址、端口、账户及密码等信息，创建网元拓扑对象并实现对网元的登录。输入网元信息的操作过程如图 7-13 所示。

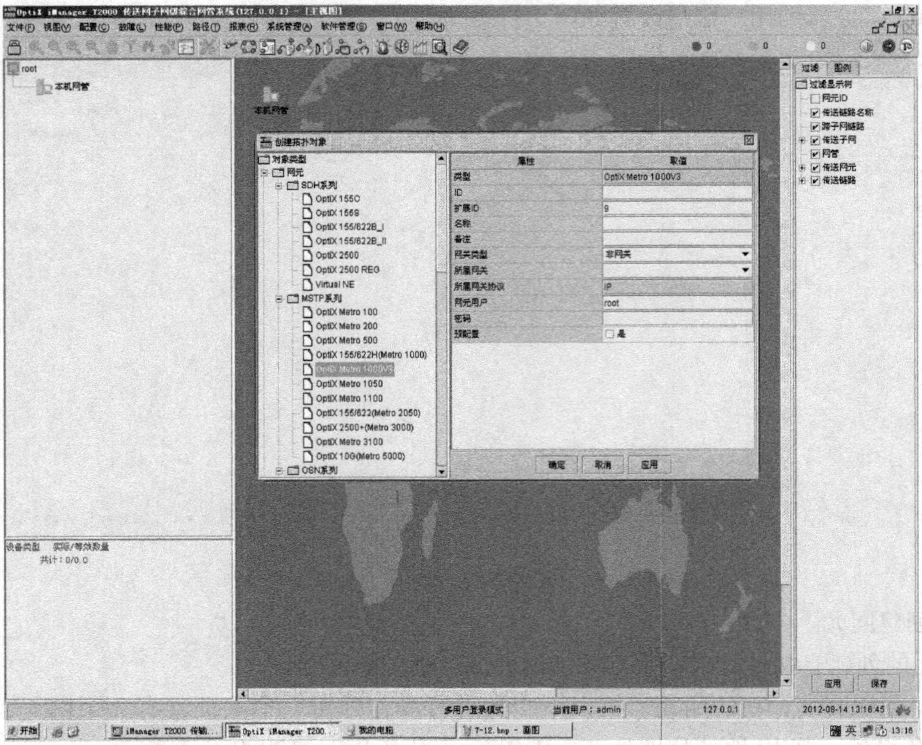

图 7-13　输入网元信息的操作过程

3）网元拓扑对象创建成功但状态是未配置状态，因此需要进行硬件数据配置。右击网元，选择“配置向导”，并选择配置方式为“手工配置”，实现手工硬件数据配置。选择“配置向导”操作如图7-14所示，手工硬件数据配置如图7-15所示。

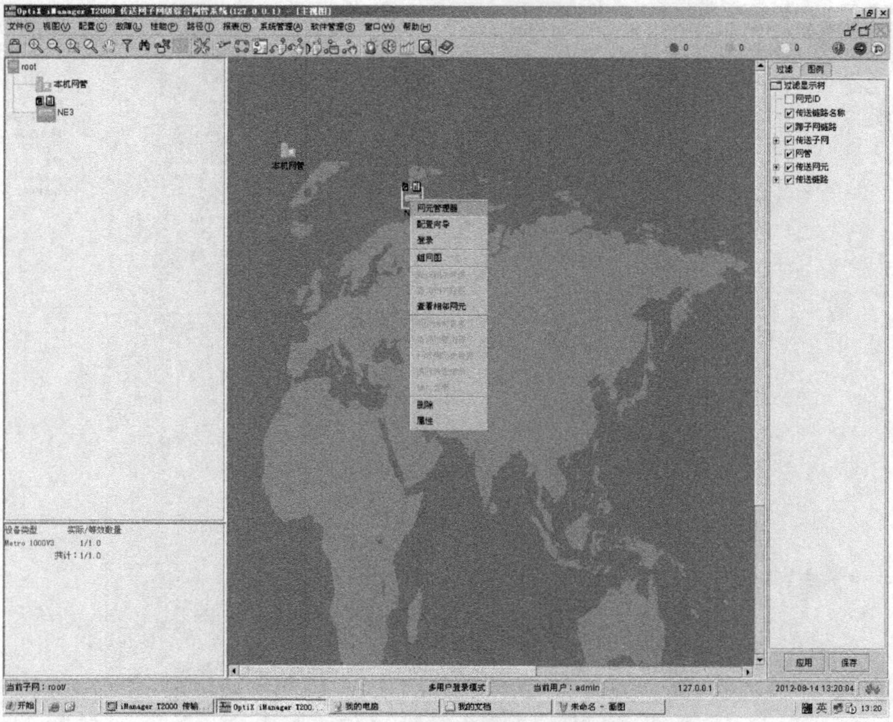

图7-14　选择“配置向导”操作

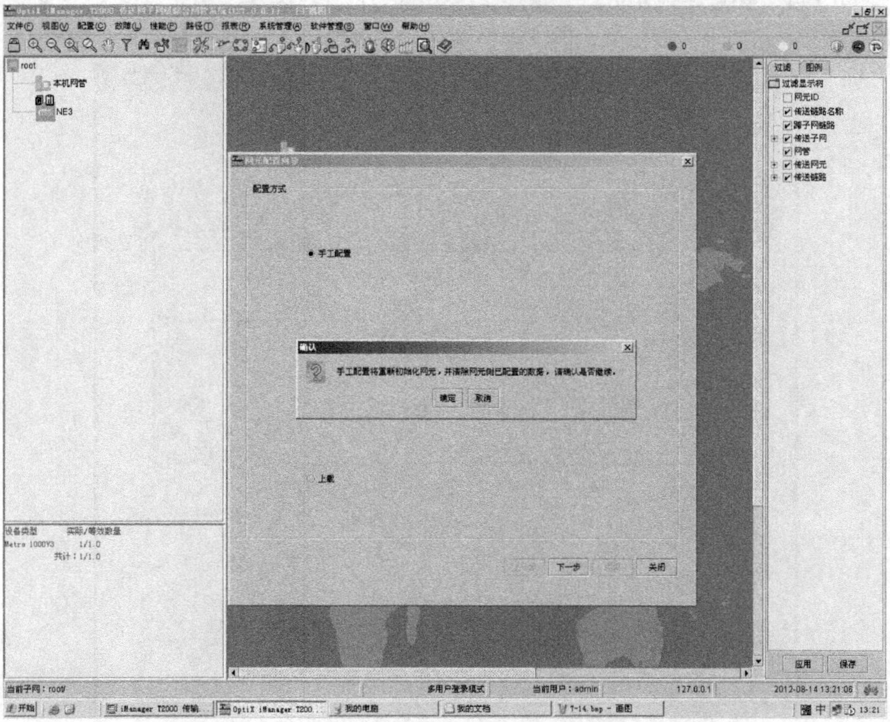

图7-15　手工硬件数据配置

4）选择子架类型为“I 型子架”，选择“查询物理板位”，获取光传输设备的板位安装信息。子架类型选择如图 7-16 所示，物理板位查询如图 7-17 所示。

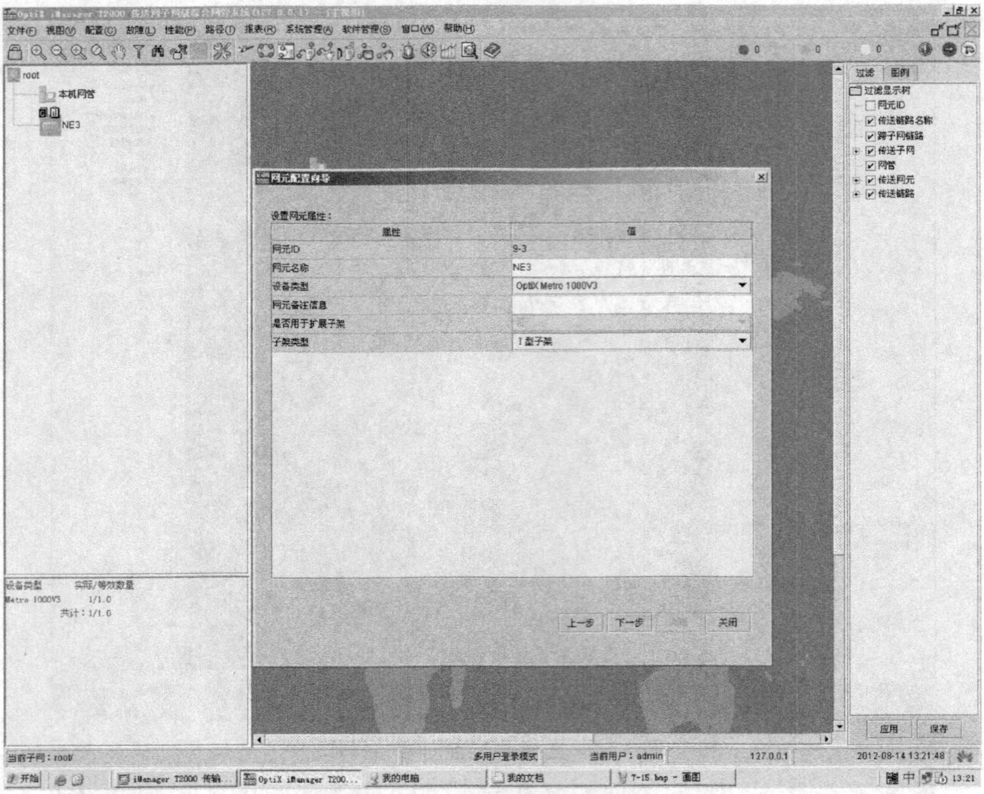

图 7-16 子架类型选择

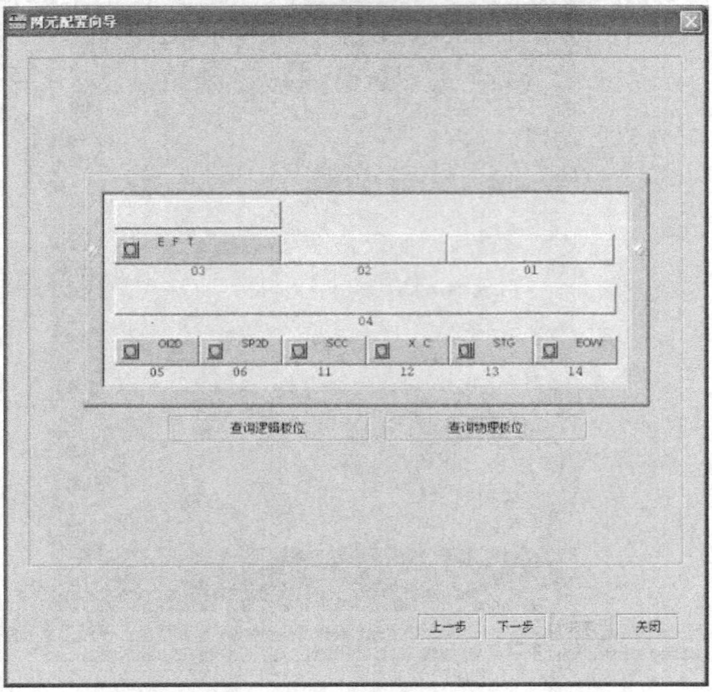

图 7-17 物理板位查询

5）单击“校验开工”，即可完成网元硬件数据配置。单击“校验开工”操作如图 7-18 所示。

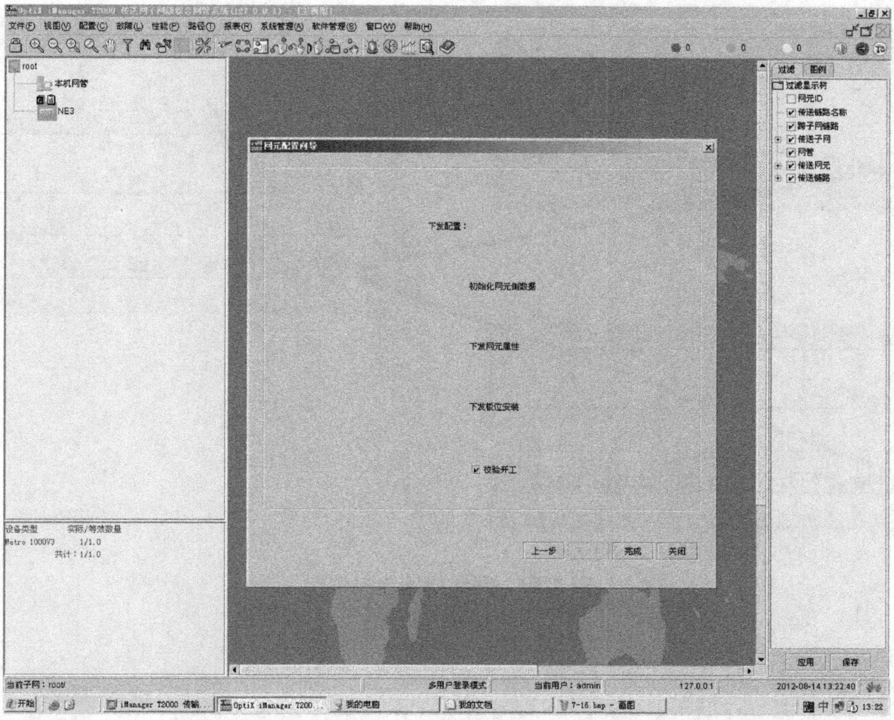

图 7-18　单击“校验开工”操作

（2）自动搜索网元　单击“文件->设备搜索”，出来的界面里不用更改任何参数直接点开始搜索。如果网元可以正常通信，则可以将所有网元都列出来，列表出来后再点停止搜索。选中所有网元点“创建网元->输入用户名\密码->确定”，会提示所有网元创建成功。

3. 创建纤缆

光传输设备可以组成多种不同类型的传输网络，主要包括点对点、链形、环形；而环的类型又可以有通道保护环和复用段保护环两种。本实例中假定由 2 台 OptiX Metro 1000 和 1 台 OptiX OSN 2500 构成一个保护环，则网元线路连接情况如图 7-19 所示。

所有网元创建完成后可以进行网元之间光纤的连接，光纤连接在数据上一定要与实际情况保持一致。纤缆创建过程如图 7-20 所示，创建步骤如下：

1）点图标“创建链路”。

2）选中本次连接的起始网元，选本次连接的起始网元涉及的光口，创建过程如图 7-20a 所示。

3）选中本次连接的结束网元，选本次连接的结束网元涉及的光口，创建过程如图 7-20b 所示。

4）单击“确定”按钮，完成线缆的创建，操作过程如图 7-20c 所示。

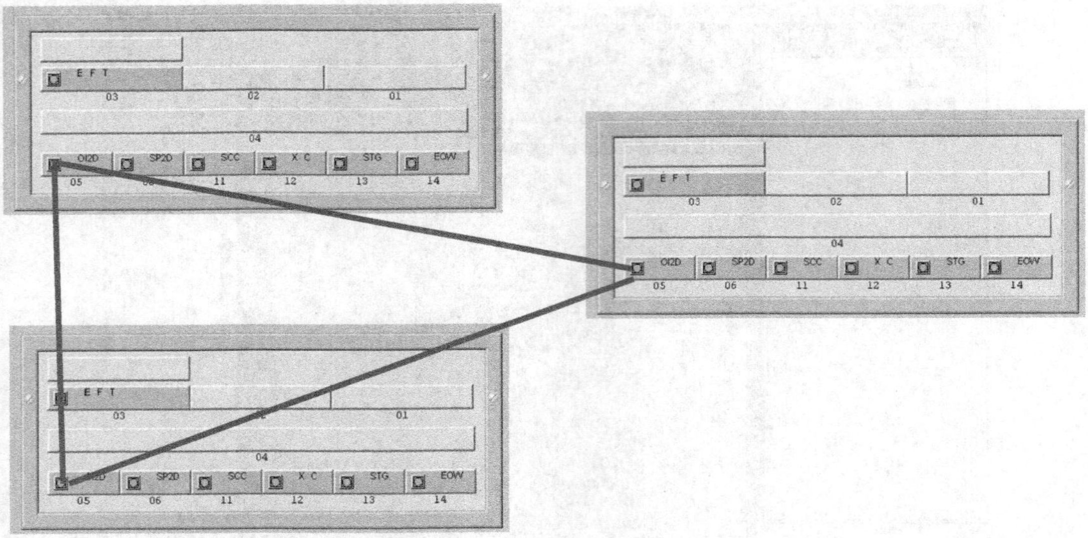

图 7-19　网元线路连接情况

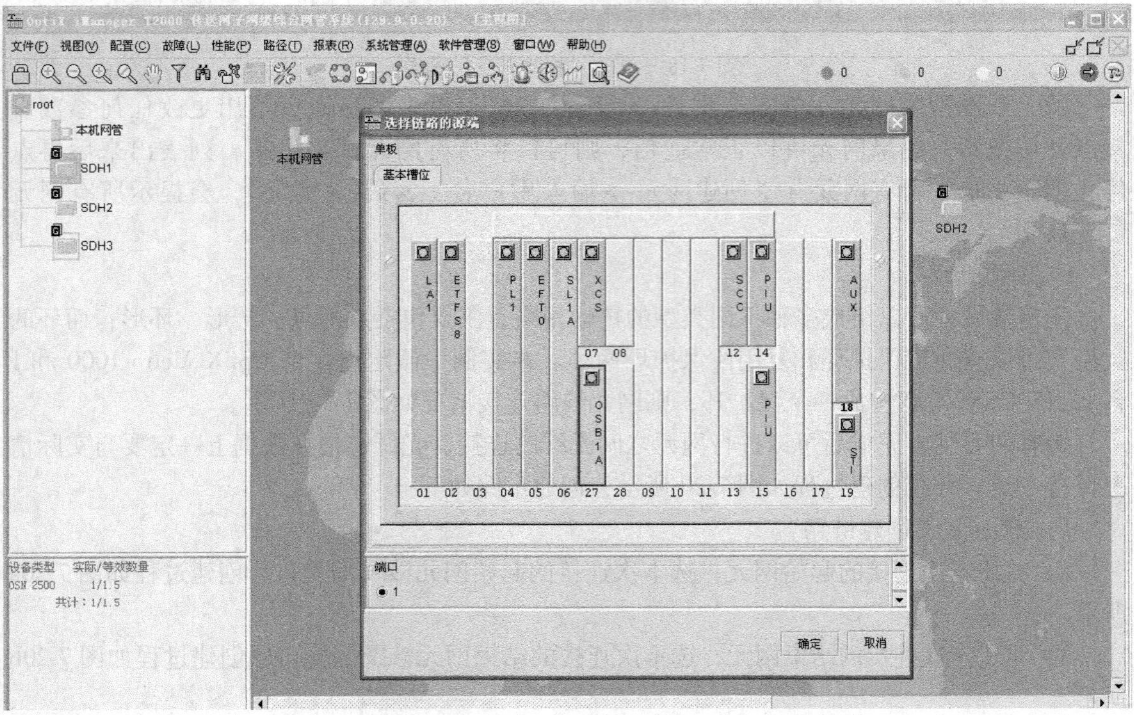

a)

图 7-20　纤缆创建过程

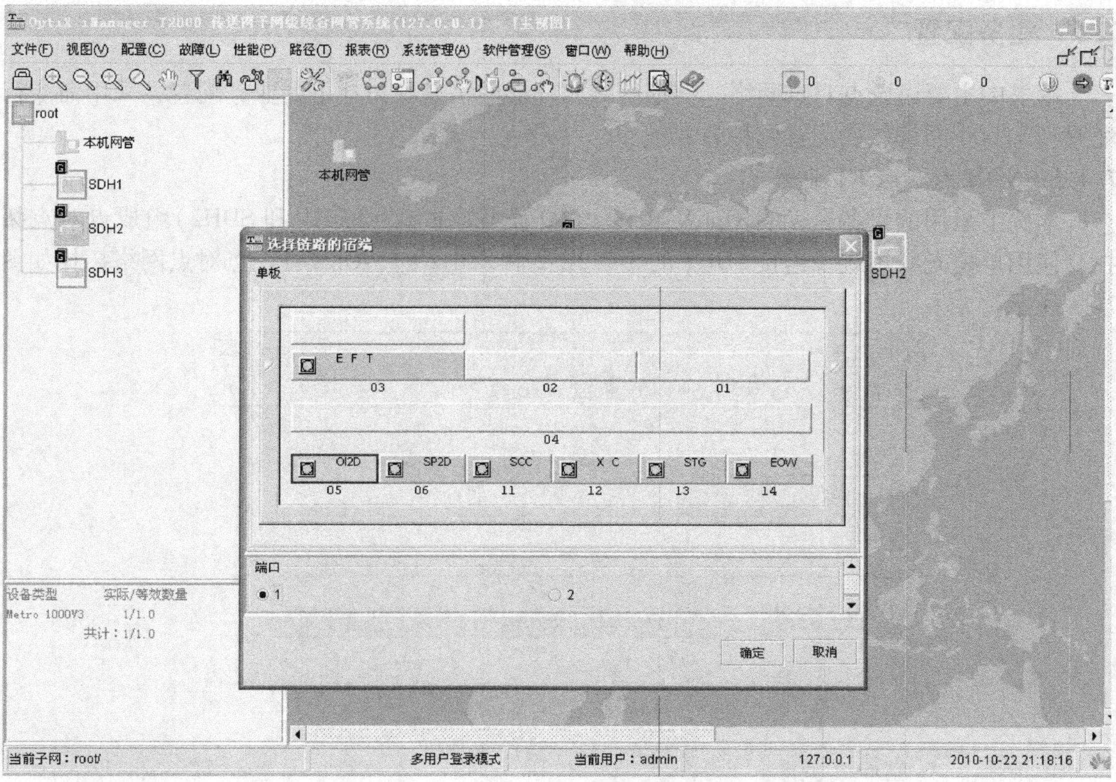

b)

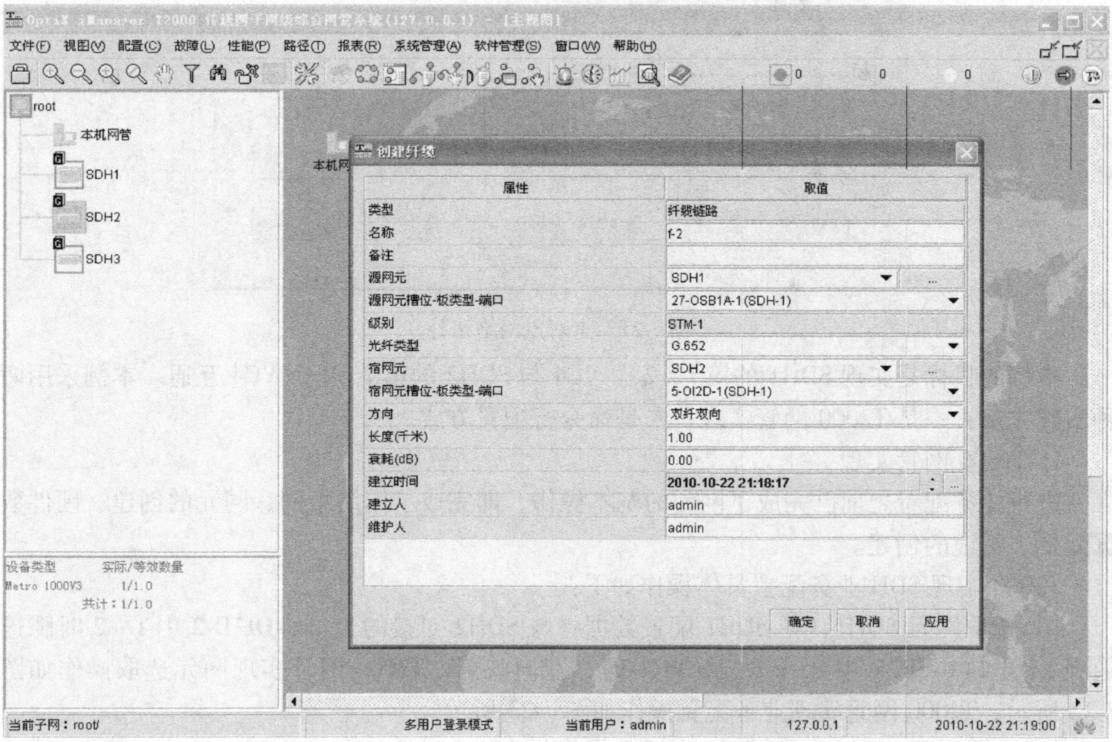

c)

图7-20　纤缆创建过程(续)

7.4 业务配置

本书中主要讨论点对点网络、链形网络、环形网络三种拓扑下的业务配置，采用命令行配置和 T2000 网管软件配置两种方式。

7.4.1 SDH 点对点 E1 业务

本例中采用的设备是两台 OptiX Metro 1000 设备(命名为 SDH1 和 SDH2)组成点对点拓扑，使用单模光纤短跳线连接 SDH1 的 5-OI2D-2 和 SDH2 的 5-OI2D-1。点对点网络拓扑如图 7-21 所示。

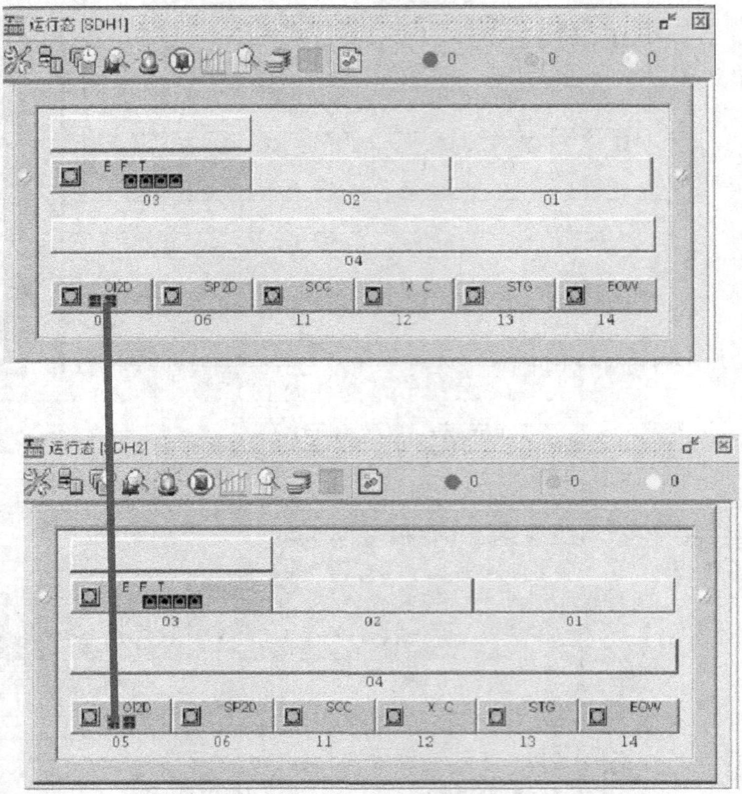

图 7-21 点对点网络拓扑

本例的目标是实现 SDH1 的第 1、2 个 VC4 与 SDH2 的第 1、2 个 VC4 互通。本例采用两种实现方法：一是 T2000 网管实现；二是命令行配置方式。

1. T2000 网管实现

进行业务配置之前已完成了网元的基本操作，即完成了网络组网、网元的创建、硬件数据配置、纤缆的创建。

T2000 实现 SDH 业务配置具体操作如下：

1）选取网元 SDH1，在 SDH1 配置数据将与 SDH2 对接的光口 5-OI2D-2 中 1 ~ 2 时隙连通到 E1 电口 6-SP2D 中 1 ~ 2 时隙(VC4-1)，双向映射。T2000 网管实现网元选取操作如图 7-22 所示，T2000 网管实现业务配置操作如图 7-23 所示。

2）选取网元 SDH2，在 SDH2 配置数据将与 SDH2 对接的光口 5-OI2D-1 中 1 ~ 2 时隙连通到 E1 电口 6-SP2D 中 1 ~ 2 时隙(VC4-1)，双向映射。

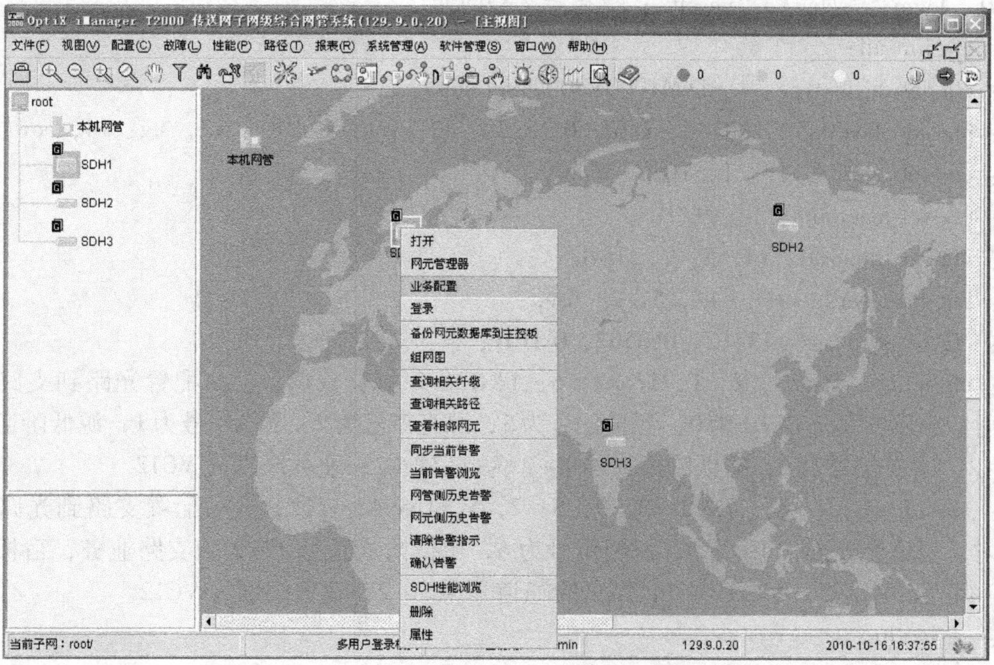

图 7-22　T2000 网管实现网元选取操作

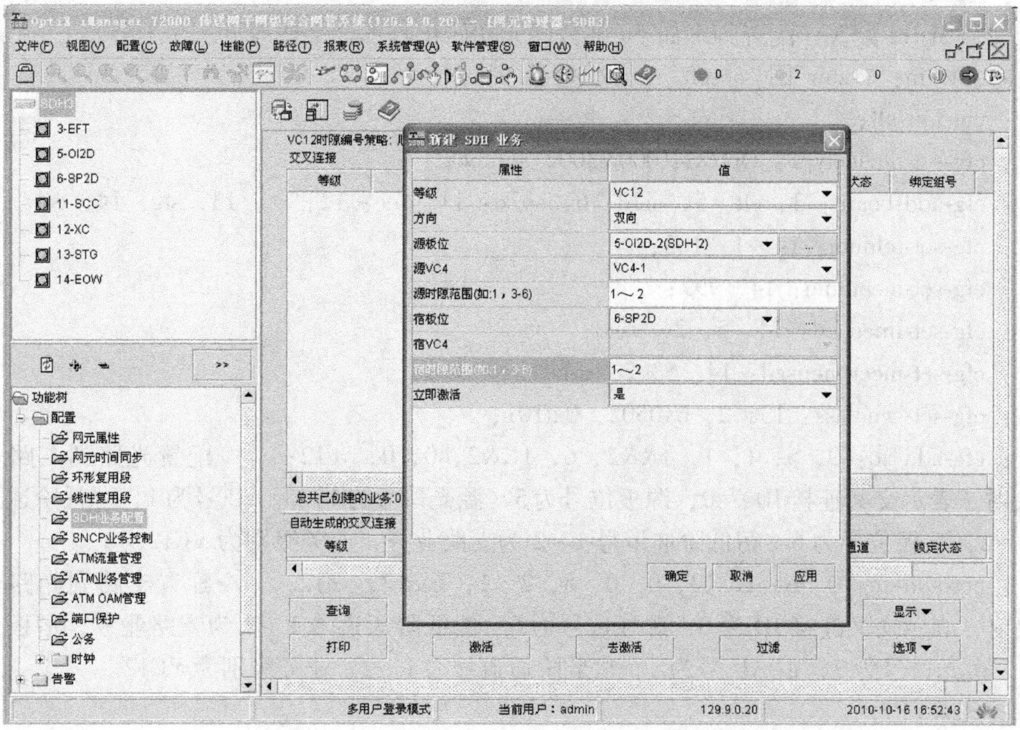

图 7-23　T2000 网管实现业务配置操作

2. 命令行实现

（1）SDH1 配置　配置脚本如下（部分网元初始化脚本含义请参见 7.3.1 节）：

#1：login：“szhw”，“nesoft”；//登录2号网元

：cfg-init-all；

：cfg-set-devicetype：OptiXM1000V300，subrackI；

：cfg-add-board：3，eft：5，oi2d：6，sp2d：11，scc：12，xc：13，stg：14，eow；

：cfg-set-telnum：14，1，103；

：cfg-set-meetnum：14，999；

：cfg-set-lineused：14，5，2，used；

：cfg-set-meetlineused：14，5，2，used；

：cfg-set-synclass：13，2，0x0502，0xf101；

：cfg-add-xc：0，5，2，1，1&&2，6，1&&2，0，0，vc12；　//配置光路到支路业务的映射，表示交叉连接ID为0，源板位号为5，源光口号为2，源AU号为1，源低阶通道号为1~2，宿板位号为6，宿低阶通道号1~2为支路业务，业务级别为VC12。

：cfg-add-xc：0，6，1&&2，0，0，5，2，1，1&&2，vc12；　//配置支路到光路业务的映射，表示交叉连接ID为0，源板位号为6，源低阶通道号1~2为支路业务，宿板位号为5，宿光口号为2，宿AU号1，宿低阶通道号为1~2，业务级别为VC12。

：cfg-verify；

：cfg-get-nestate；

：logout；

（2）SDH2配置　配置脚本如下（部分网元初始化脚本含义请参见7.3.1节）：

#2：login：“szhw”，“nesoft”；　//登录2号网元

：cfg-init-all；

：cfg-set-devicetype：OptiXM1000V300，subrackI；

：cfg-add-board：3，eft：5，oi2d：6，sp2d：11，scc：12，xc：13，stg：14，eow；

：cfg-set-telnum：14，1，103；

：cfg-set-meetnum：14，999；

：cfg-set-lineused：14，5，2，used；

：cfg-set-meetlineused：14，5，2，used；

：cfg-set-synclass：13，2，0x0502，0xf101；

：cfg-add-xc：0，5，1，1，1&&2，6，1&&2，0，0，vc12；　//配置光路到支路业务的映射，表示交叉连接ID为0，源板位号为5，源光口号为1，源AU号为1，源低阶通道号为1~2，宿板位号为6，宿低阶通道号1~2为支路业务，业务级别为VC12。

：cfg-add-xc：0，6，1&&2，0，0，5，2，1，1&&2，vc12；　//配置支路到光路业务的映射，表示交叉连接ID为0，源板位号为6，源低阶通道号1~2为支路业务，宿板位号为5，宿光口号为2，宿AU号为1，宿低阶通道号为1~2，业务级别为VC12。

：cfg-verify；

：cfg-get-nestate；

：logout；

7.4.2　SDH点对点以太网业务

用SDH光传输网络来传输IP信号是近年来通信网络MSTP传输技术发展在实际中的最

新具体应用，是 IP Over SDH 技术的具体表现。

本例中采用的设备是两台 OptiX Metro 1000(命名为 SDH1 和 SDH2)组成点对点拓扑，使用单模光纤短跳线连接 SDH1 的 5-OI2D-2 和 SDH2 的 5-OI2D-1。点对点网络拓扑如图 7-21 所示。

网络上承载数据业务，带宽为 10Mbit/s，即将 SDH1 上 3-EFT-1 网口与 SDH2 上 3-EFT-1 网口连通；网口接上计算机后，计算机之间可以互相通信(PING 通)，带宽是 10Mbit/s。

配置以太网业务实现需在网元内部建立一系列逻辑关系的绑定。绑定关系如下：

1）3-EFT-1 内部端口需要与 3-EFT-1 的出口时隙进行绑定。

2）3-EFT-1 外部端口需要与 3-EFT-1 的内部端口进行绑定。

外部端口是 ET1 的网口，实际传输的内容需要与内部端口进行绑定。内部端口是 ET1 的一种虚端口用来绑定确定外部端口的带宽和标签。出口时隙是 ET1 可以提供给内部端口并且实际在光路上进行传递的 VC12 通道，3-EFT 单板共有 48 个 VC12 通道。数据业务的 10Mbit/s 带宽相当于 5 个 VC12。

本例采用两种实现方法：一是 T2000 网管实现；二是命令行配置方式。

1. T2000 网管实现

进行业务配置之前已完成了网元的基本操作，即完成了网络组网、网元的创建、硬件数据配置、纤缆的创建。以太网业务配置实现如下：

（1）SDH 业务配置　在 SDH1 配置数据将与 SDH1 对接的光口 5-OI2D-2 的 1 ~ 5 时隙映射到 3-EFT-1 的 1 ~ 5 时隙(VC4-2)，双向映射。在 SDH2 配置数据将与 SDH2 对接的光口 5-OI2D-1 的 1 ~ 5 时隙连通到 3-EFT-1 的 1 ~ 5 时隙(VC4-2)，双向映射。

T2000 网管实现 SDH 业务配置操作如图 7-24 所示。

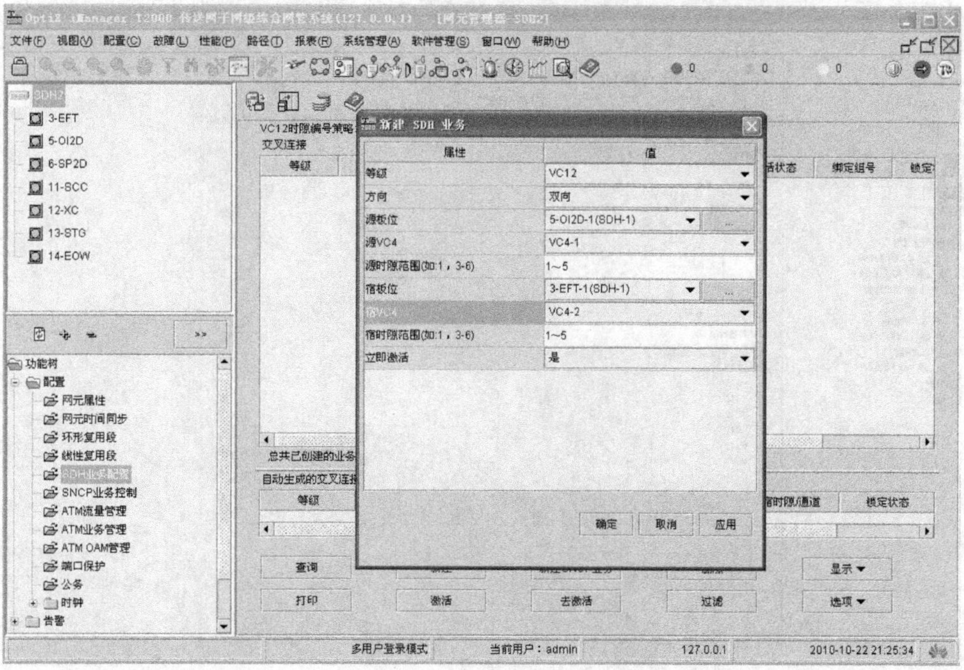

图 7-24　T2000 网管实现 SDH 业务配置操作

（2）以太网接口映射配置　在 SDH1、SDH2 上将 5-EFT0 的 PORT1 关联到 VCTRUNK1，

并将 VCTRUNK1 与 5-EFT0 的 1 ~ 5 时隙(VC12)进行绑定并使能。T2000 网管实现 PORT1 端口选定的操作如图 7-25 所示，T2000 网管实现 VCTRUNK1 绑定时隙的操作如图 7-26 所示。

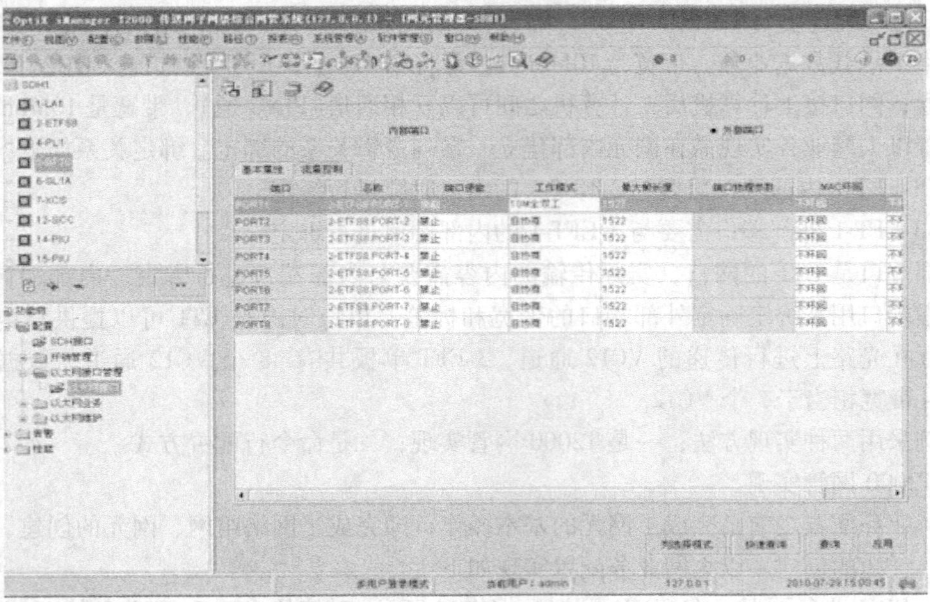

图 7-25　T2000 网管实现 PORT1 端口选定的操作

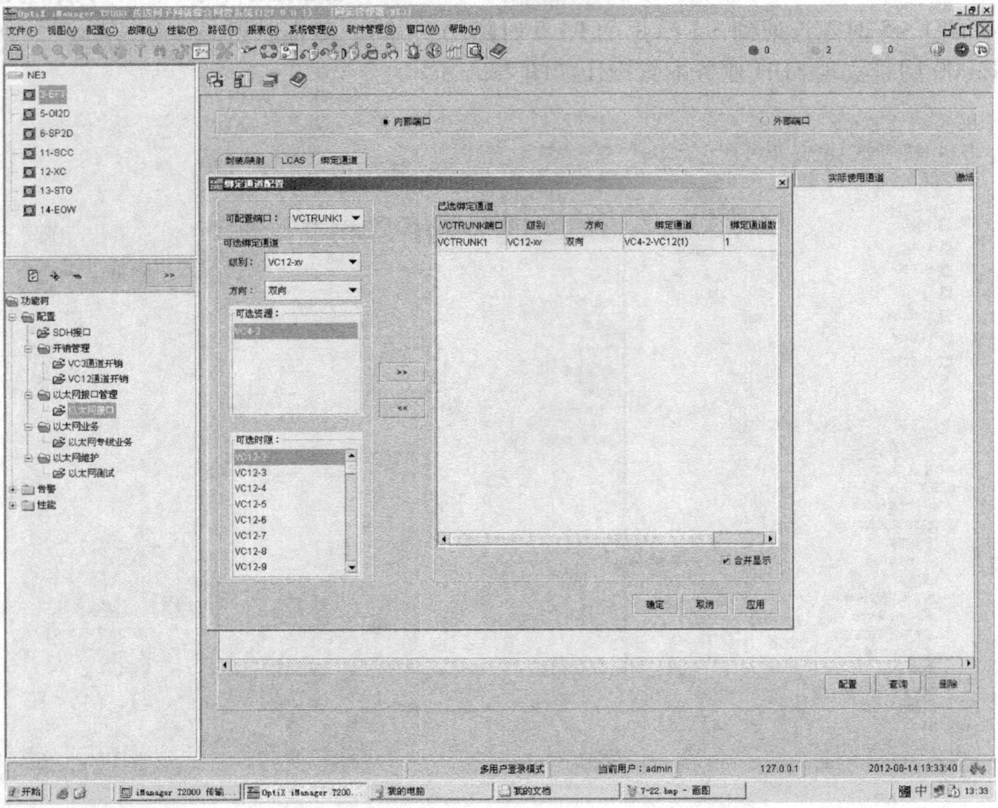

图 7-26　T2000 网管实现 VCTRUNK1 绑定时隙的操作

2. 命令行实现

（1）SDH1 配置　配置脚本如下：

#1：login："szhw"，"nesoft"；

：cfg-init-all；

：cfg-set-devicetype：OptiXM1000V300，subrackI；

：cfg-set-nename：64，"SDH2"；

：cfg-add-board：3，eft：5，oi2d：6，sp2d：11，scc：12，xc：13，stg：14，eow；

：cfg-set-telnum：14，1，102；

：cfg-set-meetnum：14，999；

：cfg-set-lineused：14，5，1，used；

：cfg-set-lineused：14，5，2，used；

：cfg-set-meetlineused：14，5，1，used；

：cfg-set-meetlineused：14，5，2，used；

：cfg-set-synclass：13，2，0x0501，0xf101；

：cfg-add-xc：0，3，1，2，1&&5，5，2，1，1&&5，vc12；//配置支路到光路业务的映射，表示交叉连接 ID 为0，源板位号为3，源端口号为1，源 AU 号为2，源低阶通道号1～5为支路业务，宿板位号为5，宿光口号为2，宿 AU 号为1，宿低阶通道号为1～5，业务级别为 VC12。

：cfg-add-xc：0，5，2，1，1&&5，3，1，2，1&&5，vc12；//配置光路到支路业务的映射，表示交叉连接 ID 为0，源板位号为5，源光口号为2，源 AU 号为1，源低阶通道号为1～5，宿板位号为3，宿端口号为1，宿 AU 号为2，宿低阶通道号1～5 为支路业务，业务级别为 VC12。

：ethn-cfg-set-portenable：3，ip1，enable；//设置端口的使能状态，表示 3 板位的 ET1 端口1 使能。

：ethn-cfg-add-vctrunkpath：3，vctrunk1，bi，vc12，5，1&&5；//设置 VC 通道捆绑定义，表示 3 板位的第 1 个 VC 通道，双向，级别为 VC12，5 个 VC12 通道。

：cfg-verify；

：cfg-get-nestate；

：logout；

（2）SDH2 配置　配置脚本如下：

#2：login："szhw"，"nesoft"；

：cfg-init-all；

：cfg-set-devicetype：OptiXM1000V300，subrackI；

：cfg-set-nename：64，"SDH2"；

：cfg-add-board：3，eft：5，oi2d：6，sp2d：11，scc：12，xc：13，stg：14，eow；

：cfg-set-telnum：14，1，102；

：cfg-set-meetnum：14，999；

：cfg-set-lineused：14，5，1，used；

：cfg-set-lineused：14，5，2，used；

：cfg-set-meetlineused：14，5，1，used；

：cfg-set-meetlineused：14，5，2，used；

：cfg-set-synclass：13，2，0x0501，0xf101；

：cfg-add-xc：0，3，1，2，1&&5，5，1，1，1&&5，vc12；//配置支路到光路业务的映射，表示交叉连接 ID 为 0，源板位号为 3，源端口号为 1，源 AU 号为 2，源低阶通道号 1~5 为支路业务，宿板位号为 5，宿光口号为 1，宿 AU 号为 1，宿低阶通道号为 1~5，业务级别为 VC12。

：cfg-add-xc：0，5，1，1，1&&5，3，1，2，1&&5，vc12；//配置光路到支路业务的映射，表示交叉连接 ID 为 0，源板位号为 5，源光口号为 1，源 AU 号为 1，源低阶通道号为 1~5，宿板位号为 3，宿端口号为 1，宿 AU 号为 2，宿低阶通道号 1~5 为支路业务，业务级别为 VC12。

：ethn-cfg-set-portenable：3，ip1，enable；//设置端口的使能状态，表示 3 板位的 ET1 端口 1 使能。

：ethn-cfg-add-vctrunkpath：3，vctrunk1，bi，vc12，5，1&&5；//设置 VC 通道捆绑定义，表示 3 板位的第 1 个 VC 通道，双向，级别为 VC12，5 个 VC12 通道。

：cfg-verify；

：cfg-get-nestate；

：logout；

7.4.3　SDH 链形业务

本例中采用的实验设备为 3 台 OptiX Metro 1000（命名为 SDH1、SDH2、SDH3）组成链形拓扑，使用光纤短跳线 2 对实现网元间的连接，组成链形的拓扑。链形网络拓扑如图 7-27 所示。

配置业务包括：

（1）E1 业务　实现 SDH1 的第 1~2 个 VC12 和 SDH3 的第 1~2 个 VC12 互通，在 SDH2 网元进行业务穿通。

（2）以太网业务　配置业务为实现 SDH1 的 3-EFT-1 网口和 SDH3 的 3-EFT-1 网口，在 SDH2 网元进行业务穿通。网口接上计算机后，计算机之间可以互相通信（PING 通），带宽是 10Mbit/s。

1. T2000 网管软件实现

（1）SDH 业务配置

1）在 SDH1 配置数据将与 SDH2 对接的光口 5-OI2D-2 的 1~2 时隙连通到 6-SP2D 的 1~2 时隙（VC4-1），双向映射。在 SDH1 配置数据将与 SDH2 对接的光口 5-OI2D-2 的 3~7 时隙映射到 3-EFT 的 1~5 时隙（VC4-2），双向映射。

2）在 SDH2 配置数据将与 SDH1 对接的光口 5-OI2D-1 的 1~7 时隙穿通到与 SDH3 对接的光口 5-OI2D-2 的 1~7 时隙。T2000 网管实现光口业务穿通操作如图 7-28 所示。

3）在 SDH3 配置数据将与 SDH2 对接的光口 5-OI2D-1 的 1~2 时隙连通到 6-SP2D 的 1~2 时隙（VC4-1），双向映射。在 SDH3 配置数据将与 SDH2 对接的光口 5-OI2D-1 的 3~7 时隙连通到 3-EFT 的 1~5 时隙（VC4-2），双向映射。

（2）以太网接口映射配置　在 SDH1、SDH3 上将 3-EFT 的 PORT1 关联到 VCTRUNK1，

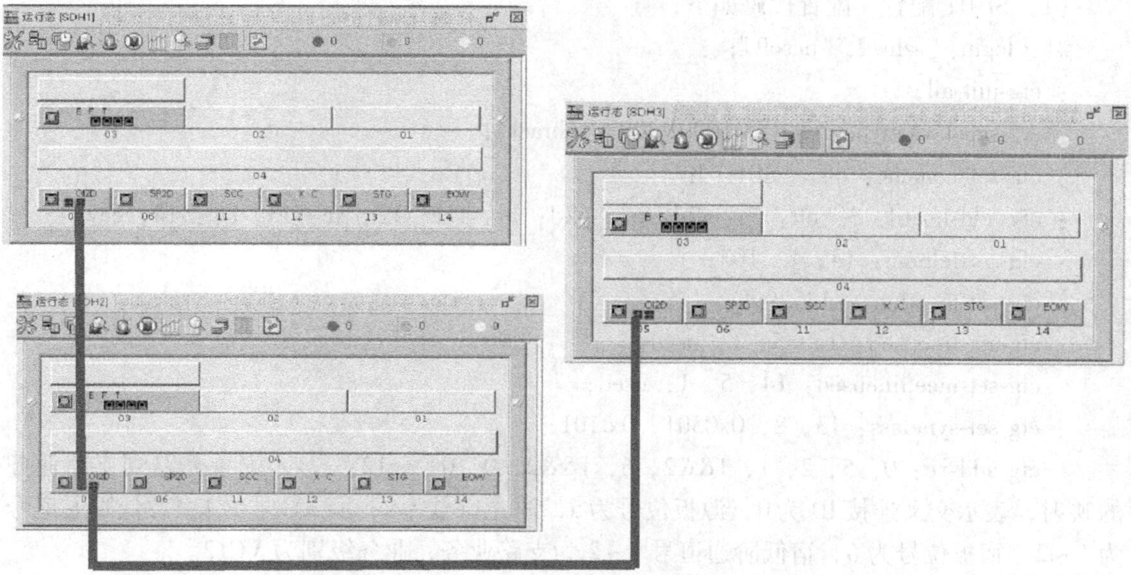

图 7-27　链形网络拓扑

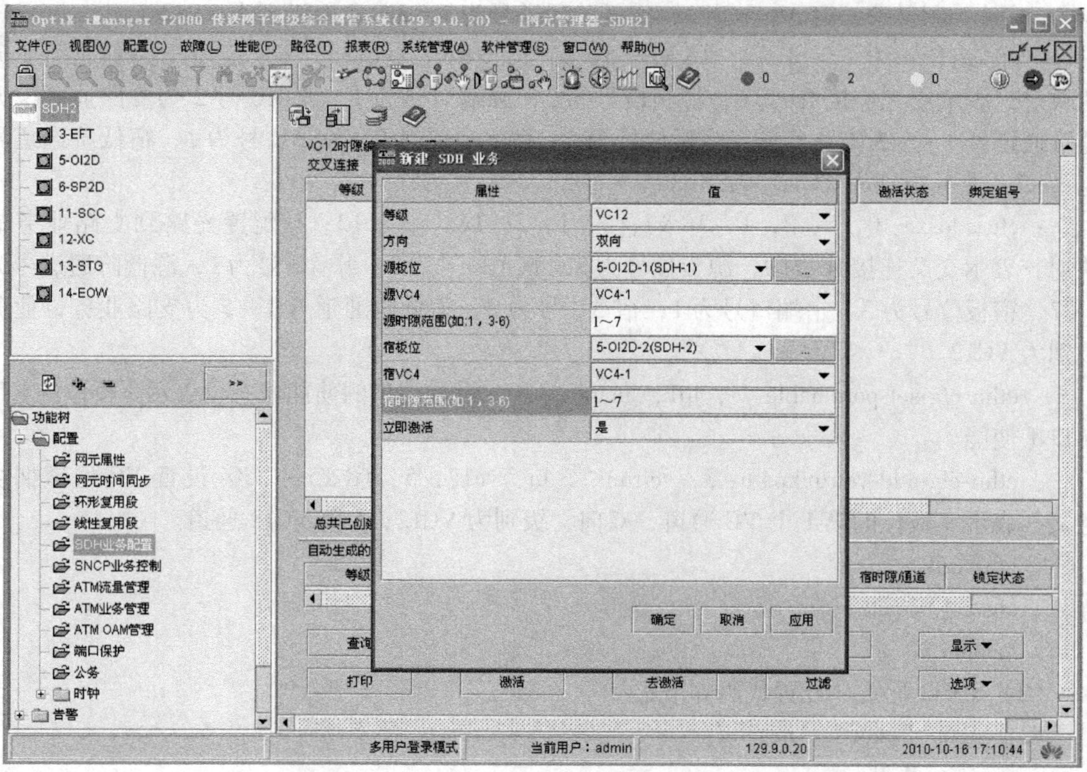

图 7-28　T2000 网管实现光口业务穿通操作

并将 VCTRUNK1 与 3-EFT 的 1～5 时隙(VC12)进行绑定并使能。

2. 命令行实现

以下给出实现代码，并给出关键代码的解释，其余代码的含义可以参见以前的例子。

（1）SDH1 配置　配置代码如下：

#1：login："szhw"，"nesoft"；

：cfg-init-all；

：cfg-set-devicetype：OptiXM1000V300，subrackI；

：cfg-set-nename：64，"SDH1"；

：cfg-add-board：3，eft：5，oi2d：6，sp2d：11，scc：12，xc：13，stg：14，eow；

：cfg-set-telnum：14，1，103；

：cfg-set-meetnum：14，999；

：cfg-set-lineused：14，5，1，used；

：cfg-set-meetlineused：14，5，1，used；

：cfg-set-synclass：13，2，0x0501，0xf101；

：cfg-add-xc：0，5，2，1，1&&2，6，1&&2，0，0，vc12；　// 配置光路到支路业务的映射，表示交叉连接 ID 为 0，源板位号为 5，源光口号为 2，源 AU 号为 1，源低阶通道号为 1 ~ 2，宿板位号为 6，宿低阶通道号 1 ~ 2 为支路业务，业务级别为 VC12。

：cfg-add-xc：0，6，1&&2，0，0，5，2，1，1&&2，vc12；　// 配置支路到光路业务的映射，表示交叉连接 ID 为 0，源板位号为 6，源低阶通道号 1 ~ 2 为支路业务，宿板位号为 5，宿光口号为 2，宿 AU 号为 1，宿低阶通道号为 1 ~ 2，业务级别为 VC12。

：cfg-add-xc：0，3，1，2，1&&5，5，2，1，3&&7，vc12；　// 配置支路到光路业务的映射，表示交叉连接 ID 为 0，源板位号为 3，源端口号为 1，源 AU 号 2 为支路业务，源低阶通道号 1 ~ 5 为支路业务，宿板位号为 5，宿光口号为 2，宿 AU 号为 1，宿低阶通道号为 3 ~ 7，业务级别为 VC12。

：cfg-add-xc：0，5，2，1，3&&7，3，1，2，1&&5，vc12；//配置光路到支路业务的映射，表示交叉连接 ID 为 0，源板位号为 5，源光口号为 2，源 AU 号为 1，源低阶通道号为 3 ~ 7，宿板位号为 3，宿端口号为 1，宿 AU 号为 2，宿低阶通道号 1 ~ 5 为支路业务，业务级别为 VC12。

：ethn-cfg-set-portenable：3，ip1，enable；　//设置端口的使能状态，表示 3 板位的 ET1 端口 1 使能。

：ethn-cfg-add-vctrunkpath：3，vctrunk1，bi，vc12，5，1&&5；　// 设置 VC 通道捆绑定义，表示 3 板位的第 1 个 VC 通道，双向，级别为 VC12，5 个 VC12 通道。

：cfg-verify；

：cfg-get-nestate；

：logout；

（2）SDH2 配置　配置代码如下：

#2：login："szhw"，"nesoft"；

：cfg-init-all；

：cfg-set-devicetype：OptiXM1000V300，subrackI；

：cfg-set-nename：64，"SDH2"；

：cfg-add-board：3，eft：5，oi2d：6，sp2d：11，scc：12，xc：13，stg：14，eow；

：cfg-set-telnum：14，1，102；

：cfg-set-meetnum：14，999；

：cfg-set-lineused：14，5，1，used；

：cfg-set-lineused：14，5，2，used；

：cfg-set-meetlineused：14，5，1，used；

：cfg-set-meetlineused：14，5，2，used；

：cfg-set-synclass：13，2，0x0501，0xf101；

：cfg-add-xc：0，5，1，1，1&&7，5，2，1，1&&7，vc12；// 配置光路到光路的业务映射，表示交叉连接ID为0，源板位号为5，源光口号为1，源AU号为1，源低阶通道号为1~7，宿板位号为5，宿端口号为2，宿AU为号1，宿低阶通道号为1~7，业务级别为VC12。

：cfg-add-xc：0，5，2，1，1&&7，5，1，1，1&&7，vc12；// 配置光路到光路的业务映射，表示交叉连接ID为0，源板位号为5，源光口号为2，源AU号为1，源低阶通道号为1~7，宿板位号为5，宿端口号为1，宿AU为号1，宿低阶通道号为1~7，业务级别为VC12。

：cfg-verify；

：cfg-get-nestate；

：logout；

（3）SDH3配置　配置代码如下：

#3：login："szhw"，"nesoft"；

：cfg-init-all；

：cfg-set-devicetype：OptiXM1000V300，subrackI；

：cfg-set-nename：64，"SDH3"；

：cfg-add-board：3，eft：5，oi2d：6，sp2d：11，scc：12，xc：13，stg：14，eow；

：cfg-set-telnum：14，1，103；

：cfg-set-meetnum：14，999；

：cfg-set-lineused：14，5，1，used；

：cfg-set-meetlineused：14，5，1，used；

：cfg-set-synclass：13，2，0x0501，0xf101；线

：cfg-add-xc：0，5，1，1，1&&2，6，1&&2，0，0，vc12；// 配置光路到支路业务的映射，表示交叉连接ID为0，源板位号为5，源光口号为1，源AU号为1，源低阶通道号为1~2，宿板位号为6，宿低阶通道号1~2为支路业务，业务级别为VC12。

：cfg-add-xc：0，6，1&&2，0，0，5，1，1，1&&2，vc12；// 配置支路到光路业务的映射，表示交叉连接ID为0，源板位号为6，源低阶通道号1~2为支路业务，宿板位号为5，宿光口号为1，宿AU号为1，宿低阶通道号为1~2，业务级别为VC12。

：cfg-add-xc：0，3，1，2，1&&5，5，1，1，3&&7，vc12；　// 配置支路到光路业务的映射，表示交叉连接ID为0，源板位号为3，源端口号为1，源AU号为2，源低阶通道号1~5为支路业务，宿板位号为5，宿光口号为1，宿AU号为1，宿低阶通道号为3~7，业务级别为VC12。

：cfg-add-xc：0，5，1，1，3&&7，3，1，2，1&&5，vc12；//配置光路到支路业务的

映射，表示交叉连接 ID 为0，源板位号为5，源光口号为1，源 AU 号为1，源低阶通道号为3～7，宿板位号为3，宿端口号为1，宿 AU 号为2，宿低阶通道号1～5为支路业务，业务级别为 VC12。

：ethn-cfg-set-portenable：3，ip1，enable；　//设置端口的使能状态，表示3板位的 ET1 端口1使能。

：ethn-cfg-add-vctrunkpath：3，vctrunk1，bi，vc12，5，1&&5；　//设置 VC 通道捆绑定义，表示3板位的第1个 VC 通道，双向，级别为 VC12，5个 VC12 通道。

：cfg-verify；

：cfg-get-nestate；

：logout；

7.4.4 SDH 光传输环形业务

本例中采用的实验设备为3台 OptiX Metro 1000（命名为 SDH1、SDH2、SDH3）组成二纤单向通道保护环结构，使用3对1m短跳纤完成网元间的连接。环形网络拓扑如图7-29所示。

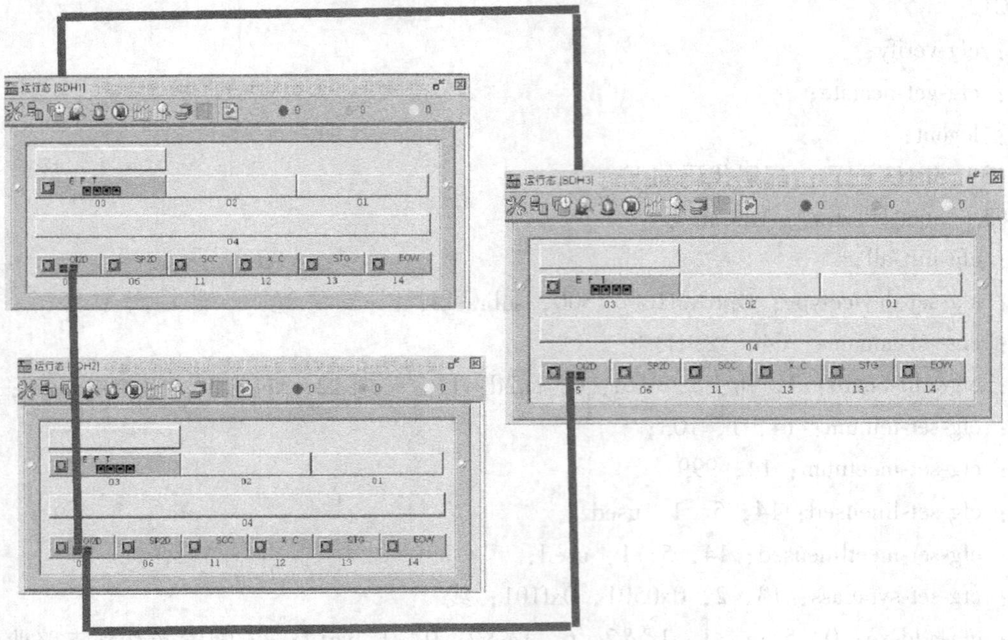

图7-29　环形网络拓扑

在二纤单向通道保护环的网络结构下，当环上任意两网元间的1对纤缆断开时仍可正常通信。配置业务如下：

（1）E1业务　实现 SDH1 的第1～2个 VC12 和 SDH3 的第1～2个 VC12 互通，在 SDH2 网元进行业务穿通。

（2）以太网业务　配置业务为实现 SDH1 的3-EFT-1网口和 SDH3 的3-EFT-1网口，在 SDH2 网元进行业务穿通。网口接上计算机后，计算机之间可以互相通信（PING 通），带宽是10Mbit/s。

1. T2000网管配置

（1）SDH 业务配置　操作过程如下：

1）在网元 SDH1 创建两项 SNCP 业务。第 1 项 SNCP 业务中，其工作业务为将与 SDH2 对接的光口 5-OI2D-1 的 1 ~2 时隙(VC4-1)连通到 6-SP2D 的 1 ~2 时隙，对应的保护业务为与 SDH3 对接的光口 5-OI2D-2 的 1 ~2 时隙。第 2 项 SNCP 业务中，其工作业务为将与 SDH2 对接的光口 5-OI2D-1 的 1 ~5 时隙(VC4-1)连通到 3-EFT 的 1 ~5 时隙(VC4-2)，其保护业务为与 SDH3 对接的光口 5-OI2D-2 的 1 ~5 时隙。T2000 网管实现二纤单向通道保护环操作如图 7-30 所示。

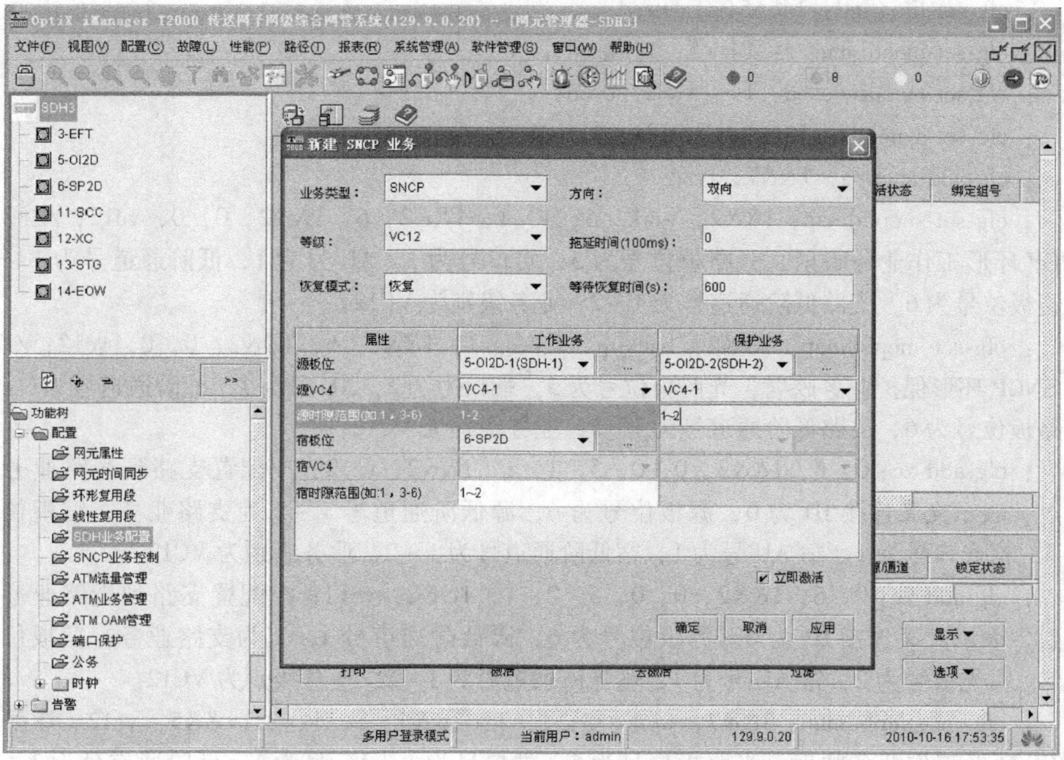

图 7-30　T2000 网管实现二纤单向通道保护环操作

2）在网元 SDH2 配置数据将与 SDH1 对接的光口 5-OI2D-1 的 1 ~7(VC4-1)连通到与 SDH3 对接的光口 5-OI2D-2 的 1 ~7 时隙(VC4-1)，双向映射。

3）在网元 SDH3 创建 SNCP 业务。第 1 项 SNCP 业务中，其工作业务为将与 SDH2 对接的光口 5-OI2D-1 的 1 ~2 时隙(VC4-1)连通到 6-SP2D 的 1 ~2 时隙，对应的保护业务为与 SDH1 对接的光口 5-OI2D-2 的 1 ~2 时隙。第 2 项 SNCP 业务中，其工作业务为将与 SDH2 对接的光口 5-OI2D-1 的 1 ~5 时隙(VC4-1)连通到 3-EFT 的 1 ~5 时隙(VC4-2)，其保护业务为与 SDH1 对接的光口 5-OI2D-2 的 1 ~5 时隙。

(2) 以太网接口映射配置　在 SDH1、SDH3 上将 3-EFT 的 PORT1 关联到 VCTRUNK1，并将 VCTRUNK1 与 3-EFT 的 1 ~5 时隙(VC12)进行绑定并使能。

2. 命令行配置

(1) SDH1 配置　配置脚本如下：

#1：login："szhw"，"nesoft"；

：cfg-init-all；

: cfg-set-devicetype: OptiXM1000V300, subrackI;

: cfg-set-nename: 64, "SDH3";

: cfg-add-board: 3, eft: 5, oi2d: 6, sp2d: 11, scc: 12, xc: 13, stg: 14, eow;

: cfg-set-telnum: 14, 1, 103;

: cfg-set-meetnum: 14, 999;

: cfg-set-lineused: 14, 5, 1, used;

: cfg-set-lineused: 14, 5, 2, used;

: cfg-set-meetlineused: 14, 5, 1, used;

: cfg-set-meetlineused: 14, 5, 2, used;

: cfg-set-synclass: 13, 2, 0x0501, 0xf101;

: cfg-add-sncppg: 1&&7, rvt;

: cfg-set-sncpbdmap: 1&&2, work, 5, 1, 1, 1&&2, 6, 1&&2, 0, 0, vc12; //配置SNCP环形工作业务映射，光路板位号为5，端口号为1，AU号为1，低阶通道号为1~2，支路板位号为6，支路低阶通道号为1~2，业务级别为VC12。

: cfg-set-sncpbdmap: 1&&2, backup, 5, 2, 1, 1&&2, 6, 1&&2, 0, 0, vc12; //配置SNCP环形保护业务映射，光路板位号为5，端口号为2，AU号为1，低阶通道号为1~2，支路板位号为6，支路低阶通道号为1~2，业务级别为VC12。

: cfg-add-xc: 0, 6, 1&&2, 0, 0, 5, 1, 1, 1&&2, vc12; //配置支路到光路业务的映射，表示交叉连接ID为0，源板位号为6，源低阶通道号1~2为支路业务，宿板位号为5，宿光口号为1，宿AU号为1，宿低阶通道号为1~2，业务级别为VC12。

: cfg-add-xc: 0, 6, 1&&2, 0, 0, 5, 2, 1, 1&&2, vc12; //配置支路到光路业务的映射，表示交叉连接ID为0，源板位号为6，源低阶通道号1~2为支路业务，宿板位号为5，宿光口号为2，宿AU号为1，宿低阶通道号为1~2，业务级别为VC12。

: cfg-set-sncpbdmap: 3&&7, work, 5, 1, 1, 3&&7, 3, 1, 2, 1&&5, vc12; //配置SNCP环形工作业务映射，光路板位号为5，端口号为1，AU号为1，低阶通道号为3~7，支路板位号为3，端口号为1，AU号为2，支路低阶通道号为1~5，业务级别为VC12。

: cfg-set-sncpbdmap: 3&&7, backup, 5, 2, 1, 3&&7, 3, 1, 2, 1&&5, vc12; //配置SNCP环形保护业务映射，光路板位号为5，端口号为2，AU号为1，低阶通道号为3~7，支路板位号为3，端口号为1，AU号为2，支路低阶通道号为1~5，业务级别为VC12。

: cfg-add-xc: 0, 3, 1, 2, 1&&5, 5, 1, 1, 3&&7, vc12; //配置支路到光路业务的映射，表示交叉连接ID为0，源板位号为3，源端口号为1，源AU号为2，源低阶通道号1~5为支路业务，宿板位号为5，宿光口号为1，宿AU号为1，宿低阶通道号为3~7，业务级别为VC12。

: cfg-add-xc: 0, 3, 1, 2, 1&&5, 5, 2, 1, 3&&7, vc12; //配置支路到光路业务的映射，表示交叉连接ID为0，源板位号为3，源端口号为1，源AU号为2，源低阶通道号1~5为支路业务，宿板位号为5，宿光口号为2，宿AU号为1，宿低阶通道号为3~7，业务级别为VC12。

: ethn-cfg-set-portenable: 3, ip1, enable;

: ethn-cfg-add-vctrunkpath: 3, vctrunk1, bi, vc12, 5, 1&&5;

：cfg-verify；

：cfg-get-nestate；

：logout；

（2）SDH2 配置　配置脚本如下：

#2：login："szhw"，"nesoft"；

：cfg-init-all；

：cfg-set-devicetype：OptiXM1000V300，subrackI；

：cfg-set-nename：64，"SDH2"；

：cfg-add-board：3，eft：5，oi2d：6，sp2d：11，scc：12，xc：13，stg：14，eow；

：cfg-set-telnum：14，1，102；

：cfg-set-meetnum：14，999；

：cfg-set-lineused：14，5，1，used；

：cfg-set-lineused：14，5，2，used；

：cfg-set-meetlineused：14，5，1，used；

：cfg-set-meetlineused：14，5，2，used；

：cfg-set-synclass：13，2，0x0501，0xf101；

：cfg-add-xc：0，5，1，1，1&&7，5，2，1，1&&7，vc12；//配置光路到光路的业务映射，表示交叉连接 ID 为0，源板位号为5，源光口号为1，源 AU 号1，源低阶通道号为1~7，宿板位号为5，宿端口号为2，宿 AU 号为1，宿低阶通道号1~7 为支路业务；业务级别为 VC12。

：cfg-add-xc：0，5，2，1，1&&7，5，1，1，1&&7，vc12；//配置光路到光路的业务映射，表示交叉连接 ID 为0，源板位号为5，源光口号为2，源 AU 号1，源低阶通道号为1~7，宿板位号为5，宿端口号为1，宿 AU 号为1，宿低阶通道号1~7 为支路业务，业务级别为 VC12。

：cfg-verify；

：cfg-get-nestate；

：logout；

（3）SDH3 配置　配置脚本如下：

#3：login："szhw"，"nesoft"；

：cfg-init-all；

：cfg-set-devicetype：OptiXM1000V300，subrackI；

：cfg-set-nename：64，"SDH3"；

：cfg-add-board：3，eft：5，oi2d：6，sp2d：11，scc：12，xc：13，stg：14，eow；

：cfg-set-telnum：14，1，103；

：cfg-set-meetnum：14，999；

：cfg-set-lineused：14，5，1，used；

：cfg-set-lineused：14，5，2，used；

：cfg-set-meetlineused：14，5，1，used；

：cfg-set-meetlineused：14，5，2，used；

：cfg-set-synclass：13，2，0x0501，0xf101；

：cfg-add-sncppg：1&&2，rvt；

：cfg-set-sncpbdmap：1&&2，work，5，1，1，1&&2，6，1&&2，0，0，vc12；//配置SNCP环形工作业务映射，光路板位号为5，端口号为1，AU号为1，低阶通道号为1~2，支路板位号为6，支路低阶通道号为1~2，业务级别为VC12。

：cfg-set-sncpbdmap：1&&2，backup，5，2，1，1&&2，6，1&&2，0，0，vc12；//配置SNCP环形保护业务映射，光路板位号为5，端口号为2，AU号为1，低阶通道号为1~2，支路板位号为6，支路低阶通道号为1~2，业务级别为VC12。

：cfg-add-xc：0，6，1&&2，0，0，5，1，1，1&&2，vc12；//配置支路到光路业务的映射，表示交叉连接ID为0，源板位号为6，源低阶通道号1~2为支路业务，宿板位号为5，宿光口号为1，宿AU号为1，宿低阶通道号为1~2，业务级别为VC12。

：cfg-add-xc：0，6，1&&2，0，0，5，2，1，1&&2，vc12；//配置支路到光路业务的映射，表示交叉连接ID为0，源板位号为6，源低阶通道号1~2为支路业务，宿板位号为5，宿光口号为2，宿AU号为1，宿低阶通道号为1~2，业务级别为VC12。

：cfg-set-sncpbdmap：3&&7，work，5，1，1，3&&7，3，1，2，1&&5，vc12；//配置SNCP环形工作业务映射，光路板位号为5，端口号为1，AU号为1，低阶通道号为3~7；支路板位号为3，端口号为1，AU号为2，支路低阶通道号为1~5，业务级别为VC12。

：cfg-set-sncpbdmap：3&&7，backup，5，2，1，3&&7，3，1，2，1&&5，vc12；//配置SNCP环形保护业务映射，光路板位号为5，端口号为2，AU号为1，低阶通道号为3~7，支路板位号为3，端口号为1，AU号为2，支路低阶通道号为1~5，业务级别为VC12。

：cfg-add-xc：0，3，1，2，1&&5，5，1，1，3&&7，vc12；//配置支路到光路业务的映射，表示交叉连接ID为0，源板位号为3，源端口号为1，源AU号为2，源低阶通道号1~5为支路业务，宿板位号为5，宿光口号为1，宿AU号为1，宿低阶通道号为3~7，业务级别为VC12。

：cfg-add-xc：0，3，1，2，1&&5，5，2，1，3&&7，vc12；//配置支路到光路业务的映射，表示交叉连接ID为0，源板位号为3，源端口号为1，源AU号为2，源低阶通道号1~5为支路业务，宿板位号为5，宿光口号为2，宿AU号为1，宿低阶通道号为3~7，业务级别为VC12。

：ethn-cfg-set-portenable：3，ip1，enable；

：ethn-cfg-add-vctrunkpath：3，vctrunk1，bi，vc12，5，1&&5；

：cfg-verify；

：cfg-get-nestate；

：logout；

课后练习题

1. 填空题

（1）SDH光传输设备可以组成________________________等多种网拓扑。

（2）华为Metro 1000光传输设备主要支持的业务类型有________________________。

（3）华为OptiX系列光传输设备的主要配置命令分为________________________等几类。

2. 选择题

（1）运行于 Windows 平台的华为光传输设备命令行配置软件为(　　)。

A. T2000　　B. NAVIGATOR　　C. CMD　　D. sbsterm

（2）光传输配置命令一般由三个部分组成，以下不属于光传输配置命令组成部分的是(　　)。

A. 模块名　　B. 操作者　　C. 操作　　D. 操作对象

3. 简答题

（1）简述使用 T2000 网管软件创建网元的主要步骤。

（2）SDH1、SDH2、SDH3 均为 Metro 1000，使用光纤连接组成链形拓扑，如图 7-31 所示，链路带宽均为 STM-1，在 SDH1 和 SDH3 之间实现 10Mbit/s 以太网业务传输，其中 SDH1 与 SDH2 之间使用 10 ~ 14 时隙，SDH2 和 SDH3 之间使用 20 ~ 24 时隙。要求写出三个网元命令行脚本中交叉连接的内容。

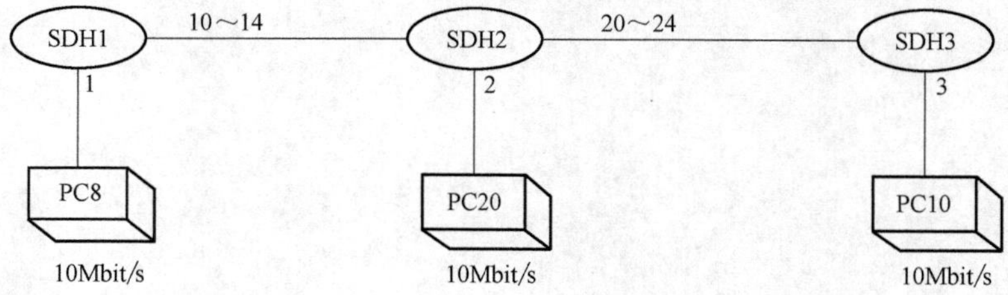

图 7-31　链形拓扑

（3）SDH1、SDH2、SDH3 均为 Metro 1000，使用光纤连接组成环形拓扑，如图 7-32 所示，链路带宽均为 STM-1，在 SDH1 和 SDH3 之间实现 2Mbit/s PDH 业务传输，其中 SDH1 与 SDH2 之间使用 1 ~ 2 时隙，SDH2 和 SDH3 之间使用 31 ~ 32 时隙。要求写出三个网元命令行脚本中交叉连接的内容。

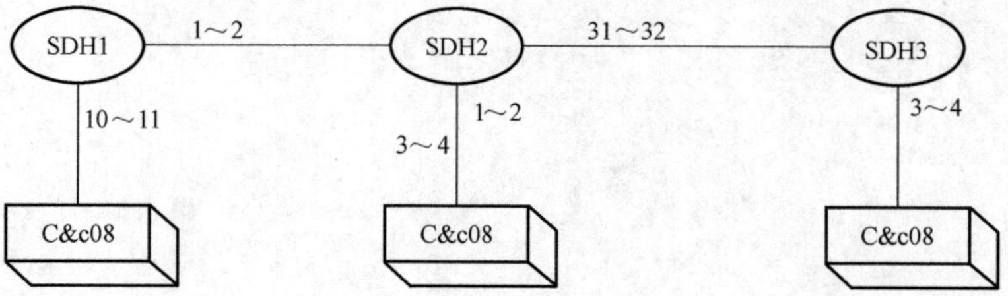

图 7-32　环形拓扑

学习领域4

光传输系统维护

第 8 章　光传输系统例行维护

本章介绍光传输系统例行维护，光传输系统例行维护的主要目的如下：

1）通过检查设备的当前状态，可以确认设备的运行状况，及时发现故障。

2）通过检查设备的保护机制，可以保证在出现故障时业务能够受到保护。

3）通过对设备防尘网的清洁，可以使设备处于一个良好的运行状态。

例行维护的项目和周期汇总见表 8-1。

表 8-1　例行维护的项目和周期汇总

维护责任人	维护地点	维护项目	维护周期
网络监控员	网管中心	检查网元和单板状态	每天
		查询全网告警	每天
		查询异常事件	每天
		浏览当前性能事件	每天
		浏览历史性能事件	每天
		检查光功率	每天
		验证 MSP 保护倒换	每季度
		备份网管数据	每月
现场维护工程师	设备现场	清洁防尘网	每两周
维护工程师	备件库	检查备件	每年

例行维护主要在 T2000 网管中心进行操作，操作人员必须具有“网元及其网络监视员”或以上权限。检查标准为在 T2000 上查看网元图标颜色和单板颜色应为绿色。

8.1　网管维护指引和记录

本节介绍在网管中心进行例行维护的方法，主要包括如下例行维护的项目：

（1）检查网元和单板状态　介绍如何查询网元和单板的状态，以便及时发现网元和单板的异常状态。

（2）查询全网告警　介绍如何查询全网的网元告警，以便发现异常告警。

（3）查询异常事件　在进行例行维护时需要浏览异常事件，以检查当前网络运行状态。

（4）浏览当前性能事件　通过浏览当前性能事件，判断当前设备的运行情况，及时排除隐患。

（5）浏览历史性能事件　通过浏览历史性能事件，判断设备的长期运行情况，及时排除隐患。

（6）检查光功率　光接口的平均发送光功率和接收光功率过高或者过低，会对业务造成影响，产生误码或者损坏光器件。

（7）验证 MSP 保护倒换　MSP(Multiplex Section Protection)保护可以进行练习倒换以判断倒换协议是否正常，练习倒换不会中断业务。

（8）备份网管数据　通过备份网管数据库，在网管升级或更换网管时，可以直接到备份数据库中读取数据，不用再从网元侧上载数据。

（9）维护记录表　使用本表对维护情况进行记录。

1. 检查网元和单板状态

操作步骤如下：

1）进入 T2000 网管的主视图，查看网元图标的颜色，应为绿色。如果图标为其他颜色，请参考下列说明进行处理：

① 网元图标为灰色，说明网元通信中断，请参考第 9 章故障处理。

② 网元图标为蓝色，说明网元处于未知状态。

③ 网元图标为红色，说明网元发生了紧急告警。

④ 网元图标为橙色，说明网元发生了主要告警。

⑤ 网元图标为黄色，说明网元发生了次要告警。

⑥ 网元图标为紫色，说明网元发生了提示告警。

2）双击网元图标，在网元板位图左上角的网元状态应为“运行态”。

3）单击网元板位图中图例的图标打开“图例”，将显示单板各种状态的说明。

4）对照图例，查看单板的工作状态。单板图标应为绿色。如果单板处于其他状态，请参考下列说明处理：

① 浅绿色：物理单板在位而网管上没有添加该单板。单击该板位，在右键菜单中选择“添加单板”。

② 蓝色：单板处于运行态且不在位，应检查单板，确保单板已经安装或单板与母板的接触良好。

③ 灰色：单板处于安装态，重新配置单板数据。

④ 单板右下角显示三角形图标：单板处于备用状态，如果是原主用板处于备用状态，则需要处理主用板故障。

⑤ 单板左下角显示半圆形图标：单板设置了环回，需要解除单板的环回设置。

2. 查询全网告警

检查标准为在 T2000 上查询全网告警，应无新增告警。

操作步骤如下：

1）单击 T2000 界面右上方当前紧急告警指示灯（红色），弹出“全网紧急告警”窗口，浏览告警。网管软件中指示灯右边数字显示当前全网紧急告警数量。建议告警监测中一直打开该窗口。

2）选中所有的告警，单击“确认”，确认已经结束的告警。

3）在告警列表中，查看有无新增的告警。如果有，则选中新增告警，查看告警原因，参考故障处理的过程处理告警。告警级别在 T2000 上可以设置，此处告警的级别均为默认情况。

4）单击 T2000 界面右上方当前主要告警指示灯（橙色），弹出“全网主要告警”窗口，浏览告警。重复步骤 2）和 3），检查并处理新增主要告警。

5）单击 T2000 界面右上方当前次要告警指示灯（黄色），弹出“全网次要告警”窗口，浏览告警。重复步骤 2）和 3），检查并处理新增次要告警。

3. 查询异常事件

操作步骤如下：

1）在 T2000 的主菜单中选择“故障- > 异常事件浏览”。

2）在左窗格中选择一个或多个网元，单击“ ≫ ”。

3）单击“过滤”，弹出对话框。

4）选择“产生时间”复选框，单击，选择起始时间，并可选择需要查看的事件名称，单击“确定”。

5）单击“另存为文件”，可以将结果存在客户端指定的路径中。

4. 浏览当前性能事件

通过浏览当前性能事件，可以判断当前设备的运行情况，及时排除隐患，主要项目包括：

（1）浏览 SDH 当前性能事件　通过浏览 SDH 当前性能事件，判断当前设备的运行情况是否正常，及时排除隐患。查询到的性能事件包括单板的收发光功率、当前工作温度等，可在 T2000 网管系统上查询性能。误码和指针调整的检查标准见表 8-2。

表 8-2　误码和指针调整的检查标准

性能类别		检查标准
误码	再生段背景误码块（RSBBE）	0
	复用段背景误码块（MSBBE）	0
	高阶通道背景误码块（HPBBE）	0
	低阶通道背景误码块（LPBBE）	0
指针调整	AU 指针正调整计数（AUPJCHIGH）	0
	AU 指针负调整计数（AUPJCLOW）	0
	TU 指针正调整计数（TUPJCHIGH）	0
	TU 指针负调整计数（TUPJCLOW）	0

操作步骤如下：

1）在 T2000 的主菜单中选择“性能- > SDH 性能浏览”，选择“当前性能数据”选项卡。

2）在“监视周期”中选择“15min”或者“24h”。

3）表框中选择一个或多个网元，单击“ ≫ ”。

4）选择“物理量”选项卡，选择“发光功率”、“收光功率”、“制冷电流”、“偏置电流”和“工作温度”等性能事件类型。

5）单击“查询”，确认相应的功率、电流和温度处于正常范围。

6）选择“计数值”选项卡，选择误码类和指针调整类的性能事件，并选择“显示零数据”。

7）单击“查询”，检查误码和指针调整的性能值，应符合表 8-2 的要求。

8）如果不符合标准，参考故障处理标准进行处理。

（2）浏览以太网端口当前性能事件　通过浏览性能事件，判断设备的以太网单板运行情况是否正常。操作步骤如下：

1）在 T2000 的主视图的网元图标上单击右键，选择“网元管理器”。

2）选择相应的以太网板，在功能树中选择“性能- > RMON 性能”。

3）选择“统计组”选项卡。

4）选择需要查询性能事件的以太网端口，并设置“采样周期”和选择“显示方式”。

5）单击“开始”，等待一段时间后，单击“停止”，查询这一段时间的以太网端口性能事件，确认收到的广播包、收到的超短包、收到的错误超长包、对齐错误帧、FCS 错误帧等处于正常范围。

5. 浏览历史性能事件

通过浏览历史性能事件，判断设备的长期运行情况，及时排除隐患，主要项目包括：

（1）浏览 SDH 历史性能事件　通过浏览 SDH 历史性能事件，判断设备的长期运行情况是否正常，及时排除隐患。本章内容介绍如何浏览 SDH 历史性能事件。

SDH 主要的历史性能事件和判断标准见表 8-3。

表 8-3　SDH 主要的历史性能事件和判断标准

性能事件名称	15min 最高门限值	15min 最低门限值	24h 门限值
AU 指针正调整计数（AUPJCHIGH）	1500	0	30000
AU 指针负调整计数（AUPJCLOW）	1500	0	30000
再生段背景误码块（RSBBE）	1500	300	15000
复用段背景误码块（MSBBE）	1500	300	15000
高阶通道背景误码块（HPBBE）	1500	300	15000
激光器工作温度最大值（OSPITMPMAX）	0	0	0
激光器工作温度最小值（OSPITMPMIN）	0	0	0
激光器工作温度当前值（OSPITMPCUR）	0	0	0
高阶通道不可用秒（HPUAS）	20	0	50
复用段不可用秒（MSUAS）	20	0	50
再生段不可用秒（RSUAS）	20	0	50
激光器偏置电流最大值（TLBMAX）	0	0	0
激光器偏置电流最小值（TLBMIN）	0	0	0

操作步骤如下：

1）在 T2000 的主菜单中选择“性能 > SDH 性能浏览”，选择“历史性能数据”选项卡。

2）选择“监视周期”为“15min”或者“24h”。

3）在左表框中选择一个或多个单板。

4）选择时间范围。

5）选择“物理量”选项卡，选择性能事件类型。

6）选择数据源，单击“查询”。

（2）浏览以太网端口历史性能事件　通过浏览性能事件，判断设备的以太网单板长期运行情况是否正常，及时排除隐患。操作步骤如下：

1）在 T2000 的主视图的网元图标上单击右键，选择“网元管理器”。

2）选择相应的以太网板，在功能树中选择“性能 > RMON 性能”。

3）选择“历史组”选项卡。

4）选择需要查询性能事件的以太网端口、性能事件、历史表类型和显示方式，设置查询条件中的“开始项”和“结束项”。

5）单击“查询”，查询以太网端口的历史性能数据，确认收到的广播包、收到的超短包、收到的错误超长包、对齐错误帧、FCS 错误帧等处于正常范围。

6. 检查光功率

光接口的平均发送光功率和接收光功率过高或者过低，会对业务造成影响，产生误码或者损坏光器件。

操作步骤如下：

1）在 T2000 主视图中，右键单击网元，选择“网元管理器”。

2）选中需要查询光功率的光接口板，在功能树中选择“配置 > 光功率管理”。

3）单击“查询”，得到光接口板各个接口的“输入光功率”和“输出光功率”。

7. 验证 MSP 保护倒换

MSP 保护可以进行练习倒换以判断倒换协议是否正常，练习倒换不会中断业务。MSP 保护倒换的检查标准见表 8-4。

表 8-4　MSP 保护倒换的检查标准

节　点	局　向	练习环倒换前	练习环倒换	清除环倒换后
所选节点	局向 1 状态	正常[近端]	练习环倒换[近端]	正常[近端]
	局向 2 状态	正常[近端]	正常[近端]	正常[近端]
与所选节点局向 1 相连的节点	局向 1 状态	正常[近端]	正常[近端]	正常[近端]
	局向 2 状态	正常[近端]	练习环倒换[远端]	正常[近端]
其他节点	局向 1 状态	正常[近端]	穿通[远端]	正常[近端]
	局向 2 状态	正常[近端]	穿通[远端]	正常[近端]

操作步骤如下：

1）在主视图中选择“配置->保护视图”，在弹出的保护视图中选择“保护视图->SDH 保护子网维护”。

2）在“保护子网属性”窗口中选择 MSP 保护子网，单击“查询”。查询到的各节点“局向 1 状态”和“局向 2 状态”应该为“正常[近端]”，“协议控制器”应该为“协议启动”。

说明：如果“局向状态”查询结果为“未知”，“协议控制器”查询结果为“未启动”，则右键单击未启动协议的网元，在右键菜单中选择“启停协议->启动”。

3）选择一个节点，在右键菜单中选择“局向 1 维护->练习环倒换”，弹出“保护属性确认”对话框，单击“是”。

4）弹出“提示”对话框提示操作成功，单击“确定”。

此时各节点的状态应包括：

① 所选节点“局向1状态”为“练习环倒换[近端]”，“局向2状态”为“正常[近端]”。

② 与所选节点“局向1”相连的节点“局向1状态”为“正常[近端]”，“局向2状态”为“练习环倒换[远端]”。

③ 其他节点的“局向1状态”和“局向2状态”均为“穿通[远端]”。

5）选择步骤3)中的节点，在右键菜单中选择“局向1维护->清除全部”，弹出“确认”对话框。

6）单击“是”，弹出“提示”对话框提示操作成功，单击“确定”。此时全部节点的局向状态应该均为“正常[近端]”。

8. 备份网管数据

通过备份网管数据库，在网管升级或更换网管时，可以直接到备份数据库中读取数据，不用再从网元侧上载数据。

操作步骤如下：

1）启动“数据库管理工具”。

① 在UNIX平台上，在CDE桌面上单击右键，选择“工具->终端”打开一个终端窗口。在“\T2000\server\database”目录下运行“T2000DM.sh”。

② 在Windows平台上，打开“资源管理器”。在“C:\T2000\server\database”目录下运行“T2000DM.exe”。

2）在左边的“数据库服务器列表”中选择“T2000DBServer”。

3）在弹出的对话框中，输入用户“sa”的密码。用户“sa”的密码是在安装T2000时输入的，默认密码是空。

4）单击“备份数据库”，弹出对话框。

5）指定备份出来的数据库文件所要存放的目录。

6）单击“备份”，开始备份T2000数据库。备份完后单击“确定”关闭。

9. 维护记录表

网管维护记录见表8-5。

表8-5 网管维护记录

维护项目	维护状况	备注	维护人
检查网元和单板状态	□正常 □不正常		
查询全网告警	□正常 □不正常		
查询异常事件	□正常 □不正常		
浏览SDH当前性能事件	□正常 □不正常		
浏览SDH历史性能事件	□正常 □不正常		
检查光功率	□正常 □不正常		
验证MSP保护倒换	□正常 □不正常		
备份网管数据	□正常 □不正常		
发现问题及处理情况记录			
遗留问题说明			
核查			

8.2 设备维护指引和记录

本节内容介绍在现场例行维护的项目和方法，包括以下两个项目：

（1）清洁防尘网　清洁防尘网的目的是为了保证设备及时散热，本节介绍清洁防尘网的方法。

（2）维护记录表　使用本表对维护情况进行记录。

1. 清洁防尘网

操作步骤如下：

1）抽出机盒右侧的防尘网。防尘网示意图如图 8-1 所示。

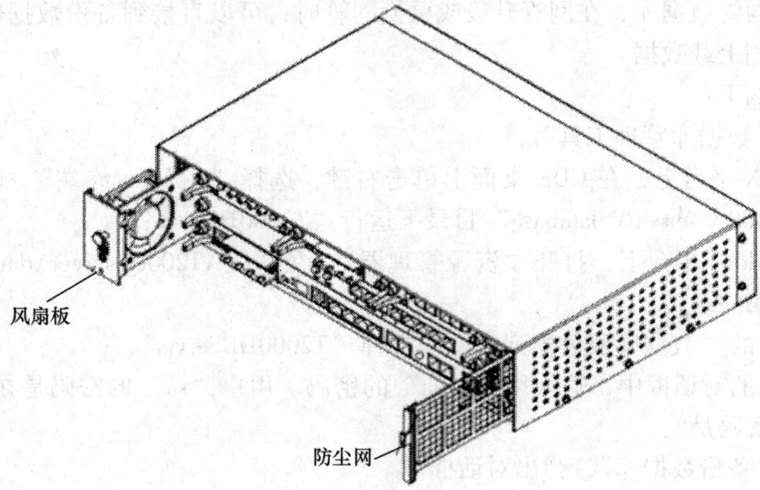

图 8-1　防尘网示意图

2）将粘贴在防尘网上的海绵撕下后用水冲洗干净，并在通风处吹干。

3）清理工作完成后，将海绵重新粘贴到防尘网上，将防尘网沿子架下方的滑入导槽轻轻插回原位置。

2. 维护记录表

设备维护记录见表 8-6。

表 8-6　设备维护记录

维护项目	维护状况	备注	维护人
清洁防尘网	□正常 □不正常		
发现问题及处理情况记录			
遗留问题说明			
核查			

课后练习题

1. 填空题

在网管中心例行维护的主要项目有________。

2. 选择题

（1）以下光传输系统例行维护项目中，维护地点在设备现场的为(　　)。

A. 查询全网告警　B. 浏览当前性能事件　C. 验证 MSP 保护倒换　D. 清洁防尘网

（2）当网元的图标为红色时，说明网元发生了(　　)。

A. 主要告警　B. 次要告警　C. 紧急告警　D. 提示告警

3. 简答题

（1）简述光传输系统例行维护的主要目的。

（2）简述查询全网告警的操作步骤。

（3）简述查询网元异常事件的操作步骤。

第9章 光传输系统常见故障处理

光传输系统的主要故障大致包括业务中断故障、误码问题故障、设备对接故障、保护倒换故障、ECC故障、指针调整故障及公务故障等。本书主要讨论业务终端故障、误码问题故障、设备对接故障及保护倒换故障4种类别的故障。

9.1 故障定位的基本原则与方法

9.1.1 故障定位的基本原则

故障定位的关键是将故障点准确地定位到单站。

故障定位的一般原则可总结为四句话：先外部，后传输；先网络，后网元；先高速，后低速；先高级，后低级。

（1）先定位外部，后定位传输　在定位故障时，应先排除外部的可能因素，如光纤断，对接设备故障或电源问题等。

（2）先定位网络，后定位网元　在定位故障时，首先要尽可能准确地定位出是哪个站的问题。

（3）先排除高速部分，后排除低速部分　从告警信号流中可以看出，高速信号的告警常常会引起低速信号的告警，因此在故障定位时，应先排除高速部分的故障。

（4）先分析高级别告警，后分析低级别告警　在分析告警时，应首先分析高级别的告警，如紧急告警、主要告警；然后再分析低级别的告警，如次要告警和提示告警。

故障定位的常用方法可简单地总结为“一分析，二环回，三换板”。当故障发生时，首先通过对告警、性能事件、业务流向的分析，初步判断故障点范围。然后，通过逐段环回，排除外部故障或将故障定位到单个网元，以至单板。最后，更换引起故障的单板，排除故障。

复杂故障的定位和处理见表9-1。

表9-1　复杂故障的定位和处理

常用方法	适用范围	操作特点
告警和性能分析法	通用	全网把握，可初步定位故障点
		不影响正常业务
		依赖于网管
环回法	分离外部故障，将故障定位到单站、单板	不依赖于告警、性能事件的分析
		快捷
替换法	将故障定位到单板，或分离外部故障	简单
		对备件有需求
		需要与其他方法同时使用
配置数据分析法	将故障定位到单站或单板	可查清故障原因
		定位时间长
		依赖于网管

（续）

常 用 方 法	适 用 范 围	操 作 特 点
更改配置法	将故障定位到单板	风险高
		依赖于网管
仪表测试法	分离外部故障，解决对接问题	通用，具有说服力，准确度高
		对仪表有需求
		需要与其他方法同时使用

9.1.2　告警和性能分析法

1. 概述

告警和性能分析法是定位故障的方法之一。

SDH 信号的帧结构里定义了丰富的、包含系统告警和性能信息的开销字节。因此，当 SDH 系统发生故障时，一般会伴随有大量的告警和性能事件信息，通过对这些信息的分析，可大概判断出所发生故障的类型和位置。

获取告警和性能事件信息的方式有以下两种：

1）通过网管查询传输系统当前或历史发生的告警和性能事件数据。

2）通过设备机柜和单板的运行灯、告警灯的状态，了解设备当前的运行状况。

通过网管与通过观察设备指示灯这两个途径获取设备故障信息，各有其优点，通过网管和指示灯获取故障信息途径的比较见表 9-2。因此，在实际的故障定位过程中，这两种手段要结合起来使用。

排除故障时，需要网管中心的维护人员与各站的设备维护人员共同参与，一般由网管中心的维护人员协调指挥，各站的设备维护人员密切配合，统一行动。

表 9-2　通过网管和指示灯获取故障信息途径的比较

比 较 项 目	网　管	设备指示灯
信息使用者	网管维护人员	设备维护人员
定位作用	主要	配合
告警信息	全网、大量、确切	单站、少量、模糊
历史告警	有	无
告警时间	可以看到	无法知道
性能事件	可以看到	无法知道
对计算机软件和通信网络的依赖	完全依赖	无关

2. 告警和性能分析法的局限性

1）在组网、业务以及故障信息比较复杂的情况下，伴随故障的发生，可能会产生大量的告警和性能事件；由于告警和性能事件太多，使得维护人员无从着手分析。

2）某些故障发生时，可能没有明显的告警或性能事件上报，有时甚至查不到任何告警或性能事件。这种情况下，告警、性能分析法是无能为力的。

3. 举例说明

下面通过举例，对告警和性能分析法给予说明。

例：链形组网拓扑如图 9-1 所示，假定网管计算机设在 NE1 站。

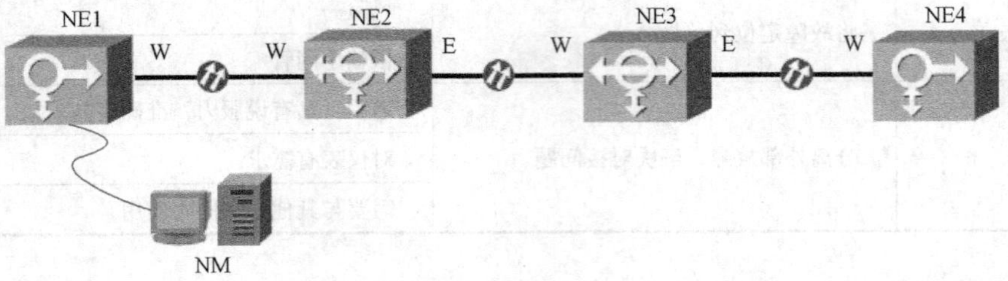

图 9-1　链形组网拓扑

（1）故障现象　NE1 站和 NE4 站间的 E1 业务中断，从 NE1 站无法登录 NE4 站，且 NE3 站东向光接口板有 MS _ RDI 告警和 HP _ RDI 告警，NE1 站与 NE4 站间的业务所对应的 E1 通道有 LP _ RDI 告警。

（2）分析判断　通过分析告警，可知 NE4 站没有正确接收到 NE3 站发出的信号，而 NE3 站能正确接收到 NE4 站发出的信号。可能的故障原因包括：

1）NE3 站东向光接口板发送信号有问题。

2）光缆线路问题（包括光纤和光纤接头）。

3）NE4 站光接口板的接收信号问题。

（3）故障定位　借助于网管软件，可以通过修改业务配置、人工插入告警等方法，对故障进行定位。例如，若怀疑图 9-1 中 NE2 站与 NE3 站间光纤接反（即 NE2 站的东向光接口板误接 NE3 站的东向光接口板），则可以通过网管在 NE2 站东向光接口板人工插入 HP _ RDI，然后通过网管观察 NE3 站告警上报情况：

1）若是西向光接口板上报 HP _ RDI 告警，则说明 NE2 站的东向发送端接的是 NE3 站的西向接收端，光纤连接正确。

2）若是 NE3 站的东向光接口板上报了 HP _ RDI 告警，则说明 NE2 站东向发送端接到了 NE3 站的东向接收端，光纤接反，需要纠正。

9.1.3　环回法

1. 概述

环回法是 OptiX 设备定位故障最常用、最行之有效的一种方法。环回法可以不依赖于对大量告警及性能数据的深入分析。作为一名设备维护人员，应熟练掌握。

环回操作分为软件、硬件两种，这两种方式各有所长：

1）硬件环回相对于软件环回而言环回更为彻底，但它操作不是很方便，需要到设备现场才能进行操作；另外，光接口在硬件环回时要避免接收光功率过载。

2）软件环回虽然操作方便，但它定位故障的范围和位置不如硬件环回准确。比如，在单站测试时，若通过光口的软件内环回，业务测试正常，并不能确定该光板没有问题；但若通过尾纤将光口自环后，业务测试正常，则可确定该光板是好的。

环回法不需要花费过多的时间去分析告警或性能事件，而可以将故障较快地定位到单站乃至单板。该方法操作简单，维护人员较容易掌握。但是，若所环回的通道内有其他正常的业务，环回法必然会导致正常业务的暂时中断，这是该方法最大的一个缺点。因此，一般只有出现业务中断等重大事故时，才使用环回法进行故障排除。

2. 设备对软件环回操作的支持

OptiX 光传输网设备的软件环回操作及应用见表 9-3。

表 9-3 OptiX 光传输网设备的软件环回操作及应用

支持软件环回的单板	操作工具	软件环回操作类型	环回级别	应用
支路板	网管	内环回、外环回	按通道环回	可分离交换机故障还是传输故障，且可初步判断支路板是否存在故障，不需要更改业务配置
线路板	网管	内环回、外环回	按 VC4 通道环回，按光接口环回	将故障定位到单站，且可初步判断线路板是否存在故障。不需要更改业务配置

由于支路板环回、线路板环回可将故障定位到单站，同时可初步定位支路板、线路板是否存在故障，因此在实际中使用最多，要求维护人员熟练掌握。

3. 应用

在进行环回操作前，需确定对哪个通道、哪个时隙环回，应该在哪些位置环回，应该使用哪种环回——外环回，还是内环回？这可分以下四个步骤进行。

1）通过咨询、观察和测试等手段，选取其中一个的确有故障的业务通道作为分析、处理的对象。环回业务通道采样简化的过程可以描述如下：

① 从多个有故障的站点中选择其中的一个站点。

② 从所选择一个站点的多个有问题的业务通道中，选择其中的一个业务通道。由于自环第一个 VC4 通道，可能会影响 ECC 通信，因此尽量不要选择第一个 VC4 通道内的业务。

③ 对于所选择出来的业务通道，先分析其中一个方向的业务。

2）画出所选取业务一个方向的路径图。在路径图中表示出：该业务的源和宿，该业务所经过的站点，该业务所占用的 VC4 通道和时隙。

3）根据所画出的业务路径图，采取逐段、逐站环回的方法，定位出故障站点。

4）故障定位到单站后，通过线路、支路环回，进一步定位可能存在故障的单板。最后结合其他方法，确认存在故障的单板，并通过换板等方法排除故障。

9.1.4 替换法

1. 概述

替换法是判断和定位故障的方法之一。替换法就是使用一个工作正常的物件去替换一个被怀疑工作不正常的物件，从而达到定位故障、排除故障的目的。这里的物件，可以是一段线缆、一个设备或一块单板。

替换法既适用于排除传输外部设备的问题，如光纤、中继电缆、交换机、供电设备等；也适用于故障定位到单站后，用于排除单站内单板的问题。

替换法的优势是：简单，对维护人员的要求不高，是一种比较实用的方法。但该方法对备件有要求，且操作起来没有其他方法方便。插拔单板时，若不按规范执行，还可能导致板件损坏等其他问题的发生。

2. 应用

图 9-1 中，如果怀疑 NE3 站发与 NE4 站收之间的光纤有问题，则可将 NE3 站与 NE4 站间收、发两根光纤互换。若互换后，NE3 站东向光接口板的收有 R _ LOS 告警，则说明是光纤的问题；若互换后，故障现象与原来一样，则说明光纤没有问题，而是光接口板的问题。此时，可以进一步使用替换法，分别替换 NE3 站东向光接口板和 NE4 站西向光接口板，来定位到底是哪块光接口板的问题。

如果支路板某个 2Mbit/s 通道有 T _ ALOS 告警，怀疑是交换机或中继线的问题，则可与其他正常通道互换一下。若互换后 T _ ALOS 告警发生了转移，则说明是外部中继电缆或交换机的问题；若互换后故障现象不变，则可能是传输的问题。

利用替换法，还可以解决其他如电源、接地等问题。

9.1.5 配置数据分析法

1. 概述

配置数据分析法是判断和定位故障的方法之一。

在某些特殊的情况下，如外界环境条件的突然改变，或由于误操作，可能会使设备的配置数据——网元数据和单板数据遭到破坏或改变，导致业务中断等故障的发生。此时，在将故障定位到单站后，可使用配置数据分析法进一步定位故障。

配置数据分析法适用于故障定位到单站后故障的进一步分析。采用该方法可以查清真正的故障原因。但该方法定位故障的时间相对较长，且对维护人员的要求非常高。一般只有对设备非常熟悉、且经验非常丰富的维护人员才使用。

2. 应用

通过查询、分析设备当前的配置数据是否正确来定位故障。配置数据包括复用段的节点参数、线路板和支路板通道的环回设置、支路通道保护属性、通道追踪字节等。例如某支路板的 SNCP 保护不倒换，我们就需要查看该支路板的通道属性是否已配置为保护。

对于网管误操作，还可以通过查看网管的操作日志来进行确认。

9.1.6 更改配置法

1. 概述

更改配置法是判断和定位故障的方法之一。

更改配置法所更改的配置内容可以包括时隙配置、板位配置、单板参数配置等。因此更改配置法适用于故障定位到单站后，排除由于配置错误导致的故障。另外，更改配置法最典型的应用就是用来排除指针调整问题。

更改配置法操作起来比较复杂，对维护人员的要求较高。因此，通常只在没有备板的情况下，为了临时恢复业务而使用；或在定位指针调整问题时使用。此外，在使用该方法前，应保存好原有配置，同时对所进行的步骤予以详细记录，以便于故障定位。

2. 应用

如怀疑支路板的某些通道或某一块支路板有问题，则可以更改时隙配置将业务配置到另外的通道或另一块支路板；若怀疑某个槽位有问题，则可通过更改板位配置进行排除；若怀疑某一个 VC4 有问题，则可以将时隙调整到另一个 VC4。

在升级扩容改造中，若怀疑新的配置有错，则可以重新下发原来的配置来定位是否配置问题。

需要注意的是，通过更改时隙配置并不能将故障确切地定位到是哪块单板的问题——线路板、支路板、交叉板还是母板问题。此时，需进一步通过替换法或环回法进行故障定位。因此，该方法适用于没有备板的情况下初步定位故障类型，并使用其他业务通道或板位暂时恢复业务。

在定位指针调整问题时应用更改配置法，可以通过更改时钟的跟踪方向以及时钟的基准源进行定位。

9.1.7　仪表测试法

1. 概述

在定位故障时可以使用仪表测试法。

仪表测试法一般用于排除设备外部问题以及与其他设备的对接问题。

使用仪表测试法分析定位故障，说服力比较强。缺点是对仪表有需求，同时对维护人员的要求也比较高。

2. 应用

仪表测试法主要应用于以下情景中：

1）若怀疑电源供电电压过高或过低，则可以用万用表进行测试。

2）若怀疑设备与其他设备对接不上是由于接地的问题，则可用万用表测量对接通道发送端和接收端同轴端口屏蔽层之间的电压值。若电压值超过0.5V，则可认为接地有问题。

3）若怀疑设备与其他设备对接不上是由于信号不对，则可通过相应的分析仪表观察帧信号是否正常，开销字节是否正常，是否有异常告警等。

9.2　故障定位的基本流程

对于设备的故障定位来说，不管对于哪种类型的故障，其定位流程都是大致相同的。在处理故障时，首先排除设备外部的问题，然后将故障定位到单站，接着定位单板问题，并最终将故障排除。

9.2.1　排除外部设备故障

在进行设备的故障定位前，首先排除外部设备的问题。这些外部设备问题包括接地、光纤、中继线缆、交换机、电源故障等问题。

1. 分离设备问题还是交换机问题

（1）方法1　可以通过自环交换机中继接口来判断。如果中继接口自环后，交换机中继板状态异常，则为交换机问题。如果中继接口自环后，交换机中继板状态正常，则一般为设备或中继电缆的问题。

（2）方法2　通过测试设备2Mbit/s、34Mbit/s、140Mbit/s业务通道的好坏，来判断是否是交换机故障。测试时，使用电口环回的方法，电口环回测试接线如图9-2所示。

在站点NE2选择一故障业务通道，连接测试仪表进行测试，在站点NE1的支路板上把对应业务通道设置为内环回，这样就隔离了交换机。如果环回后仪表显示业务正常，则说明设备没有问题，故障可能在交换机或中继电缆；如果业务仍不正常，则说明设备有问题。

2. 光纤故障的排除

断纤时，光接口板必然有R_LOS告警。为进一步定位是光接口板问题还是光纤问题，可采取如下方法：

（1）方法1　使用OTDR(Optical Time-Domain Reflectometer)仪表直接测量光纤。可以通

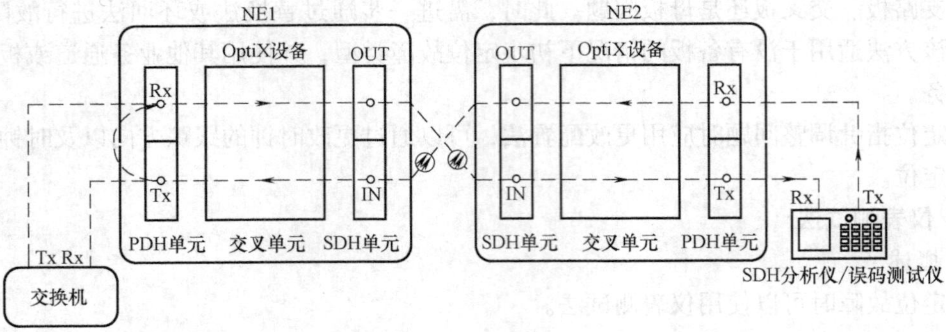

图9-2 电口环回测试接线

过分析仪表显示的线路衰减曲线，判断是否断纤以及断纤的位置。但需注意，OTDR仪表在很近的距离内，有一段盲区。测试时，需要断开与线路板相连的尾纤，因为OTDR的发光功率比较大，线路板接收光功率过载，会导致线路板损坏。

（2）方法2 测量光纤两端线路板的发送和接收光功率，若对端线路板发送光功率正常，而本端接收光功率异常，则说明是光纤问题；若线路板发光功率很低，则判断为线路板问题。

（3）方法3 测试线路板的发光功率正常后，使用尾纤将线路板收发接口自环（注意不要出现光功率过载），若自环后单板仍有紧急告警，则说明是单板的问题；若自环后单板没有告警，则需使用相同的方法，测试对端线路板。若对端单板自环后，告警消除，则可判断是光纤问题。

（4）方法4 使用替换法。用一根好的光纤来替代被怀疑存在故障的光纤，判断是否的确是光纤的问题。

3. 光纤连接故障的排除

对于环形网中的ADM（Add/Drop Multiplexer）站点，要求本站的东向线路板接下一站的西向线路板，其他站点依此类推；对于链形网中的ADM站点，光纤连接也要按照一个确定的方向，本站的东向线路板接下一站的西向线路板。在光纤接错时，一般都会有大量的指针调整事件发生，进一步的定位可使用以下三种方法。

（1）方法1 可以通过拔纤、关断激光器等方法来判断光纤是否接错。该方法会影响业务，建议不使用这种方法。

（2）方法2 通过网管插入MS_RDI告警的方法来进行判断。该方法不影响业务，推荐使用。

（3）方法3 通过网管修改高阶通道追踪字节J1的方法。**注意：**修改追踪字节可能会影响业务，谨慎使用。

以上三种方法都是通过观察相邻站的对应光接口板是否上报正确的告警来分析的。

1）方法1中，相邻站对应光接口板由于接收不到光信号，应上报R_LOS告警。

2）方法2中，相邻站对应光接口板应报MS_RDI告警。检查判断完成后，应取消MS_RDI的告警插入。

3）方法3中，相邻站对应线路板应报HP_TIM告警。

如果发现相邻站的对应线路板无正确告警上报，但是相邻站另一块线路板却有正确告警上报，则可以确定是光纤连接错。

4. 中继线缆故障的排除

如果在交换设备侧自环，交换中继状态正常；在设备的子架接线区上自环，传输测试也正常，则一般为中继电缆问题。当电缆不通或接触不良时，一般可以在对应的支路板通道上看到 T_ALOS 告警。在这种情况下，可以采用“对线”方法来判断电缆的通断和连接正确性，也可通过与其他正常通道互换线缆的方法排除。

5. 供电电源故障的排除

如果某站登录不上，且与该站相连的线路板均有 R_LOS 告警，则可能是该站的电源故障。若该站从正常运行中突然进入异常工作状态，如出现通道倒换或复用段倒换失败、某些单板工作异常、业务中断、登录不正常等情况，则需检查设备供电电压是否过低，或者曾经出现过瞬间电压剧烈波动的情况。

6. 接地问题的排除

如设备出现被雷击或对接不上的问题，则检查接地是否存在问题。

首先检查设备接地是否符合规范，是否有设备不共地的情况；同一个机房中各种设备的接地是否一致。

其次，可通过仪表测量接地电阻值和工作地、保护地之间的电压差是否在允许的范围内。

9.2.2　故障定位到单站

故障定位中最关键的一步，就是将故障尽可能准确地定位到单站。

将故障定位到单站，最常用的方法就是环回法，即通过逐站对线路板的外环回和内环回，定位出可能存在故障的站点或线路板。另外，告警和性能分析法也是将故障定位到站点比较常用的方法。一般来说，综合使用这两种方法，基本都可以将故障定位到单站。

9.2.3　故障定位到单板并最终排除

故障定位到单站后，进一步定位故障位置最常用的方法就是替换法。

通过单板替换法可定位出存在问题的单板。另外，更改配置法以及配置数据分析法也是解决单站问题比较常用和有效的方法。

故障处理的过程及其方法见表 9-4。

表 9-4　故障处理的过程及其方法

故障定位过程	常用方法	其他方法
排除外部设备故障	替换法、仪表测试法、环回法	告警和性能分析法
故障定位到单站	环回法	告警和性能分析法
故障定位到单板并最终排除	替换法	告警和性能分析法、环回法、更改配置法、配置数据检查法

9.3　业务中断故障处理

本节仅介绍业务长时间中断下的故障处理，导致故障的原因可以分为外部原因、数据配置问题、设备硬件问题、误码、指针调整、设备对接问题和保护倒换异常等，业务中断问题的常见原因见表 9-5。

表 9-5 业务中断问题的常见原因

故障原因类别	描　述	故障原因类别	描　述
外部原因	电源异常	数据配置	误操作
	光纤、电缆、接头异常		运行过程中的软件问题
	交换或其他接入设备异常	指针调整	指针调整过大导致业务中断
	环境(温度、湿度、电磁干扰)异常	设备对接	对接设备失配或设置不正确导致业务不通
	接地异常、雷击		
数据配置	配置错误	保护倒换	保护倒换功能异常导致业务中断

9.3.1 告警信号事件

在 SDH 的帧结构中有着丰富的开销字节，包括再生段开销、复用段开销和通道开销。这些开销字节传递告警、性能信息，使 SDH 系统具有很强的在线告警和误码监测能力。了解这些告警信息的产生方式和检测方式，将便于快速定位故障。

1. 线路告警

常见线路告警信号如下：

1） R_LOS：线路板接收光口的信号丢失。

2） R_LOF：线路板从光口接收的信号中的帧丢失。

3） R_OOF：线路板接收信号中连续 5 帧以上无法判别帧头，进入帧失步状态。

4） AU_AIS：线路板接收的信号中的 AU 指针全部为“1”。

5） AU_LOP：线路板接收的信号中的 AU 指针丢失。

6） MS_AIS：线路板接收的信号中的 K2 字节后三位全“1”。

7） MS_RDI：线路板接收的信号中 K2 后三位为“110”，远端复用段接收失效。

8） B1_EXC：线路板接收的信号中再生段(B1)误码越限。

9） B2_EXC：线路板接收的信号中复用段(B2)误码越限。

10） B3_EXC：线路板或 E3/T3 支路板接收信号中(B3)误码越限。

11） HP_LOM：高阶通道复帧丢失。

12） HP_SLM：线路板接收的高阶通道信号标记(C2)失配。

13） HP_TIM：线路板接收的高阶通道追踪识别符(J1)失配。

14） HP_UNEQ：线路板接收的高阶通道未装载。

15） B1_SD：线路板接收的信号中再生段(B1)信号劣化。

16） B2_SD：线路板接收的信号中复用段(B2)信号劣化。

17） B3_SD：接收信号中高阶通道(B3)信号劣化。

18） HP_RDI：本端线路收到对端线路回告的高阶通道远端接收失常。

19） J0_MM：线路板接收的再生段追踪识别符(J0)失配。

2. 支路告警

常见支路告警信号如下：

1） TU_AIS：支路板从交叉侧接收的低阶通道信号全“1”。

2）TU _ LOP：支路板从交叉侧接收的信号中的 TU 指针丢失。

3）T _ ALOS：E1/T1 支路板电口模拟信号丢失。

4）UP _ E1AIS：E1/T1 支路板 PDH 侧上行的 E1 信号全“1”。

5）DN _ E1AIS：E1 支路板下行 E1 信号全 1。

6）LP _ RDI：支路板低阶通道远端接收失效。

7）LP _ SLM：支路板接收低阶通道信号标记失配。

8）LP _ TIM：支路板接收低阶通道追踪识别符失配。

9）LP _ UNEQ：支路板接收的交叉侧低阶通道未装载信号。

10）BIP _ EXC：支路板低阶 BIP2 误码越限。

11）BIP _ SD：支路板低阶信号 BIP2 劣化。

3. 保护倒换告警

常见的保护倒换告警如下：

APS _ INDI：发生了复用段保护倒换。

4. 时钟告警

常见的时钟告警如下：

1）LTI：时钟板设置的同步源丢失。

2）SYNC _ C _ LOS：时钟板设置的时钟源优先级表中的时钟源丢失。

3）SYN _ BAD：时钟板设置的当前同步源劣化。

5. 设备告警

常见的设备告警如下：

1）POWER _ FAIL：网元发生了电源故障。

2）BD _ STATUS：系统中已创建逻辑板的单板不在位或离线。

3）HARD _ BAD：单板发生了硬件故障。

4）TEMP _ ALARM：CAU 板或 EMU 上报温度告警。

我们可以在 T2000 网管软件中动态监控各种告警事件的产生，这将便于快速定位故障的产生原因。

9.3.2　业务中断故障处理流程

故障处理流程如图 9-3 所示，共分为 9 个步骤。

1. 检查有无设备告警

发生业务中断故障时，首先检查是否有以下设备告警：

1）BD _ STATUS（单板不在位）。

2）NO _ BD _ SOFT（主机软件或单板软件不存在或损坏、无逻辑文件、无 ini 配置文件）。

3）HARD _ BAD（硬件故障）。

4）WRG _ BD _ TYPE（所插物理板与配置的逻辑板类型不一致）。

这些告警表示设备或单板有故障，应当首先排除这些故障。

2. 检查保护倒换是否正常

对于保护组网，应检查业务中断是否是由保护倒换失败引起的。保护倒换失败的故障现象通常表现为：

1）SNCP 组网，在业务中断的站点，无 SNCP 倒换事件上报。

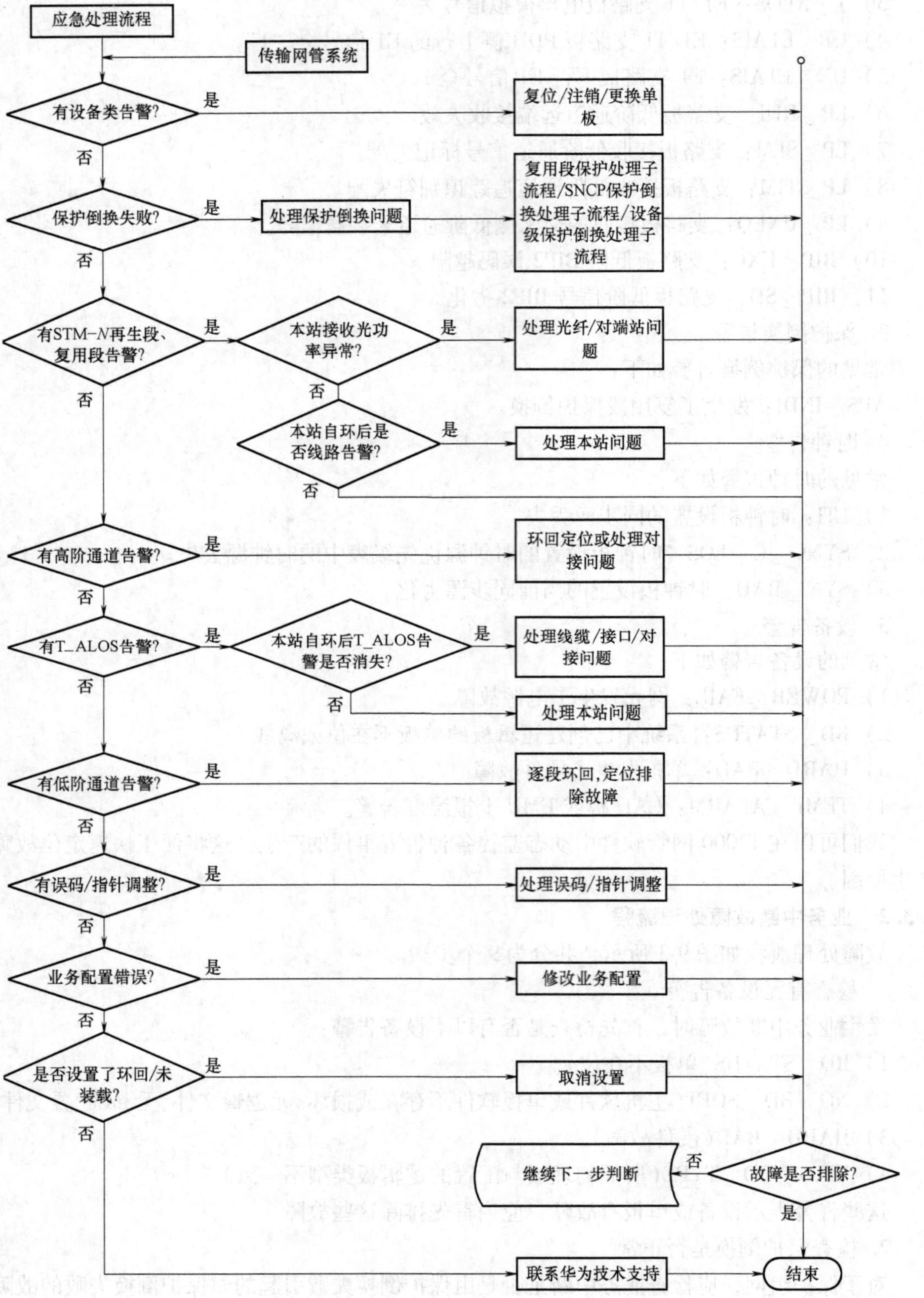
应急处理流程
传输网管系统
有设备类告警?
是
复位/注销/更换单板
否
保护倒换失败?
是
处理保护倒换问题
复用段保护处理子流程/SNCP保护倒换处理子流程/设备级保护倒换处理子流程
否
有STM-N再生段、复用段告警?
是
本站接收光功率异常?
是
处理光纤/对端站问题
否
本站自环后是否线路告警?
是
处理本站问题
否
否
有高阶通道告警?
是
环回定位或处理对接问题
否
有T_ALOS告警?
是
本站自环后T_ALOS告警是否消失?
是
处理线缆/接口/对接问题
否
处理本站问题
否
有低阶通道告警?
是
逐段环回,定位排除故障
否
有误码/指针调整?
是
处理误码/指针调整
否
业务配置错误?
是
修改业务配置
否
是否设置了环回/未装载?
是
取消设置
否
继续下一步判断
否
故障是否排除?
是
联系华为技术支持
结束

图 9-3　故障处理流程

2）MSP 组网，有任一网元没有上报 APS _ INDI 告警，或有任一网元上报了 APS _ FAIL 告警。

3. 检查是否有 STM-*N* 再生段、复用段告警

通常先检查本站接收光功率是否正常：

1）若本站接收光功率不正常，则处理光纤或对端站问题。

2）若本站接收光功率正常，则自环后看告警是否消失。

4. 检查是否有高阶通道告警

若有 HP _ TIM、HP _ SLM 告警则处理设备对接问题。

5. 检查是否有 T _ ALOS 告警

通常可进行自环操作看告警是否消失：

1）若告警消失，则处理线缆、接口、设备对接问题。

2）若告警不消失，则处理本站问题。

6. 检查是否有低阶通道告警

若有 TU _ AIS、LP _ RDI 告警，则逐段环回，定位排除故障。

7. 检查是否有误码或指针调整

若有，则处理误码、指针调整问题。指针调整往往可以通过配置时钟跟踪来消除。

8. 检查是否业务配置错误

若是，则修改业务配置。

9. 检查是否设置了环回/未装载

若设置了环回/未装载，则取消相应的设置。

9.3.3　业务终端故障处理方法

业务终端故障根据具体原因，可分为电源故障、接地故障、环境异常问题、线缆接头异常、配置数据错误、误操作、单板型号不一致及设备硬件故障。

1. 处理电源故障

电源故障对系统的影响为断开 POI/POU 板上的电源插头，将导致本网元的业务全部中断。可能的故障原因包括：

1）外部电源供电中断、电源波动较大。

2）电源设备熔断器损坏。

3）电源端子熔丝容量偏小。

4）电源短路。

5）交流电源的零线、相线接反。

6）电源线接头松动或接触不良。

7）设备的 POI/POU 电源板故障。

解决电源故障的操作步骤如下：

1）设备处于运行状态时，在外部供电设备侧测量电压，检查电压是否在允许的范围内。如果电源异常，则业务中断故障可能是由电源故障引起的，此时须进一步定位故障点。

2）关闭 POI/POU 板上的电源开关，再次测量外部供电设备侧的电压，检查电压是否在允许的范围内。如果电压异常，则可判断为外部供电设备、配电盒或线缆有问题；如果电压正常，则可能是 POI/POU 板的故障。

3）如果故障定位到 POI/POU 板，则可更换电源板。

4）如果定位到外部故障，则需要电源工程师协助处理。

2. 处理接地故障

可能的故障原因包括：

1）PGND（Protection Ground）、BGND 接地不良，导致接地电阻大于 10Ω。

2）BGND 与 PGND 之间的电位差大于 0.5V。

3）PGND、BGND 与交流零线共地。

4）两台对接设备的 PGND 不是联合接地。

5）音频、中继电缆接地不良。

解决接地故障的操作步骤如下：

1）检查用户机房的地线排是否接触良好。

2）检查传输设备机柜与机房地线排的接触是否良好。

3）检查机柜的正门和侧板与机柜的接触是否良好。

4）检查机盒与机柜接触是否良好。

5）检查信号电缆的接地是否良好。

6）检查 DDF、ODF 的接地是否良好。

7）检查网管设备、各种用电设备的接地是否良好。

8）检查对接设备是否联合接地。

3. 处理环境异常问题

可能的故障原因：

1）设备环境温度、湿度过高。

2）外界有强烈电磁干扰源。

3）鼠害。

解决环境异常问题的操作步骤如下：

1）检查环境的温湿度值是否符合指标要求。

2）检查是否有环境温度性能事件。

3）检查设备周围是否有强烈的干扰源。由于运行环境异常导致的业务中断，通常设备会产生误码或指针调整，可以通过分析这些误码或指针调整来帮助定位故障。

4）检查设备内部是否有老鼠等小动物或其排泄物，机柜的防鼠网是否安装到位。

4. 检查配置数据

检查配置数据是否正确，特别对设备安装调测和设备升级时的故障中断。查询的项目包括网络、网元、网管的配置数据。

5. 检查是否存在误操作

误操作包括已开通的业务设置了硬件或软件环回或业务未装载。如果支路或线路设置了环回，可能会造成业务不通。此时要在网管上或设备上解除软件或硬件环回。

如果在网管上设置了业务“不装载”，也会造成业务不通。此时要在网管上将业务改为“装载”状态。

6. 检查单板型号是否一致

在设备升级扩容时，如果要更换、添加单板，则应保持与原单板的型号一致。除了单板的型号一致外，更换单板时还需注意：

1）对于带拨码开关的单板，需要注意单板的拨码开关设置必须正确。

2）对于支路单板，需要注意单板的接口速率、阻抗等与原单板保持一致。

3）对于线路单板，需要确认单板的光模块的型号与原单板保持一致。

7. 处理设备硬件故障

通过分析告警、指示灯情况，或采用环回法将故障定位到单站后，可以采用替换法，对怀疑有问题的单板进行更换，以定位或排除故障。

9.4 误码问题故障处理

9.4.1 误码问题故障定位方法

误码问题的常见原因见表9-6。

表9-6　误码问题的常见原因

故障原因类别	描　述	故障原因类别	描　述
外部原因	接收光功率过低、过高，色散过大	外部原因	外部干扰
	电缆性能劣化	设备原因	线路板、时钟单元、交叉单元、支路板故障
	环境问题（温度过低、过高等）		
	接地不良	数据配置	时钟配置错误

误码故障排除流程如图9-4所示。

9.4.2 误码问题的故障处理方法

误码问题故障的处理方法，大致分为以下几种：

1）检查光功率。

2）检查电缆。

3）检查外部干扰。

4）检查接地。

5）检查环境温度。

6）检查设备工作情况。在设备上报误码后，要分析误码产生的特点，逐步缩小定位范围，直达单站。然后通过环回法，将故障定位到某站的单板；然后再采用替换法，对怀疑有故障的单板进行复位或更换。

7）检查配置错误。

1. 检查光功率

线路板的光功率异常是引起误码的常见原因。光功率过大或过小时，都会导致接收光模块接收光信号不正常，并同时引起B1、B2、B3、BIP-2误码，所以，当设备上报大量各种类型的误码时，首先要测试本站接收光功率是否正常。

光功率过大的处理步骤如下：

1）检查线路板的类型是否与传输距离匹配，更换为匹配的线路板。

2）如果没有合适的线路板更换，可在接收端加上适当的光衰减器。

光功率过小的处理步骤如下：

1）对端站的发光功率是否正常，更换对端站的故障线路板。

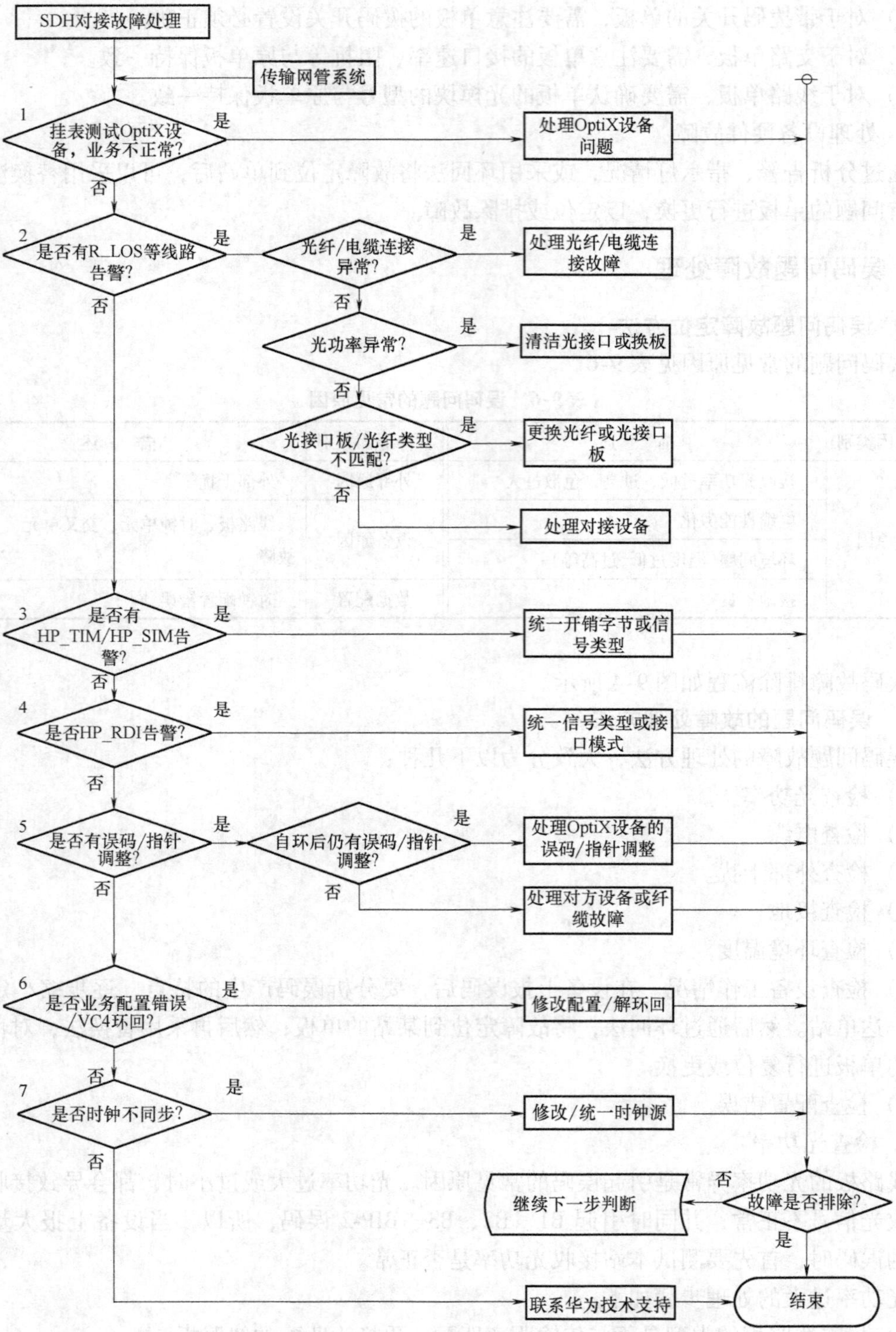

图 9-4　误码故障排除流程

2）检查 ODF、衰减器、法兰盘、线路板的接口是否连接紧密。

3）检查 ODF、衰减器、法兰盘、线路板的接口是否清洁。

如果是线路板光功率异常，则应检查本站的线路板类型。若接收灵敏度与传输距离不匹配，则应更换为匹配的线路板。

2. 检查电缆

连接到传输设备的电缆劣化，通常会引起误码。检查连接到设备的电缆是否正确；防止电缆的漏焊、虚焊、接触不良。

在 OptiX Metro 1000 与其他设备对接时，如果对接设备报告业务有误码，则应该检查对接电缆是否正常。

处理步骤如下：

1）检查电缆是否有老化、外皮脱落现象。

2）检查电缆的连接点是否接触良好。

3. 检查外部干扰

外部干扰的可能原因如下：

1）外界电子设备带来电磁干扰。

2）设备供电电源的电磁干扰。

3）雷电和高压输电线产生的电磁干扰。

处理步骤如下：

1）检查是否有外界电子设备带来的电磁干扰，如传输机房内的开关、风扇、空调、各种射频器等。

2）检查是否有来自设备供电电源的电磁干扰，如浪涌电压、工频干扰等。

3）检查是否有雷电和高压输电线产生的电磁干扰。

4. 检查接地

接地系统引起故障的可能原因如下：

1）PGND、BGND 接地不良，导致接地电阻大于 10Ω。

2）BGND 与 PGND 之间的电位差大于 0.5V。

3）PGND、BGND 与交流零线共地。

4）两台对接设备的 PGND 不是联合接地。

5）音频、中继电缆接地不良。

处理步骤如下：

1）检查用户机房的地线排是否接触良好。

2）检查传输设备机柜与机房地线排的接触是否良好。

3）检查机柜的正门和侧板与机柜的接触是否良好。

4）检查机盒与机柜接触是否良好。

5）检查信号电缆的接地是否良好。

6）检查 DDF、ODF 的接地是否良好。

7）检查网管设备、各种用电设备的接地是否良好。

8）检查对接设备是否联合接地。

5. 检查环境温度

机房的环境温度必须达到规定的标准。机房的温度过高和过低，都有可能引起误码，应检查机房内空调是否能正常调节机房温度。

6. 检查配置错误

时钟配置错误也会导致误码和指针调整。在外部原因检查没有发现问题时，则要检查是否时钟配置错误。

7. 设备原因

在设备上报误码后，要分析误码产生的特点，逐步缩小定位范围，直达单站。然后通过环回法，将故障定位到某站的单板；然后再采用替换法，对怀疑有故障的单板进行复位或更换。

OptiX Metro 1000 设备的线路板、时钟单元、交叉单元、支路板、以太网处理板发生故障时，通常会引发误码。

（1）线路板劣化　如果线路检测到 B1、B2 和 B3 误码，一般怀疑这与线路板和时钟单元有关。首先检查线路板是否有告警产生，若只是线路板上报 B1、B2 和 B3 误码，则可能是线路板的问题。

线路板劣化，通常是该线路板的某个或几个 VC4 通道发生劣化，这时与这些 VC4 相连的对端站应上报误码。在定位该类误码时，要注意误码的上报特点，如果误码总是出现在某几个 VC4 中，而这几个 VC4 又是由某块线路板发出的，则要检查是否单板故障导致劣化。

（2）时钟单元劣化　时钟单元引起的误码，通常具有如下特征：

1）本站、下游站上报大量的指针调整。

2）本站的线路板上报 B1、B2 误码。

3）相邻站与本站相连的线路板上报 B1、B2 误码。

4）本站的支路板上报通道误码。

5）穿通本站，终结于下游站的支路板会报通道误码。

（3）交叉单元劣化　交叉单元劣化引起的误码，其特征与时钟单元一致。不过交叉单元产生的误码通常有个特点，即误码总是出现在某几个 VC4、VC3 或 VC12 中。

（4）支路板劣化　本站如果有低阶业务，当支路板发生故障时，通常会上报低阶误码（BIP-2）。所以当全网仅有低阶误码上报时，通常怀疑是业务途经的交叉单元或支路板有问题。

（5）以太网处理板劣化　本站如果有以太网业务，当以太网处理板发生故障时，通常会上报 VC12/VC3 级别的通道误码。所以当全网仅有 VC12/VC3 级别的通道误码上报时，通常怀疑是交叉单元或以太网处理板有问题。

9.5 设备对接故障

9.5.1 设备对接故障定位方法

设备对接故障的常见原因有两大类：外部原因和设备原因。

发生设备对接故障时，常见的故障现象有：对接的业务不通；开通的业务异常，如话音业务不清晰、上网经常掉线等。设备对接故障的常见原因见表 9-7。

表 9-7　设备对接故障的常见原因

故障原因类别	描　述
外部原因	对接设备不共地或接地不良
	光纤或电缆连接错误
	光纤或电缆不匹配（如单模与多模光纤混用、120Ω 与 75Ω 线缆混用）
	对接信号衰减过大或不符合标准要求
	对接设备的业务配置不正确
设备原因	对接设备 SDH 帧结构中开销字节的定义不一致（如 C2、J1、J0、H1、H2 的设置）
	对接设备的性能指标不合要求
	对接设备的时钟不同步
	对接的光、电接口板型号不匹配
	对接信号的制式不同
	单板故障

按照信号的类型，设备对接可以分为 SDH 线路侧对接、支路侧对接。

SDH 线路侧对接故障处理流程如图 9-5 所示。

PDH 支路侧对接故障处理流程如图 9-6 所示。

9.5.2　设备对接故障的处理方法

根据设备对接故障的常见原因定位与排除故障，对接故障的常见处理方法有如下几种：

1）检查业务配置：业务配置错误会导致设备对接故障。

2）检查物理连接：光纤、电缆连接不正确也会导致设备对接故障。

3）检查光功率或接地：对于光接口的线路对接，要检查光功率是否在正常的范围内。

4）检查接地：对于电接口的对接，需要检查双方设备和线缆的接地和共地情况。

5）检查电缆距离和信号衰减：当采用电缆对接时，中继电缆距离过长时，会导致业务对接失败，表现为业务不通或者开通的业务经常出现中断。

6）检查对接信号的结构：SDH 信号对接时，需要检查对接双方设备的时隙排列、开销、指针以及保护组网的兼容性。

7）检查网络的时钟同步：设备对接后，不仅要求 OptiX 传输网内的时钟保持同步，而且对接后形成的网络也应保证时钟同步。

8）更换单板：若定位为单板故障，则可通过更换单板的方法进行确认。

1. 检查业务配置

业务配置错误会导致设备对接故障。

查询、分析对接设备的配置数据，包括物理设备参数、逻辑设备参数、支路板参数、时钟参数、复用段倒换参数等。

可采用配置数据分析法和更改配置法，保证配置数据的正确性。另外，如果线路设置了环回，必然会造成业务不通，可在网管上检查并解除环回。

2. 检查物理连接

光纤、电缆连接不正确也会导致设备对接故障。

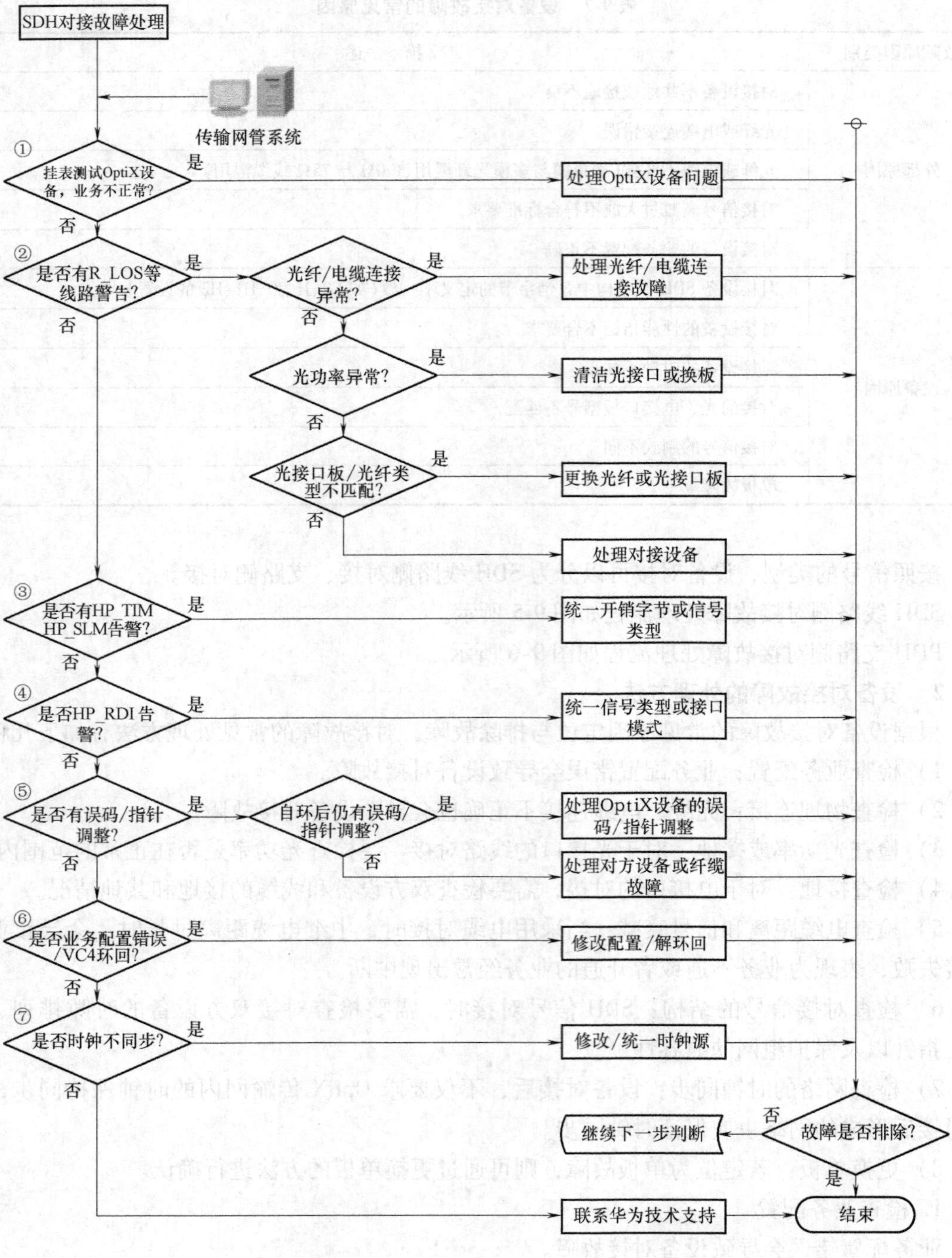

图 9-5 SDH 线路侧对接故障处理流程

检查对接设备之间的电缆、光纤连接是否正确；防止电缆的漏焊、虚焊、接触不良，特别是要防止电缆的混线、错连。

3. 检查光功率或接地

对于光接口的线路对接，要检查光功率是否在正常的范围内。

使用仪表测试对接设备的光功率，并参考工程资料和本产品的《产品描述》，确认光功

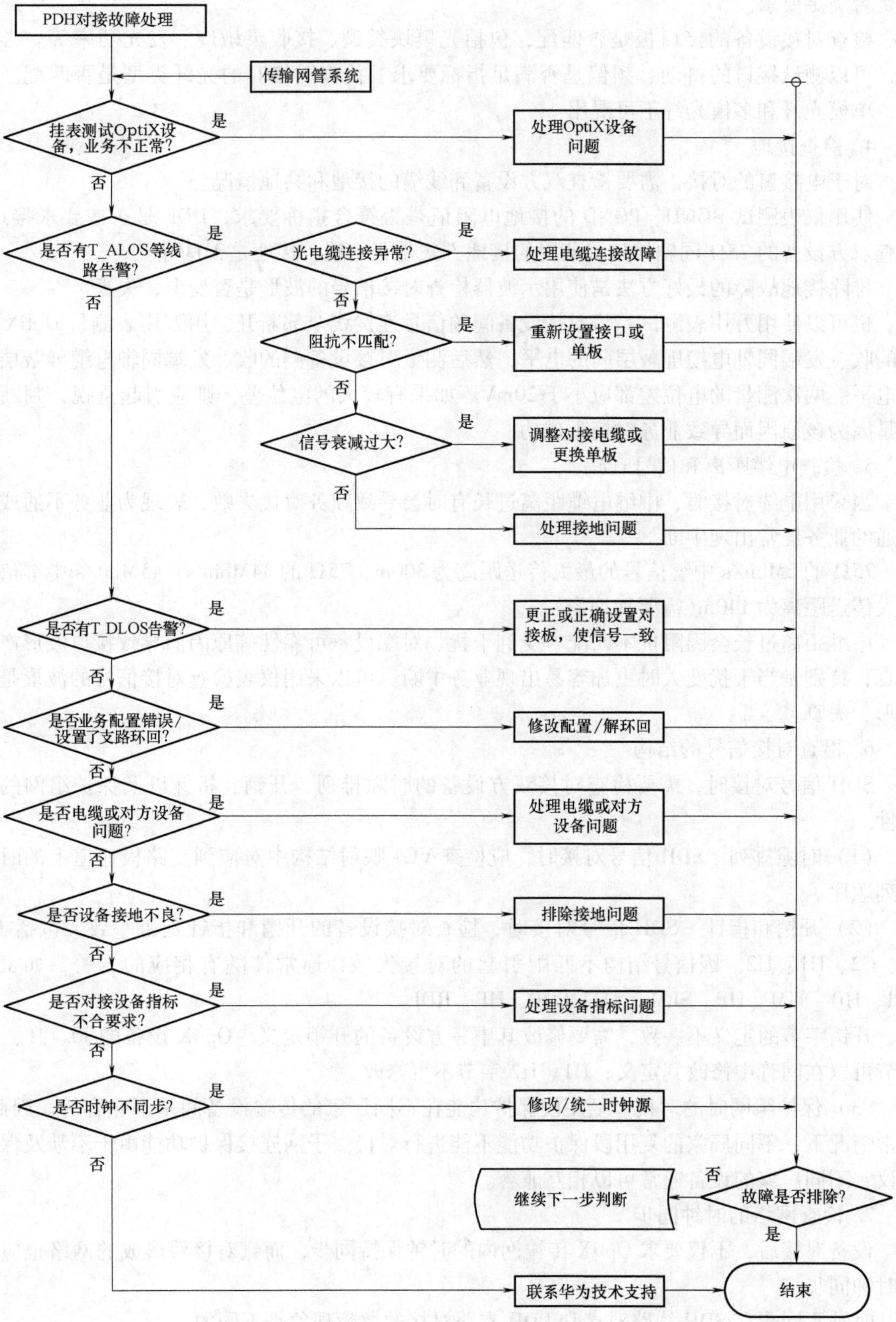

图9-6　PDH支路侧对接故障处理流程

率是否满足要求。

检查对接设备的接口板是否匹配，包括光模块类型、接收灵敏度、发光功率等。必要时，可以测试接口的抖动、频偏是否满足指标要求。检查对接时的光纤类型是否匹配。注意，单模光纤和多模光纤不可混用。

4. 检查接地

对于电接口的对接，需要检查双方设备和线缆的接地和共地情况。

使用仪表测试 BGND、PGND 的接地电阻值是否符合指标要求，DDF 是否按要求接地；检查双方设备的 75Ω 同轴接口屏蔽层的接地方式是否一致，接地是否良好。

排除接地故障的最好方法是使用示波器检查对接信号的波形是否变形、失真。

也可以使用万用表测试：将对接设备间的信号连接线全部断开，用万用表测量 OptiX 设备的收、发端同轴电缆屏蔽层间的电平，然后测量对接设备侧的收、发端同轴电缆屏蔽层间的电平。两次测量的电位差都应小于 20mV。如果有较大的电位差，则应引起重视，判断是否是因为该原因而导致业务对接不成功。

5. 检查电缆距离和信号衰减

当采用电缆对接时，中继电缆距离过长有时会导致业务对接失败，表现为业务不通或者开通的业务经常出现中断。

75Ω 的 2Mbit/s 中继信号的最大传送距离为 300m，75Ω 的 34Mbit/s、45Mbit/s 中继信号最大传送距离为 140m（需要加均衡）。

中继距离过长会因阻抗不匹配、受到干扰、对端设备可靠性等原因而导致接口波形产生失真，特别是当干扰变大时更加容易出现业务中断。可以采用仪表检查对接信号的波形是否变形、失真。

6. 检查对接信号的结构

SDH 信号对接时，需要检查对接双方设备的时隙排列、开销、指针以及保护组网的兼容性。

（1）时隙排列　SDH 信号对接时，应检查 VC4 映射结构中对应到支路板通道上的时隙排列顺序。

（2）开销和指针　SDH 信号对接时，检查对接设备的开销和指针是否一致，包括 J0、J1、C2、H1、H2。因信号结构不匹配引起的对接失败，通常伴随有相应的告警，如 J0_MM、HP_TIM、HP_SLM、AU_LOP、HP_RDI。

开销字节的定义不一致，需要修改其中一方设备的开销定义。OptiX 设备的 J0、J1、C2 字节可以在网管中修改其定义；H1、H2 字节不可修改。

（3）保护组网时的对接　复用段保护功能在不同厂家的传输设备间是不兼容的。因此，通常情况下，不同厂家的复用段保护功能不能进行对接。子网连接保护功能由于不涉及保护协议，不同厂家的设备通常可以相互兼容。

7. 检查网络的时钟同步

设备对接后，不仅要求 OptiX 传输网内的时钟保持同步，而且对接后形成的网络也应保证时钟同步。

时钟不同步在 SDH 线路对接和 PDH 支路对接的故障现象是不同的。

（1）SDH 线路对接时的时钟同步　OptiX 传输网内时钟是否同步，可以通过指针调整性能事件反映。如果有大量的指针调整事件，或出现误码告警，则很可能是 OptiX 设备本身存在问题。

如果传输设备运行正常，则应检查对接设备的时钟处理性能是否正常。

（2）PDH 支路对接时的时钟同步 OptiX 设备与其他设备在 PDH 支路对接时，如果时钟不同步，在 OptiX 设备上通常不会有告警和性能事件出现，在 PDH 设备上则会有误码或业务时断时续的现象。

（3）时钟不同步的处理 全网时钟不同步，不一定是传输设备本身有问题，可能是全网的时钟同步规划不合理。例如交换设备跟踪一个时钟基准源，传输设备又跟踪另一个时钟基准源，造成两个网络的时钟有一定的偏差。这时，首先要确保 OptiX 设备组成的传输网内时钟同步。如果还有问题，则可以适当调整全网的时钟同步方案，使全网时钟同步；例如使主站的交换设备和 OptiX 设备都跟踪高精度的 BITS 时钟信号，以提高系统的传输性能。

8. 更换单板

在采用逐段环回等方法将故障点定位到某块单板后，可以采用更换单板的方法，确认故障点。

9.6 SNCP 保护倒换故障处理

9.6.1 SNCP 保护倒换故障定位方法

SNCP 保护倒换故障是指在应该发生保护倒换时，SNCP 节点未进入保护倒换状态，或进入保护倒换状态后业务发生中断的情况。

SNCP 保护倒换的常见故障原因可分为外部原因、数据配置原因以及设备故障原因三大类。SNCP 保护倒换的常见故障原因见表 9-8。

表 9-8 SNCP 保护倒换的常见故障原因

故障原因类别	描　述
外部原因	光纤连接错误
	单板版本不支持 SNCP 保护
	维护人员误操作
	人为启动了外部倒换命令
数据配置原因	SNCP 保护倒换启动条件未正确设置
	SNCP 保护倒换属性在环和链相交、环和环相交站点未正确设置
	SNCP 业务在源、宿站点的配置不正确
	SNCP 业务在相关穿通站点未正确配置
	SNCP 业务级别在环与链的相交节点的配置错误
设备故障原因	交叉单元工作异常
	线路单元工作异常
	主控单元工作异常

导致 SNCP 保护倒换故障的原因需要结合全网来分析。故障的定位原则一般是先判断相关网元能否正确接收到相关的倒换信息，然后判断相关网元能否正确执行相关的倒换命令。

SNCP 保护倒换故障处理流程如图 9-7 所示。

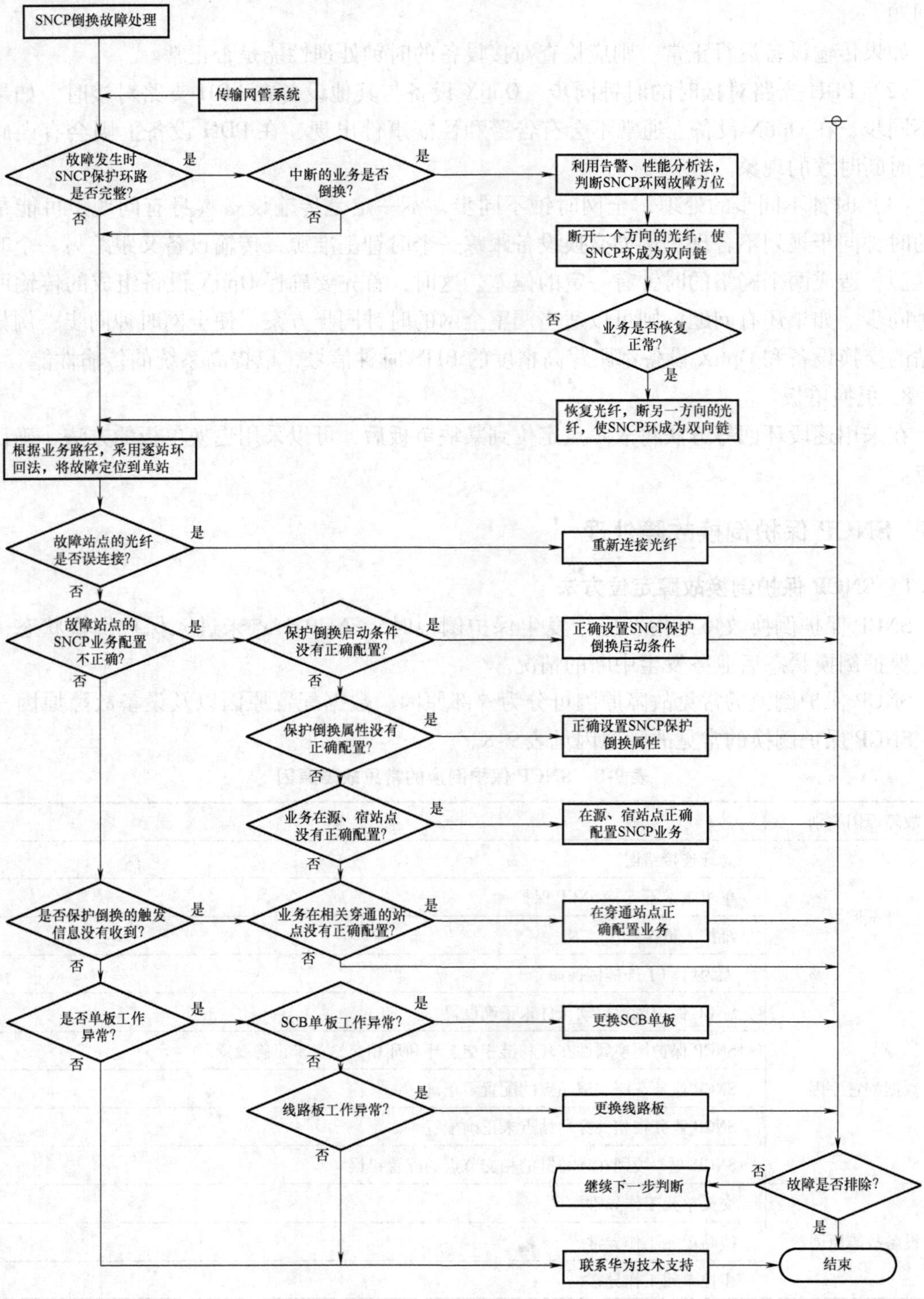

图 9-7　SNCP 保护倒换故障处理流程

9.6.2　SNCP 保护故障定位与排除

SNCP 保护倒换故障的常见定位与排除方法有如下几种：

1. 查询保护倒换的状态

在出现了保护倒换失败的情况下，需要先查询一下保护倒换的状态。

操作步骤如下：

1）在网元管理器中单击网元，在功能树中选择“配置 > SNCP 业务控制”。界面中显示出所有 SNCP 保护组。

2）在“工作业务”中选择一条 SNCP 业务，单击“查询”以查询该业务的倒换状态。界面上显示出查询的 SNCP 业务的倒换状态。

2. 判断 SNCP 业务的路径

根据故障现象，判断故障发生时 SNCP 业务的传输路径。具体判断点包括判断 SNCP 业务是否已经发生保护倒换或是否工作在保护路径上，如果 SNCP 业务没有倒换到保护路径上，则可判断出 SNCP 现在的工作路径。通过以上判断点，可以初步确定 SNCP 业务的传输路径。

3. 确定故障站点

对 SNCP 业务的传输路径，采用逐站点环回法，确定 SNCP 业务传输路径上的故障站点。

4. 检查故障站点的光纤连接

在故障站点，需要判断该站点的光纤是否都已经连接正确。

5. 检查故障站点的配置数据

故障站点的配置数据的检查，需要结合全网的配置数据综合分析，判断配置数据的正确与否。检查相关站点是否正确设置 SNCP 倒换启动条件，是否接收到触发 SNCP 保护倒换的告警事件。

1）检查 SNCP 业务，在环和链相交、环和环相交的站点是否正确配置了 SNCP 的保护属性。

2）检查 SNCP 业务，在业务的源、宿站点是否按照各自的网络结构正确配置相关的保护属性。

3）检查 SNCP 业务，在网络的相关中间站点是否配置了穿通。

6. 检查故障站点的单板工作状态

SNCP 保护倒换需要主控单元、交叉单元及线路板共同参与。当发生 SNCP 保护倒换故障时，需要检查主控单元、交叉单元及线路板的工作状态。OptiX Metro 1000 设备的主控单元、交叉单元集成在 SCB 板上。

课后练习题

1. 填空题

（1）故障定位的关键是________。

（2）故障定位的常用方法可简单地总结为“________，________，________”。

（3）OptiX 设备定位故障最常用、最行之有效的一种方法是________，其操作分为________和________两种。

（4）75Ω 的 2Mbit/s 中继信号的最大传送距离为________，75Ω 的 34Mbit/s、45Mbit/s 中继信号最大传送距离为________（需要加均衡）。

（5）SDH 信号对接时，检查对接设备的开销和指针是否一致，包括________、________、C2、________、H2。

（6）全网时钟不同步，不一定是传输设备本身有问题，可能是________。

（7）SNCP 保护倒换的常见故障原因可分为________、________以及________三大类。

（8）排除接地故障的最好方法是________。

（9）如果在网管上设置了业务“不装载”，也会造成业务不通。此时要在网管上将业务改为________状态。

（10）业务终端故障处理需要检查数据配置是否正确，特别对设备安装调测和设备升级时的故障中断。查询的项目包括________。

2. 选择题

（1）告警信号 R _ LOS 表示的是(　　)。

A. 线路单板从光口接收的信号中的帧丢失

B. 帧失步

C. 线路板接收光口的信号丢失

D. 高阶通道复帧丢失

（2）OptiX 设备的字节可以在网管中修改的有(　　)。

A. J0 和 J1　　B. J0 和 C2　　C. H1 和 C2　　D. H1 和 H2

（3）以下操作会导致设备对接故障的有(　　)。

A. 业务配置错误　　B. 光纤、电缆连接不正确

C. 对接设备的接口板不匹配　　D. 中继电缆距离过短

（4）对于环形网中的 ADM 站点，要求本站的(　　)向线路板接下一站的(　　)向线路板，其他站点依此类推。

A. 上　　B. 下　　C. 西　　D. 东　　E. 左　　F. 右

（5）当电缆不通或接触不良时，一般可以在对应的支路板通道上看到(　　)告警。

A. T _ ALOS　　B. POWER _ FAIL C. HARD _ BAD　　D. TEMP _ ALARM

3. 简答题

（1）简述故障定位的一般原则。

（2）获取告警和性能事件信息的方式有哪两种？

（3）简述故障定位的一般流程。

（4）名词解释：SNCP 保护倒换故障。

（5）名词解释：环回法。

（6）仪表测试法主要用于哪些场合？

学习领域5

了解下一代光传输系统

第10章　光纤通信新技术

10.1　ASON技术

10.1.1　ASON的概念、发展历史、功能及特点

1. ASON的概念

在当前以IP为主的数据业务快速增长和电信市场竞争日趋激烈的形势下，传统的光传输网已经不能适应用户的需求，迫切需要一种能提供动态的连接管理、具有基于格状拓扑的保护和恢复功能的、具有更强的抗毁能力的、能为用户提供不同带宽和不同QoS的区分服务、以及能提供和快速部署多种增值业务的新型光传输网——自动交换光传输网(Automatic Switched Optical Network,ASON)，又称智能光传输网。

ASON的概念最早是2000年3月在日本召开的会议上，由国际电信联盟电信标准化部门(1TU-T)的Q19/13研究组正式提出的，并由此形成了G. ason的建议草案。之后，在各界的共同推动下，智能光传输网相关标准的制定工作进展迅速。目前，有关ASON的体系结构、网络功能需求、路由架构、分布式连接管理以及自动发现机制等建议已经发布，人们对智能光传输网的认识也已基本达成一致。

ASON在ITU-T的文献中定义为“通过能提供自动发现和动态连接建立功能的分布式(或部分分布式)控制平面，在OTN或SDH网络之上，实现动态的、基于信令和策略驱动控制的一种网络”。智能光传输网除继承了光传输网的主要特点外，还具备以下一些突出优点：

1）智能光传输网可实现流量工程要求，允许将网络资源动态、合理地分配给网络中的连接。

2）智能光传输网具有灵活多样的恢复能力，使网络在出现故障时仍能维持一定质量的业务，特别是能实现分布式快速恢复功能。

3）智能光传输网能很好地利用光层资源满足数据业务动态、灵活的连接请求，提供了一个响应快、成本低的智能化底层光传输网络。

4）智能光传输网可提供多种新型的光层业务，如按需带宽分配(Bandwith On Demand,BOD)和光虚拟专用网(Optical Virtual Private Network,OVPN)业务等。

2. ASON的发展历史

光传输网的智能化演进应分为以下四个阶段，这是将网络的层次按照典型的模型进行划分，即干线网、城域核心层、城域汇聚层及城域接入层。

1）第一阶段：干线网逐步智能化。

2）第二阶段：部分大城市城域网的核心层实现智能化；中小城市城域网的核心层通过用户网络接口(User to Network Interfaces,UNI)接入智能骨干网络。

3）第三阶段：城域汇聚/接入层网络通过UNI，接入智能核心层网络。

4）第四阶段：城域汇聚/接入层网络实现智能化。

3. ASON的功能及特点

智能光传输网被认为是传统光传输网概念的重大突破，是具有高灵活性和高扩展性的基

础网络设施。智能光传输网是从 IP、SONET/SDH、WDM 环境中升华而来的，将 IP 的灵活和效率、SONET/SDH 的保护超强生存能力以及 WDM 的容量，通过创新的分布式控制系统有机地结合在一起，形成以软件为核心的、能感知网络和用户服务要求的、能按需直接从光层提供业务的新一代光传输网络。

（1）ASON 的功能

1）基本功能：构成了智能光传输网控制平面的基础，它是实现智能光传输网智能的基础，包括路由功能、信令功能、链路管理功能和单元接口技术。

2）核心功能：用于实现智能光传输网的智能化，包括网络连接控制、保护/恢复、业务处理及策略管理。

（2）ASON 的特点

1）在不需要人为管理和控制的作用下，可以依据控制平面的功能，提供动态连接的能力，自动选择路由，并通过信令控制实现业务连接的建立、修改、拆除，自动保护和恢复，自动发现等功能。

2）支持网络朝多信道、高容量、可配置和智能型的方向演进。

10.1.2 ASON 的基本框架

1. 智能光传输网原理

数据业务对光传输网提出更高的带宽需求和服务质量要求，驱使光传输网从传统的仅提供原始固定带宽的方式向更易于管理和控制、更加灵活和智能化的可运营方向发展。

智能光传输网体系结构正是基于这样的技术需求和背景而提出的。它通过对业务进行分类，依据网络资源业务流量进行智能化的配置，并且在网络出现故障时提供强大的网络生存能力。由此赋予了光传输网实时的提供可配置带宽和动态的端到端连接管理能力。

智能光传输网的核心在于明确提出了光传输网的控制平面。它通过控制平面的方式并引入信令控制的交换能力，来实现连接配置的管理。因此，控制平面的信令协议对于智能光传输网尤为重要。

智能光传输网原理模型如图 10-1 所示。智能光传输网包括三种接口协议：UNI（User

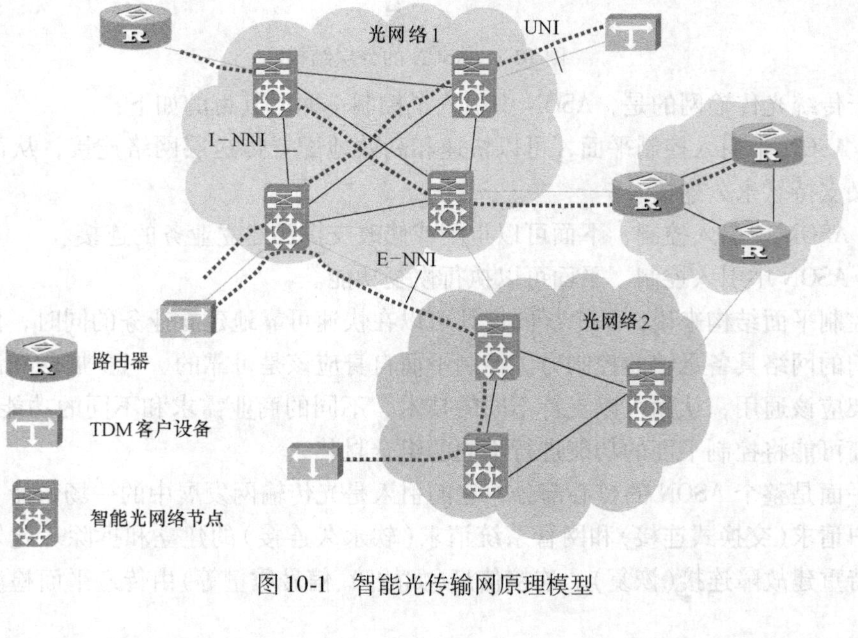

图 10-1 智能光传输网原理模型

Network Interface)、E-NNI(External Network to Network Interface)、I-NNI(Internal Network to Network Interface)。

(1) UNI 定义了用户到智能光传输网设备的接口协议。

(2) E-NNI 定义了光传输网侧不同厂家设备互通的协议，其信令协议以 GMPLS 为主体。

(3) I-NNI 是由厂家自定义的内部协议，尽管可以自定义，但为了向最终的对等模型平滑过渡，也应该遵循标准的 GMPLS、OSPF(Open Shortest Path First)等协议信令，为以后的升级、对接提供方便。

2. 分层结构

ITU-T 的 G. 8080 和 G. 807 规范定义了一个与具体技术无关的智能光传输网分层结构，它包括三个独立的平面，即控制平面(CP)、传送平面(TP)和管理平面(MP)。ASON 的分层结构如图 10-2 所示，该图体现了三个平面为支持在分层网络中进行连接交换而进行互操作的高层视图。图中还包括了数据通信网(Data Communications Network, DCN)，它是一个负责路由、信令、链路资源管理以及网络管理信息传送的信令通信网(Signaling Communications Network, SCN)。

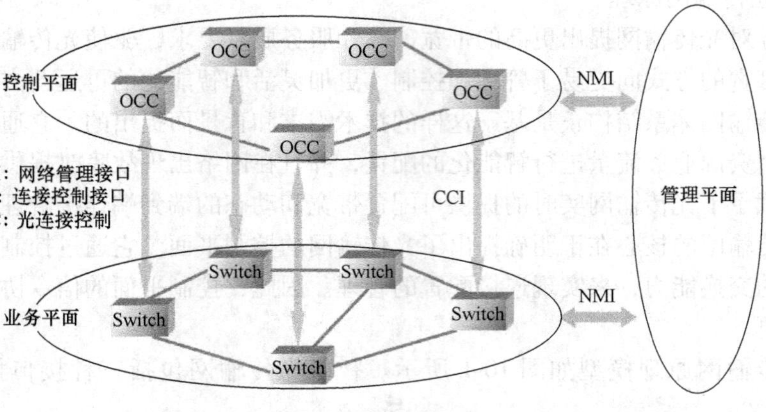

图 10-2 ASON 的分层结构

不同于传统光传输网的是，ASON 中引入了控制平面，其目的如下：

1) 在 ASON 中引入控制平面，可以快速和高效地配置传送层网络连接，从而既支持交换式连接又支持软永久连接。

2) 在 ASON 中引入控制，下面可以重配或修改支撑已建立业务的连接。

3) 在 ASON 中引入控制，平面可以执行恢复功能。

对于控制平面结构来说，一个好的设计可以在快速可靠地建立业务的同时，使得业务提供商对他们的网络具备足够的控制力。控制平面自身应该是可靠的、可扩展的和高效的。控制平面框架应该通用，从而可以支持不同的技术、不同的商业需求和不同的功能分布(不同的设备厂商可能将控制平面的功能进行不同的组合封装)。

控制平面是整个 ASON 的核心部分，它的引入是光传输网发展中的一场革命。控制平面应支持用户请求(交换式连接)和网管系统请求(软永久连接)的建立和拆除。此外，控制平面还应支持重建故障连接(恢复)。连接信息(如故障、信号质量等)由传送平面检测，并提供给控制平面。控制平面基于链路信息(如邻接、可用带宽、故障信息)进行连接的建立、拆除与恢复。详细的故障管理信息或性能监测信息通过传送平面(利用开销)或管理平面(包括DCN)进行传送。

传送平面由一系列的传送实体组成，用来为不同的用户传递业务信息。这些信息的发送可以是单向的，也可以是双向的，为此，传送平面需要实现客户信号的适配、随路开销信息的插入和提取、传输链路上的功率均衡、色散补偿以及链路和通道性能的监测等。除了传递用户信息以外，传送平面还可以传递部分控制信息和网络管理信息。

管理平面用来对传送平面和控制平面进行管理并对各平面的操作进行协调。管理平面可以对网元和网络进行管理，也可以对业务进行管理。通常，管理平面在智能性上不如控制平面，其部分管理功能被控制平面所取代。ASON的管理平面与控制平面互为补充，可以实现对网络资源的动态配置、性能监测、故障管理以及路由规划等功能。ASON的管理系统是一个集中管理与分布智能相结合、面向运营商的维护管理需求与面向用户的动态服务需求相结合的综合化的光传输网管理方案。

虽然各个平面的功能相互独立，但由于这些平面都是对某些共同的资源进行操作，因此它们之间就必然存在一定的相互操作。可以看出，这些操作分为三种类型：一是管理平面与传送平面的互操作；二是控制平面与传送平面的互操作；三是管理平面与控制平面之间的互操作。

3. 节点结构

传统的光节点由单纯的电交叉连接设备或光交叉连接设备和光线路传输设备构成，不具备智能。电交叉设备包括SDH和SONET交叉设备，如分插复用器(ADM)、数字交叉连接器(DXC)。近年来还出现了基于波分复用的光交叉连接设备，如光分插复用器(OADM)、可重构的光分插复用器(ROADM)、光交叉连接器(OXC)。这些光节点的配置和重构都要通过网元网管系统和网络管理系统完成，需要人力的介入。费时费力，还容易出错。因为网络中的设备可能是不同厂家生产的，即便是同一厂家的设备也可能是不同的版本，再加上一个连接可能跨越多个自治的网络管理域，所以网管系统不能统一，光连接的提供速度极为缓慢，配置一条光通道有时要花费几个星期，甚至几个月的时间。

ASON问世以后，控制平面采用信令和路由机制控制传送实体，从而实现了光节点和光传输网的自动化和智能化。控制平面功能的实现方式是在传统光节点上增加一个控制节点，一般采用一块ASON智能控制板卡来实现控制节点的功能。ASON节点包括两个部分，即光传送节点和控制节点。ASON的设备结构示意图如图10-3所示。

ASON传送节点的结构与传统节点结构基本一样。控制节点分别通过连接控制接口(CCI)和网络管理接口(NMI)与传送平面及管理平面通信。CCI可以采用以太网方式通信，通过此接口完成控制节点向传送平面发送建立、删除和查询连接等命令。NMI是网元管理代理和控制单元之间的接口，使用以太网方式，采用TCP/IP进行通信。

为了保证智能光传输网各个实体之间信息的传递，ITU-T定义了不同的逻辑接口来规范通信规则。ASON的功能结构示意图如图10-4所示，图中定义了连接控制接口(CCI)、网络管理A接口(NMI-A)和网络管理T接口(NMI-T)。CCI是控制平面和传送平面之间的接口，它负责将交换控制指令从控制平面发送到传送平面网元以及将资源状态信息从传送平面网元发送到控制平面。NMI-A和NMI-T是实现管理平面对控制平面和传送平面管理的接口，其

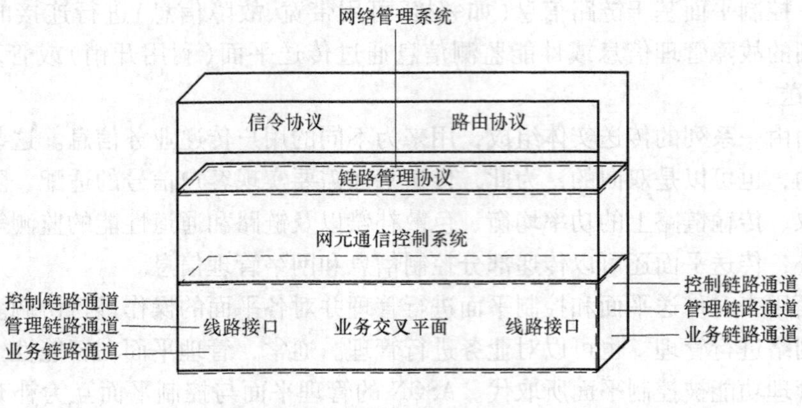

图 10-3　ASON 的设备结构示意图

中对控制平面的管理主要是对信令、路由和链路资源等功能模块进行配置、监视和管理；而对传送平面的管理，则包括基本的传送平面网络资源的配置、日常维护过程中的性能检测和故障管理等。

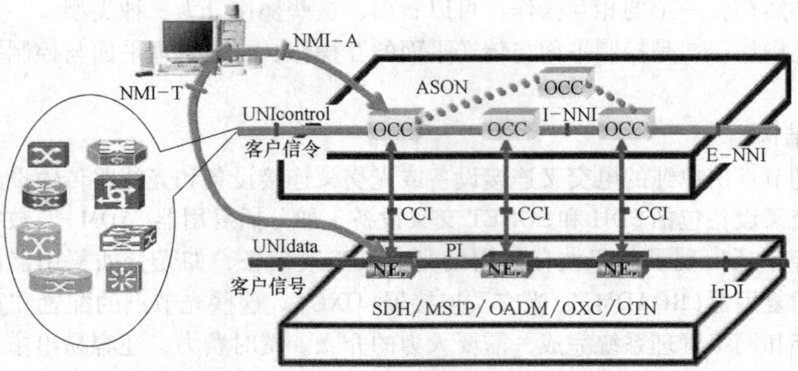

图 10-4　ASON 的功能结构示意图

10.1.3　ASON 的控制协议

ASON 的控制协议是控制平面的重要组成部分，也是实现控制平面各项功能的重要手段。

1. ASON 协议标准

ASON 协议标准主要来自 ITU-T（国际电信联盟标准化部门）、IETF（互联网工程任务组）和 OIF（光互连论坛）。

（1）ITU-T 标准　ITU-T 传统上是制订光传输网标准的组织，在 ASON 方面侧重于明确需求、制订结构和协议无关的结构组件，在具体的协议设施方面，则需要与其他标准组织（如 IETF）合作解决。

（2）IETF 标准　IETF 传统上侧重于互联网协议的发展，其制订的多协议标准交换协议（MPLS）作为下一代数据传送标准的基础已经得到业界的认同。通用的多协议标签交换协议（GMPLS）是从带流程工程扩展的 MPLS（MPLS-TE）技术自然扩展而来，作为统一多交换技术控制平面：支持传统 MPLS 支持的分组交换和二层交换，还可以支持传统上属于传输网络的

TDM、波长交换和端口交换等。

（3）OIF标准　OIF是光传输网运营商和设备商就光层互连互通而组织的论坛，不是一个正式的标准化组织。该组织结合ITU-T ASON结构和IETF GMPLS协议来定义光UNI和E-NNI接口，实现不同厂商设备的互操作。

总之，ITU-T是电信方面的国际标准的主要制定者，以它在光传输网标准方面的基础，推动的智能光传输网体系ASON得到运营商和设备商的广泛重视。

2. ASON协议实现

目前在协议的实现上，最快的方法是采用现有的数据网络协议。现在ITU-T及各个国际标准化组织准备采用GMPLS协议作为ASON的控制协议，它是由MPLS协议扩展而成的，有许多种选择，其中ASON使用了一部分，并进行扩展，以适应于ASON。它主要包括链路管理和发现协议LMP，扩展的开放最短路径优先协议OSPF或RSVP、IS-IS、RIP、静态路由协议，扩展的基于约束的标签分发（信令）协议RSVP-TE或CR-LDP，基于GMPLS控制平面路由算法库。

ITU-T G. 7713建议了三种信令协议，即PNNI、RSVP和CR-LDP。

（1）PNNI　PNNI协议起源于传统的电信信令协议（Q. 2931、Q. 931、SS7），可靠性较高，但灵活性不够，且无法与GMPLS协议互通，PNNI协议仅适用于软永久连接。

（2）RSVP　RSVP协议起源于IPCoS技术，具有较好的资源同步、差错处理功能，能更好地处理掉电等异常情况，更容易实现多播，可以实现控制平面与数据平面的完全分离，具有较好的灵活性，但为了能够应用于ASON，需要进行较大的扩充与改进，且可靠性不如PNNI。ITU-T G. 7713. 2规范的RSVP-TE协议，重点规范了UNI和E-NNI，通常也适用于I-NNI，但还需要进一步规范，同样支持软永久连接，也支持域内的交换连接。

（3）CR-LDP　CR-LDP协议起源于IP MPLS技术，实现多播困难，同样需要进行较大的扩充与改进，ITU-T G. 7713. 3规范的CR-LDP协议适用于UNI、E-NNI和I-NNI，可以进行与ASON有关的自动呼叫和连接操作。

相比之下，RSVP比CR-LDP更成熟，因此，绝大多数的厂家均采用RSVP协议。

对于路由协议，ITU-T尚未定义具体的路由协议，域内路由协议有OSPF和IS-IS两种；域间路由协议有BGP、OSPF、PNNI和DDRP，现在，绝大多数厂家采用OSPF协议。

10.1.4　ASON网络技术

电信运营商ASON网络结构如图10-5所示。ASON网络的规划、建设和管理与现有传输网（如SDH和DXC网）相对独立，即采用重叠建网的方式。网状网结构包括长途网和本地网两个部分。ASON长途网负责155Mbit/s及以上颗粒电路的调度，对VC12的调度和汇聚，原则上在本地网完成。

为了提高网络的可靠性，长途网在重要的节点城市设置两个或多个ASON节点设备，并与本地网采用双节点互连，实现负荷分担和节点保护，可以根据业务的发展，逐步实施。在一个控制域内，业务量大的节点之间应实现直接互连，以减少中间节点设备的端口需求。在E-NNI技术和标准成熟之前，不同控制域之间可以采用传送平面静态互连的方式。以后根据E-NNI标准的发展情况，再逐步引入E-NNI互连方式。

1. ASON组网方式

（1）独立组网　ASON独立组网时通常采用Mesh方式，ASON独立组网方式如图10-6

所示，可实现所有 ASON 功能。

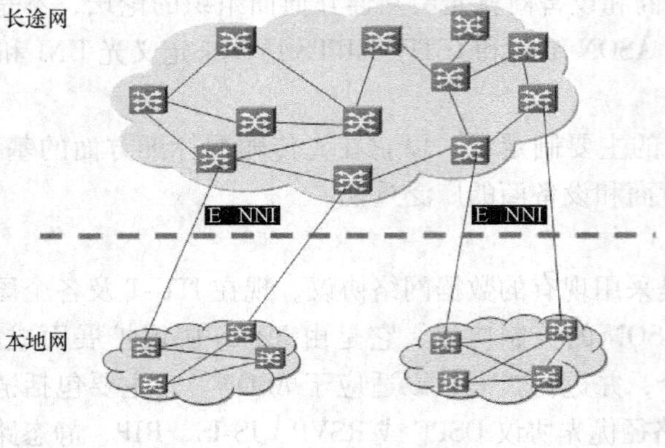

图 10-5 电信运营商 ASON 网络结构

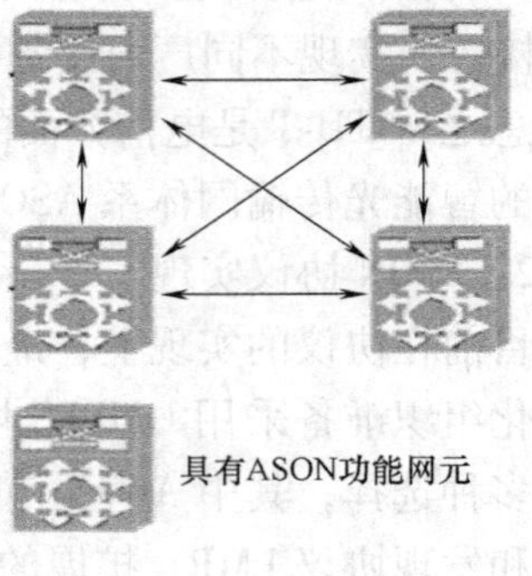

图 10-6 ASON 独立组网方式

（2）通过 UNI 与传统光传输网混合组网 ASON 通过 UNI 与传统光传输网混合组网方式如图 10-7 所示，在这种方式中，传统光传输网作为 ASON 的客户信号接入，这种模型适合于现有城域网与新建 ASON 骨干网的混合组网。组合的网络内部采用 UNI，不能再采用 UNI 面向用户。因此不直接支持客户的软连接(SC)业务。

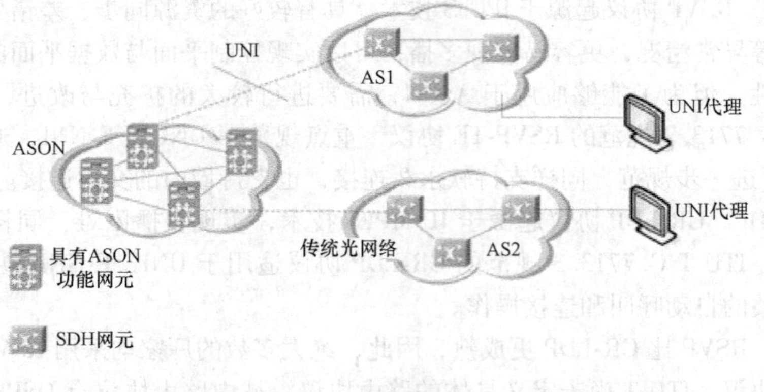

图 10-7 ASON 通过 UNI 与传统光传输网混合组网方式

（3）通过 NNI 与传统光传输网混合组网 ASON 通过 NNI 与传统光传输网混合组网方式如图 10-8 所示，ASON 通过 NNI 与传统光传输网混合组网，通过对传统光传输网设置

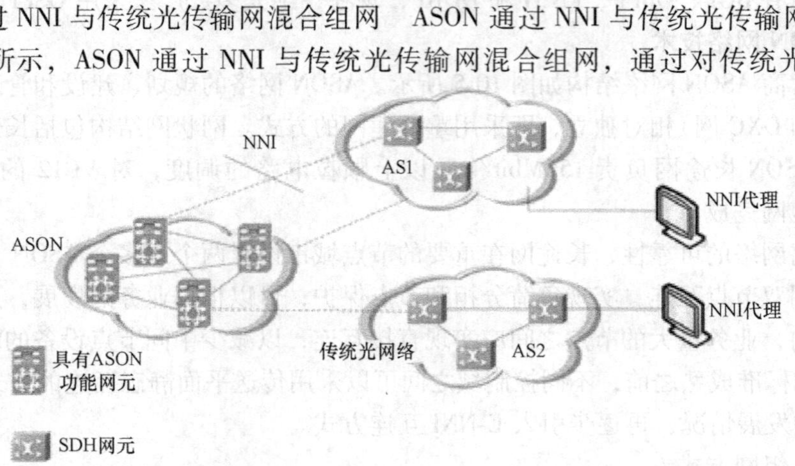

图 10-8 ASON 通过 NNI 与传统光传输网混合组网方式

NNI 代理，实现带外分布式 ASON，以提供 SC 业务。ASON 与现有网络分别进行管理和配置，无法实现全网的统一管理和调度。

2. ASON 业务介绍

（1）业务定位　基于 ASON 所具有的特性，ASON 可以同时作为承载网和业务网。ASON 作为承载网，可以为各种业务网络提供可靠的传送服务。ASON 作为业务网，可以直接为客户提供高品质的专线、BoD 和 OVPN 等业务。随着 ASON 技术的成熟和成本的降低，现有 SDH 网络将逐步向 ASON 演进。

ASON 长途网 A 平面的业务带宽以 155Mbit/s、622Mbit/s、2.5Gbit/s 等颗粒为主，B 平面的业务带宽以 2.5Gbit/s、10Gbit/s 和 40Gbit/s 等大颗粒为主。A 平面初期提供的业务类型包括出租专线（155Mbit/s 及以上）、BOD 和 OVPN 等新业务，以及退网 SDH 设备所承载的业务。

ASON 本地网的业务带宽以 2Mbit/s IT/S、FE/GE 和 155Mbit/s 等业务颗粒为主，主要承载各种业务网的中继电路和出租专线等。

（2）连接类型　根据连接建立方式的不同，ASON 网络应支持以下三种网络连接类型：

1）永久连接（PC）：这种连接不需要网络具有自动路由和信令能力，由网管系统负责连接的建立。永久连接的建立沿用传统 SD H 系统的电路配置方式。

2）交换连接（SC）：连接的建立请求由客户端设备通过 UNI 信令接口发起，使用网络的路由和信令功能自动建立。

3）软永久连接（SPC）：这种方式的连接是在网络的边缘提供永久连接，在网络内部提供交换连接，以实现端到端的连接。此连接由网管系统发起连接建立请求，不需要 UNI 信令。

（3）业务类型　ASON 网络的业务类型主要包括增强型专线业务、按需带宽分配（BOD）业务和光虚拟专用网（OVPN）业务。

1）增强型专线业务提供增强的专线业务，采用 SPC 连接，具有以下业务特性：

① 连接请求由网管发起，由控制平面建立连接，支持跨域的连接建立。

② 如果客户需要修改连接属性，如链路带宽的调整，需要通知网络操作者，由网管进行修改，客户没有此权限。

2）按需带宽分配（BOD）业务是指依托于 ASON 网络，客户可以根据需要实时或非实时地请求带宽的专线业务，具有以下业务特性：

① 用户或用户设备可以直接通过 UNI 或网管系统发起连接建立和修改请求。

② 根据网络管理策略不同，客户对 ASON 网络可以具有一定的可见性，如分离路由和保护恢复方式等。

③ 客户可以在合同允许范围内对连接属性进行修改而无需告知网络操作者，可修改的参数包括连接带宽和服务质量等级等。

3）光虚拟专用网（OVPN）业务在 ASON 网络中为特定的用户组提供虚拟专用网业务，连接类型可以是 SPC 或 SC。它具有以下特性：

① 支持一般 VPN 的封闭用户组概念，同一 OVPN 中的用户端口之间可以在合同范围内按需建立连接。

② OVPN 业务应支持独享和共享两种资源配置方式：独享方式是指明确为每个 OVPN

划分专用的网络资源，共享方式即多个 OVPN 可以共享传输网网络资源。

③ 在客户业务合同允许的范围内，客户具有对其自身网络的可见性和控制能力，如 OVPN 的逻辑拓扑。

④ OVPN 业务应该支持各种 OVPN 拓扑，如星形、网状网和任意形式的拓扑。

⑤ OVPN 业务可以为用户提供客户端网管，用户可以通过客户端网管向 ASON 网络请求建立连接，可查看属于其 OVPN 域的网络拓扑和资源，可实时查询其 OVPN 域内的告警和性能。

(4) 业务接入 在业务接入方面，不同的业务类型需要不同的接入方式。

1) 对于 PC 和 SPC 业务，客户设备和 ASON 网络不需进行控制平面的连接，只需进行传送平面的连接。接入方式包括：

① 客户直接接入 ASON 网络的传送平面。

② 对于不能直接接入 ASON 网络的客户设备，可以通过传统传输网接入 ASON 网络的传送平面，传统传输网作为接入 ASON 网络的延伸方式。

2) 对于 SC 业务，客户设备和 ASON 网络之间需要进行控制平面和传送平面的连接。接入方式有：

① 客户直接接入 ASON 网络的传送和控制平面。在 UNI 接口优先采用带内 DCN，当无法提供带内 DCN 时采用带外 DCN。

② 对于不能直接接入 ASON 网络的客户设备，可以通过传统传输网接入 ASON 网络的传送平面，并通过外部 DCN 接入 ASON 网络的控制平面。

为了增强网络生存性，重要业务可以采用双归接入，通过两条分离路径接入 ASON 网络。当一条路径失效时，可以采用另一条路径进行接入。ASON 设备应支持双归接入方式。对于重要的大客户，可以直接接入 ASON 长途网，而不需要通过本地网的转接。

10.1.5 典型 ASON 设备介绍

华为 OptiX OSN 9500 设备需要额外购买并安装智能软件系统，才具有相应的智能特性。

OptiX OSN 9500 智能光交换系统如图 10-9 所示，提供一套独立运行的智能软件系统，该软件系统可实现带宽的动态交换分配，可完成业务的智能寻找路由和配置等功能，使用起

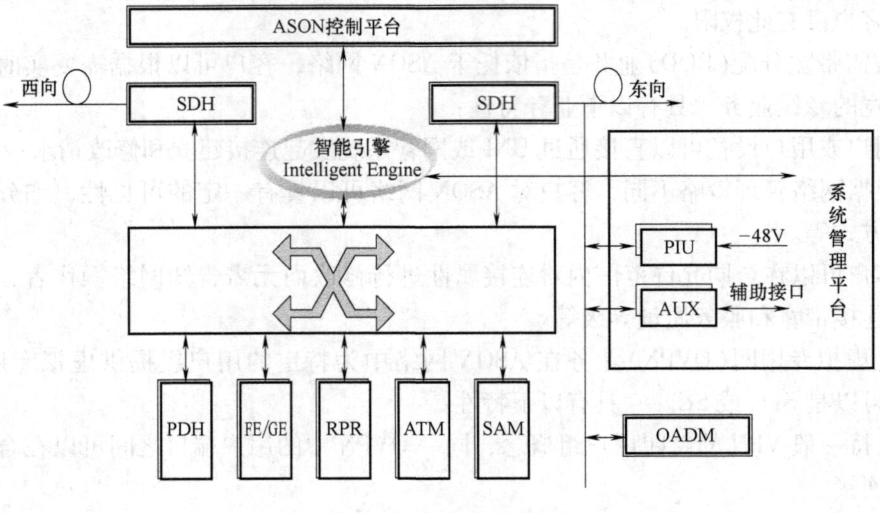

图 10-9 OptiX OSN 9500 智能光交换系统

来十分方便和灵活，可有效提高网络带宽的利用率。

光传输网的发展从以前的仅提供传输通道的配套网逐渐向业务运营网演变。实施了智能特性的光传输网能为用户提供多种高质量的带宽应用及服务：带宽出租、带宽批发、带宽贸易、流量工程及SLA服务等。

1. SLA服务

（1）SLA业务的划分原则　SLA业务从保护的角度将业务分成多种级别（高级业务、中级业务、重路由业务、无保护业务等），不同级别的业务，费用不同，这样可以更灵活地满足多种不同用户的需求。

（2）基于SLA的不同业务级别的保护　OptiX OSN 9500智能光交换系统通过提供SLA服务，使运营商能够细分市场，获得更多的客户，提高服务质量，客户在得到满意的服务的同时，节约了成本。

对不同的业务级别的差异化保护见表10-1，钻石业务主要满足于银行、证券、重要政府机关等用户的业务需求；而金级业务主要满足语音、多媒体、视频等业务需求；银级业务主要适合于一般数据业务传输；铜级业务适合于一般的普通家庭上网等应用。

表10-1　对不同的业务级别的差异化保护

业务级别	保护级别	服务业务质量
钻石业务	高级保护	业务质量依次升高 ↑
金级业务	中级保护	
银级业务	重路由保护	
铜级业务	无保护	

多种级别业务的提供，既可以充分继承传统SDH网络环形网快速保护倒换的优点，又可以发挥Mesh网灵活、高带宽利用率特性。

2. 端到端的业务自动配置

通过在网管上进行操作，就可以实现端到端业务的快速自动生成和保护。

3. Mesh组网

Mesh组网与Ring组网相比：带宽利用率高、扩展性好、生存力强，适合业务量很大分布又比较均匀的地区。Mesh组网结构不受节点瓶颈问题和失效问题的影响，两点间有许多路由可选，可靠性很高。

4. 流量工程

OptiX OSN 9500产品通过在网络中实施流量工程，可使网络负载均衡，从而方便了网络规划，提高了带宽利用率。

5. 综合智能业务应用

OptiX OSN 9500的智能业务通常是以上智能特性的综合应用：SLA、流量工程、Mesh组网、端到端业务，可在网管上的单击配置这些业务。

10.2　OTN技术

10.2.1　OTN的标准及特点

光传输网（Optical Transport Network，OTN）是由ITU-T G.872、G.798、G.709等建议定义

的一种全新的光传送技术体制，它包括光层和电层的完整体系结构，对于各层网络都有相应的管理监控机制和网络生存性机制。

OTN 由一组通过光纤链路连接在一起的光网元组成的网络，能够提供承载客户信号的光信道的传送、复用、路由、管理、监控以及保护(可生存性)。OTN 的一个明显特征是对于任何数字客户信号的传送设置与客户特定特性无关，即客户无关性。

1）光信号由波长来表征，光信号的处理可以基于单个波长，也可以基于一个波分复用组。

2）OTN 在光域内可以实现业务信号的传递、复用、路由选择、监控，并保证其性能要求和生存性。

3）OTN 可以支持多种上层业务或协议，是未来网络演进的理想基础。

2008 年 12 月 ITU—SG15 全会达成协议，由华为技术有限公司、中国电信和中国移动主导的 OTN 设备国家标准在 2009 年内发布，这是中国首次主导 OTN 标准的制定。中国 OTN 标准类别见表 10-2。

表 10-2　中国 OTN 标准类别

类别	技术点描述	标准	主导单位
1. 25Gbit/s ODU	正式承认 ODU0 定义	G. 709	华为技术有限公司、中国移动通信集团公司
	TTT + GMP 映射 1GE 到 ODU0	G. 709	华为技术有限公司、中国移动通信集团公司
	映射 2 路 ODU0 到 ODU1	G. 709	—
10Gbit/s ODU	正式承认基于 G. sup43 第 7. 1 节定义的 ODU2e	G. 709	华为技术有限公司、中国移动通信集团公司、NTT
	比特透明承载 10GBASE-R 到 OPU2e	G. 709	—
	通过 Transcoding 映射 10G FC 到 OPU2e	G. 709	Cortina、Nortel
	基于 G. sup43 第 7. 3 节定义的通过 GFP-F 映射 10GBASE-R 的帧和控制码字到 ODU2	G. 709	A _ L、Nortel、AT&T
40Gbit/s ODU	ODU3y 支持混合映射所有 LO ODU，确定相应的 ODU3y 规格(速率因子:243/217;帧结构:2. 5Gbit/s 时隙或 1. 25Gbit/s 时隙;复用映射:GMP)	G. sup43	中国移动通信集团公司、中国电信集团公司、华为技术有限公司
	ODU3ye 仅支持 4 路 ODU2e(速率:基于 10GE LAN，帧结构:2. 5Gbit/s 时隙,复用映射:AMP)	G. sup43	NTT/KDDI、AT&T、A _ L
OTU4	OTU4 速率和帧格式	G. 709	华为技术有限公司

1. OTN 的主要特点

(1) OTN 是一种全新的传输网络体制

1）满足数据带宽爆炸性的增长需求。

2）通过波分功能满足每光纤 Tbit/s 级传送带宽需求。

3）提供 2. 7Gbit/s、10. 7Gbit/s 乃至 43Gbit/s 的高速接口。

4）透明传送各种客户数据，如 SDH/SONET、以太网、ATM、IP、MPLS，甚至 OTN 信号自身(ODUk)。

5）提供独立于客户信号的网络监视和管理能力，有效解决国际以及运营商之间网络争端问题。

6）提供多级嵌套重叠的TCM连接监视。

7）支持灵活的网络调度能力和组网保护能力。

8）满足未来骨干网节点的Tbit/s级以上的大容量调度。

9）具有与SDH/SONET同样的兼容性，对于SDH信号具有完全透传能力，包括SDH开销和定时。

10）支持虚级联传送方式，以完善和优化网络结构。

11）后向兼容能力：使运营商充分利用现有网络资源。

12）前向兼容能力：提供对未来各种协议的高度适应能力(完全透明)。

13）提供强大的带外FEC功能，有效保证了线路传送性能。

(2) OTN的实现方式

1）为实现Tbit传输，传输层采用DWDM技术(OMS层)。

2）定义三种Gbit网络速率接口：2.5Gbit/s、10Gbit/s、40Gbit/s。

3）SDH/SONET、ETHERNET、ATM、IP、MPLS、GFP业务都可以透明传输。

4）减少了网络的层次(IP/TDM(OTN(Fiber)))。

(3) OTN交叉方案与传统WDM方案对比　WDM方案和OTN方案特点比较见表10-3。

表10-3　WDM方案和OTN方案特点比较

特点	传统WDM方案	OTN方案
灵活性	固定连接，不灵活，业务提供和调整必须完全手工参与	业务提供和调整可远程完成，业务上下或穿通可任意调整
可扩展性	仅支持点对点的组网模式	支持由点对点网络向环形网和Mesh网的平滑演进
投资保护	同一配置仅支持单一业务，业务需求变化时需要更换整个OTU板卡	线路和支路单元分离，客户侧或波分侧速率升级(10Gbit/s升级到40Gbit/s,40Gbit/s升级到100Gbit/s)后，单板均可重复利用，保护投资
OPEX	固定连接，分段独立的管理，业务提供周期长，维护成本高	网络化的管理模式，端到端的业务配置和告警性能管理，维护成本低

2. OTN的相关标准及其相互关系

G.709建议是ITU-T对OTN接口的标准化，可用做OTN设备的UNI及NNI接口单元，仅界定了对操作管理光层子网所必需的开销功能，对与光技术发展相关的方面接口未加限定。OTN相关标准见表10-4。

表10-4　OTN相关标准

项目	OTN标准	项目	OTN标准
建议的框架	G.871	总体结构	G.872、G.873
元件和子系统	G.661、G.662、G.663、G.671	结构和映射	G.709
功能特性	G.681、G.798	管理	G.874、G.875
物理层	G.691、G.692、G.664、G.959.1		

10.2.2 OTN 技术原理

1. OTN 分层结构

从技术上看，目前实现全透明网还有不少难处，例如直接在光域上对网内的业务信号进行监控、光域组网与运营，相应的标准还需研究开发。另外，由于半透明光信号处理可以利用，所以为避免技术与运营上的困难，ITU-T 决定按光传输网(OTN)的概念来研究光传输网技术及制定相应的标准。OTN 是根据网络的功能和主要特征来定义的。它不限制网络的透明性，其最终目标是全透明的全光网络。OTN 不仅可以将传送容量提高到 Tbit/s 甚至 10Tbit/s 量级，更重要的是可以在光层对信号进行处理。例如光信号的复用与解复用、光信号的分插、光波长的转换、光波长交换、光通路建立/拆除以及提供光波长出租业务等，与电层网络相比发生了质的变化。

与 SDH 网络的分层概念基本相同，OTN 技术体系可以分为通道层、段层和物理层。其中，通道层又分为低阶通道层和高阶通道层两个子层，段层又分为复用段层、再生段层和光段层三个子层。光传输网是在光域对客户信号提供传送、复用、选路、监控和生存性功能的实体。从某种意义上讲，可以将光传输网看成传送 SDH 信号的光段层的扩展，由于是光传输网，因此不再称为光段层而叫做光层，又可以将光层分为若干子层，即 OTN 可分为光通路层(OCH)、光复用段层(OMS)和光传输段层(OTS)。OTN 的分层结构如图 10-10 所示。

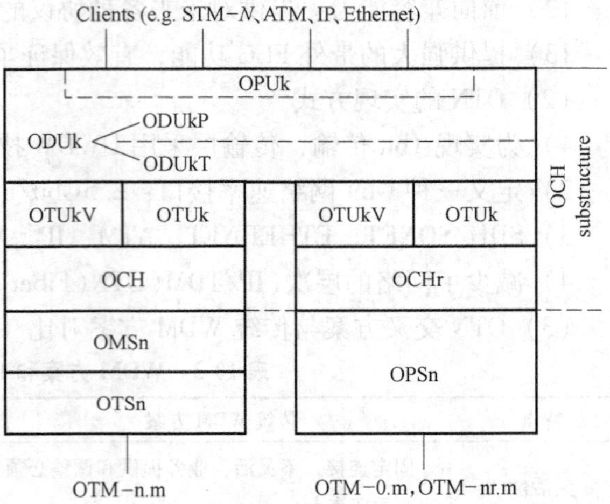

图 10-10 OTN 的分层结构

光通路层为透明传送(如 SDH、PDH、ATM 信元等各种格式的客户信号)的光通路提供端到端的联网。光通路层又可以细分为三个子层；光通道数据单元层、光通道传送单元层和光通道层，光通道数据单元层还可再细分出光通道净荷单元子层。光复用段层提供多波长(或多个光时隙或多码号)的光信号，也包括单波长通路的联网功能。光传输段层将复帧分为三个区域：净负荷域、光信道开销(OH)域、前向纠错(FEC)域。OCH 复帧结构如图 10-11 所示。

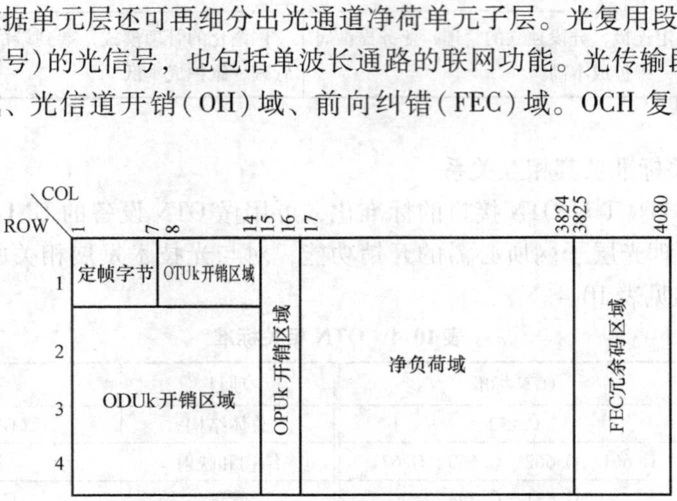

图 10-11 OCH 复帧结构

光信道净负荷域包括客户信号净荷和将客户信号映射到净负荷单元所需要的开销。采用通用组帧程序(GFP)协议，可以方便、高效地将任意类型的客户信号封装到净负荷单元，最常见的如SDH、ATM、以太网、IP等。

在OCH基帧中，只有第一行16个字节作为光信道开销，其中包括6个帧定位字节，所以不能满足光信道层的管理需要，因此采用4个基帧组成一个复帧以满足OCH开销的需求。其中第一基帧的16个字节用于帧定位和传输开销，其余3×16字节用于光信道数据开销。传输开销提供错误检测、校正和段层连接监控功能。数据开销包含用于维护信号(MS)的字节，用来指示端到端光信道的连续性，如告警指示(AIS)、开路指示(OCI)或锁定(LCK)，用于6级串联监控(TCM)的部分。一个复帧中，有4×256个字节用于FEC。

在帧结构中，数字净负荷信息处于开销和FEC之间，如同被封住，因此OCH帧结构又称为数字封装技术。数字封装技术实现了运行管理(Operation Administration and Maintenance, OAM)，与SDH相比具有一定的优越性。首先，数字封装技术只使用了16个字节的开销，仅占基本帧结构的0.392%，远小于SDH的开销比例3.33%。其次，数字封装技术将不同格式或速率的客户层信号装入容器内，使光数据网直接在光层承载基于分组的业务流，如ATM、吉比特以太网，很好地实现了“服务透明性”。最后，数字封装技术使用FEC，大大提高了系统的性能。SDH中的BIP-8算法，报告给网络管理员的只是一种误比特率(BER)。而采用FEC算法，网络管理员可同时了解光信道的实际误比特率以及FEC校正后的误比特率。因此，采用FEC降低了对光纤的要求，延长了中继器之间的距离。当线路数据升级时，使用FEC可以保持原有的中继器之间的距离。最重要的一点是，使用FEC的系统提高了传送业务的BER性能，这种BER性能改进几乎接近于5dB光信噪比的增益，系统性能提高了很多。

在OTN中，还采用了专门的载波波长信道进行维护管理，这就是光监控信息技术(Optical Supervisory Channel, OSC)，这是一个相对独立的子系统。OSC用于光复用段层(Optical Multiplex Section, OMS)和光传输段层(Optical Transmission Section, OTS)开销的物理传输，同时还承载非相关的光信道开销以及用来进行通用管理通信。采用OSC的优点是可以减少用于网络监控所耗费的光带宽，同时也避免了在DWDM系统中占用净负荷的光带宽。OSC由帧定位信号(FAS)和净负荷组成，OSC的净负荷分为维护信号和管理消息两类。

原则上讲，狭义的OTN仅是一个传送平面，必须加上管理平面才能进行配置、监控、运行维护管理，这和电层网络是相似的。在OTN传送平面和管理平面的基础上，如果再加上控制平面以及能为管理平面与控制平面的信息提供传送的数据通信网络(DCN)，则OTN就发展到其高级形式——ASON。所以可以说，广义的OTN是包括ASON在内的光层网络。如果其中的光信号处理能全部以光形式来实现的话，就可以实现人们所希望的全光网。

2. OTN的管理

(1) OTN的功能和结构　从功能和结构上看，OTN的网络管理功能与SDH传输网基本一致，同样采用了面向目标和分布处理技术，但与SDH网络管理系统相比，OTN网管系统有以下特点：

1) 由于OTN是在光域内完成对信号的处理，因此，其网管系统必须适用光层管理的特点和要求。

2) OTN中存在一些与SDH设备功能和特性截然不同的管理实体，如OXC和OADM。

3）OTN 需要有自己的管理信息结构和开销方案，这是由其透明性决定的。

4）OTN 需要考虑与现有 SDH、ATM、IP 等网管系统的配合问题，能够支持 SDH、ATM、IP 网络，并与电路层信号相独立。

5）OTN 网络管理系统实现难度更大。

（2）故障管理 OTN 网络管理系统应具有端到端故障管理、配置管理和性能管理功能（不管是在一个管理域内，还是两个管理域之间），此外它还应提供误连接的检测和通知功能，再有，还应具有以下特性：

1）确保传输网络实体的互连接，这些网络采用兼容的适配或特征信息。

2）检测故障、隔离故障，并且启动恢复工作，提供单端维护的条件。

3）业务层信号发生中断时，应通知其上游和下游网络。

4）能够检测性能劣化（以避免故障），并检验业务质量。

5）能够支持远端维护人员间，操作系统与远端之间及便携终端与本地或远端网之间的通信，这些通信也可由光传输网的外部通道实现。

（3）网管系统 OTN 的网管通信用通道主要有两种形式，一种是在光信号中嵌入信息的方式，另一种是专用光通道方式（如专用波长信号和低频光信号调制）。OTN 的网管系统应能够检测并显示来自电路层网络信号的丢失，同时还能够防止不必要的、无效的或相互冲突的生存动作，这需要在层内、业务层和客户层间引入保护等待时间和告警抑制方法。除此之外，全光网络的网管系统还应具有结构管理功能（在光子域内实现网络重构）和物理性能管理功能（实现光功率、噪声、色散和波长对准管理，并维持连接性能和实现差错管理及保护倒换）及网络质量监测功能（光信噪比、光功率，光频率值及其变化量，通过在线和不在线方式实现）。一般来讲，光通道层处理的有关管理信息是输入/输出信号状态（功率、调制百分比）、温度、色散管理状态、级连接状态、通道路径识别、矩阵连接状态。光复用段层处理的有关管理信息是输出信号状态（功率）、LD 状态、波长转换器状态、信号质量、LD 温度、波长转换器、温度、复用通道识别。光传输段层处理的有关管理信息是泵浦源电流，输出信号状态，温度、色散管理状态，输入/输出信号功率。另外，OTN 网络管理系统同样面临着多厂家设备互操作问题。

3. OTN 生存性

为适应各种业务信号日益严格的要求，OTN 必须具有极强的可生存性，这就要求 OTN 必须采用保护和恢复技术。

同 SDH 传输网一样，为适应各种业务信号日益严格的要求，OTN 必须具有极强的可生存性，这就要求 OTN 必须采用保护和恢复技术。

OTN 采用了两种保护体系，即路径保护和子网连接保护。光路径保护是端到端保护机理，可用于各种网络结构（如网状网、环形网或两者混合结构），它既可以是单向形式工作，也可以是双向形式工作，适用于光通道层和光复用段层。在光传输段层中使用路径保护，保护方式既可以是“单向 1 + 1”，也可以是“1∶1”，但“1∶1”工作时，保护通路可以支持低等级业务。子网连接保护同样适用于各种网络结构，可以用于保护网络连接的全部或其中的一部分，使用内在监控方式（SNC/I 保护业务层中的故障）。倒换和故障检测过程由两个相邻层完成，业务层提供故障检测过程，客户层接收业务层产生的业务信号故障（SSF）。同时，子网连接保护还使用非介入式监控（SNC/N），使用客户层信息，保护业务层中的故障检测及客户层的故障和劣化检测。光传输网中的子网连接保护有以下几种方式：

1）“1+1”SNC/N 适用于光通道层和光传输段层，在光传输段层中使用时，“1+1”SNC/N 仅限于网络连接保护，而不是子网连接保护，因此，仅可用于没有线路放大器的短距离光线路系统。

2）“1+1”SNC/I 适用于光通道层网络。

3）“1+1”光通道 SNCP。

4）光通道共享保护环。

5）光复用段共享保护。

OTN 保护技术的比较见表 10-5。

表 10-5　OTN 保护技术的比较

保护技术	恢复时间	冗余度	拓扑选择
光复用段	100ms 以内	100%	线形拓扑
光通道 SNCP	100ms 以内	100%	线形和/或环形网
光复用段共享保护环	100ms 以内	低于 100%	线形和/或环形网
光通道共享保护环	100ms 以内	低于 100%	可在网状网中使用
光传输网分布恢复	几百毫秒	最少	可在网状网中使用

OTN 的网络恢复技术是基于光通道的交叉连接实现的，原理与 SDH 传输网没有太大区别，有两种方式：一种是集中控制式，另一种为分散控制式，同样需要重选路由的恢复算法。恢复算法也有预置路由和动态实时计算两种。与 SDH 传输网网络恢复技术相比，OTN 的网络恢复容量更大，恢复速度更快。

4. 前景展望

在 OTN 技术发展过程中，首先要定义好规范的光 UNI 和 NNI 接口，解决好网管信息的标准化和 OSC 信道的定义和规划，利用 OTDM 或光孤子与 WDM 技术的结合，提高 OTN 传输容量，解决好波长通道的颗粒性大的问题，进一步提高光通道层带宽利用效率。

采用波长色散自动补偿机制，对不同波长通道进行色散、非线性和噪声的在线监测、管理和自动补偿，降低高速长距离全光传输色散积累和噪声对系统性能的影响。

另外，级联的放大器的噪声和光传输非线性的积累也需要监测和管理机制。网络的规划、管理、保护、网络的互通和网管信息的传递和互通等问题，也是建立高效统一 OTN 所面临的阻碍和研究课题。

10.2.3　OTN 设备介绍

1. 设备结构

华为 OSN 8800 设备如图 10-12 所示，其逻辑结构如下。

（1）光层

1）9 维 ×80 波 ROADM。

2）720 个波长调度，每波 10～100Gbit/s。

（2）电层

1）支持 80×40Gbit/s 1500km 无电中继传输，可升级到单波 100Gbit/s。

2）1.28Tbit/s ODU0/1/2/3 交叉，可升级到 2.56Tbit/s。

2. 主要特点

华为 OSN 8800 设备具有强大的管理能力，高可靠性和高密度的设计。

（1）管理能力

1）提供完整的 OTN 端到端性能监控。

2）光、电层统一智能控制（ASON）。

3）支持与 OSN 6800 混合配置和统一管理。

（2）高可靠性

1）电源、交叉单元、控制单元、风扇等均提供 1+1 保护。

2）支持各层次专有/共享网络保护和 ASON 恢复。

（3）高密度设计

1）1 柜 2 框，300mm 深机柜可容量 64 个业务槽位，128×10Gbit/s 上下能力。

2）所有单元都能做到 1+1 保护，无需更多槽位（如 $M:N$）。

3）容量最大的 OTN 设备：1.28Tbit/s 通用交叉，可以升级到 2.56Tbit/s。

4）单面 2 层，共 32 个业务槽位。

5）通用业务槽位，每个槽位 40Gbit/s，可升级到 80Gbit/s。

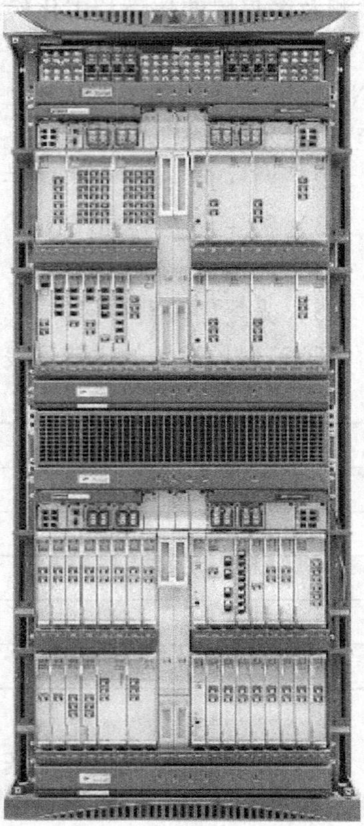

图 10-12 华为 OSN 8800 设备

10.3 PTN 技术

10.3.1 概述

从 3G 接入网 IP 化发展趋势上来看，目前无线接入网（Radio Access Network，RAN）接口的承载主要基于 SDH，但是随着 IP 技术的发展，它已逐步成为未来 RAN 接口承载的方向。RAN 网络的 IP 化使得承载和传送层面面临业务类型由 TDM 为主向以 IP/ETH 分组为主转变、业务接口由 E1 向 FE 变化、业务粒度由 2Mbit/s 向 10Mbit/s 至 100Mbit/s 发展等挑战。IP 化的业务呈现出带宽突发性、很高的峰均值比等特点，传统基于电路交换的 MSTP 传输网以刚性管道为特点，不能很好地满足这些分组业务的传送需求，MSTP 的分组处理或 IP 化程度不够彻底，其 IP 化主要体现在业务接口 IP 化，内核却仍然是电路交换。这就使得 MSTP 在承载 IP 分组业务时效率较低，并且无法适应以大量数据业务为主的 3G 和全业务时代的需要。随着 TDM 业务的相对萎缩及全 IP 环境的逐渐成熟，传送设备需要由现有“以 TDM 电路交换为内核”向“以 IP 分组交换为内核”演进。

目前，提出的分组传输网（PTN）可以很好地解决移动网络由 2G 向 3G 演进背景下，由 TDM 业务向 IP 业务的逐步过渡，满足 2G/3G 基站回传业务的统一接入和传送，被认为是下一代城域传输网的一个重要发展方向。

分组传输网（Packet Transport Network，PTN）是指这样一种光传输网络架构和具体技术：在 IP 业务和底层光传输媒质之间设置一个层面，它针对分组业务流量的突发性和统计复用传送的要求而设计，以分组业务为核心并支持多业务提供，具有更低的总体使用成本，同时秉承光传输的传统优势，包括高可用性和可靠性、高效的带宽管理机制和流量工程、便携的OAM和网管、可扩展、较高的安全性等。PTN特点如图10-13所示。

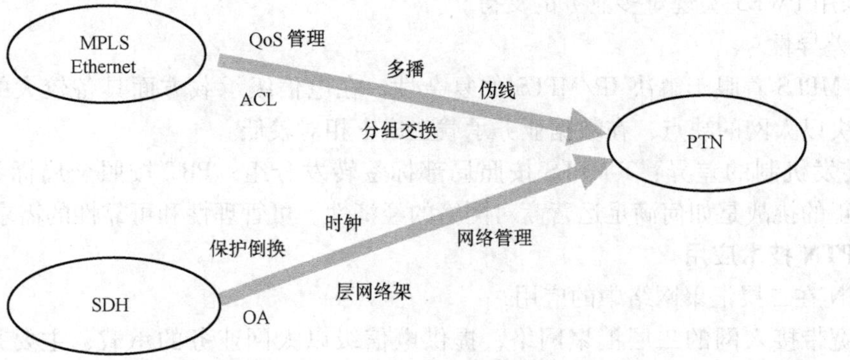

图10-13　PTN特点

分组传输网在垂直网络协议中位于一层的物理层和三层的IP层之间，能够对分组业务提供高效统计复用传送，网络结构支持分层分域，具有良好的可扩展性，可以提供可靠的网络保护及OAM管理功能，具备完善的QoS功能，兼容传统时分复用(TDM)、ATM、帧中继(Frame Relay,FR)等业务的综合传输网技术，支持分组的时间及时钟同步，分组传输网需要具备多种功能来实现上述业务的传送，这其中既有继承的原来SDH传输网的功能需求，也有针对分组业务提出的新的功能需求。目前，T-MPLS/MPLS-TP和PBT(PBB-TE)技术是分组传输网的代表技术，可以较好地满足分组传输网的功能要求。

1. T-MPLS

T-MPLS是在MPLS技术上结合传输网特性发展起来的一种分组传送技术。去除了MPLS与IP相关的无连接特性(如PHP、LSP合并、ECMP等)。具有类似SDH的OAM机制，包含告警管理、性能管理和配置管理功能，网络管理习惯与SDH相似，可实现端到端的网络监控。

2. PBT

PBT是在以太网技术上结合传输网特性发展起来的一种分组传送技术。它去除了以太网的无连接特性(如MAC地址学习、STP等)，利用MAC-In-MAC技术隔离客户信息，保证了透明性，增强了以太网的OAM和保护功能。PBT的优势主要包括:

1）简单安全：运营商网络MAC对用户MAC而言是不可见的，骨干网也无需处理用户MAC，运营商网络根据外层MAC进行转发。

2）可靠性高：PBT可以提供低于50ms的恢复时间，与SDH保护技术相似。

3）扩展性好：I-SID突破VLAN ID的限制，可支持16Mbit/s的业务实例。

4）可管理性强：以太网连接由网管系统进行配置，与SDH运营方式类似。

5）成本低：没有复杂的信令机制，在交换机上可以实现，与MPLS方式相比设备和运行维护成本优势明显。

3. T-MPLS与PBT技术比较

T-MPLS与PBT技术比较，其相似性大于差异性。

（1）相似性

1）目标相同：构造电信级的面向连接的分组传输网络。

2）都提供类似 SDH 的性能、OAM 和网络管理方式。

3）相同的业务感知和 QoS 机制。

4）采用 PWE3 实现对多业务的支持。

（2）差异性

1）T-MPLS 着眼于解决 IP/MPLS 的复杂性，在电信级承载方面具备较大的优势；PBT 着眼于解决以太网的缺点，在数据业务承载上成本相对较低。

2）转发机制的差异：T-MPLS 按照局部标签转发分组；PBT 按照全局标签转发分组。总之，真正的挑战是如何满足运营商对网络的经济性、可管理性和可靠性的需求。

10.3.2 PTN 技术应用

1. PTN 在二层汇聚网络中的应用

作为宽带接入网的二层汇聚网络，提供电信级以太网业务的承载，主要是 DSLAM 到 BRAS 的业务汇聚和 OLT 到 BRAS 的业务汇聚，如图 10-14 所示。

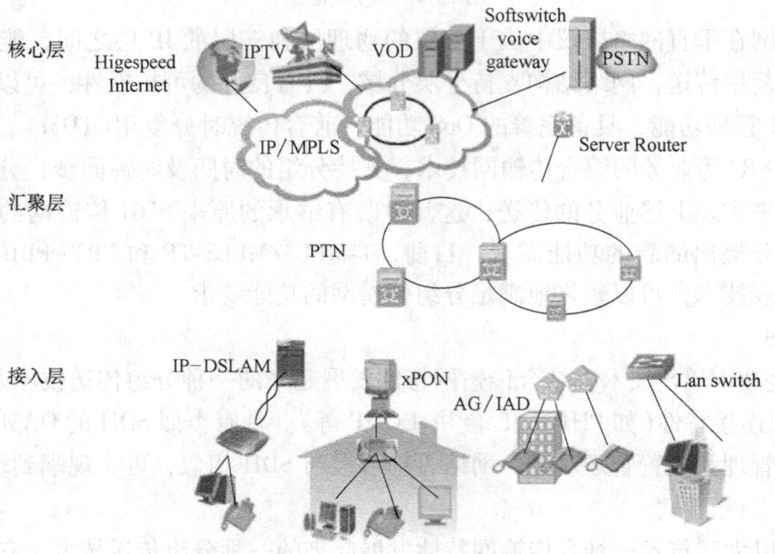

图 10-14　PTN 在二层汇聚网络中的应用

在目前主要还是以普通互联网业务为主的条件下，与以太网交换机相比，PTN 用于宽带接入网在成本方面不具有优势，引入 PTN 的迫切性不是很强。PTN 是否能够在这种应用场景中得到应用，需要综合考虑所承载的业务类型（上网业务、IPTV、VOIP 等）和网络建设/运营成本等因素。

2. PTN 作为高质量城域分组传输网络

作为高质量城域分组传输网络，提供高质量分组业务的传送；IP 城域网主要用于承载普通宽带上网业务，主要提供 CN2 MPLS VPN 业务接入、城域以太网专线和 L2 VPN 业务、3G 基站到 RNC 的回传业务、软交换和 IPTV 等业务承载，如图 10-15 所示。

与 IP 路由器组网相比，PTN 用于提供高质量分组业务（以太网专线/L2 VPN、CN2 VPN 接入、3G IP RAN 承载）在技术和成本两个方面均具有优势。

3. PTN 技术与其他技术的比较

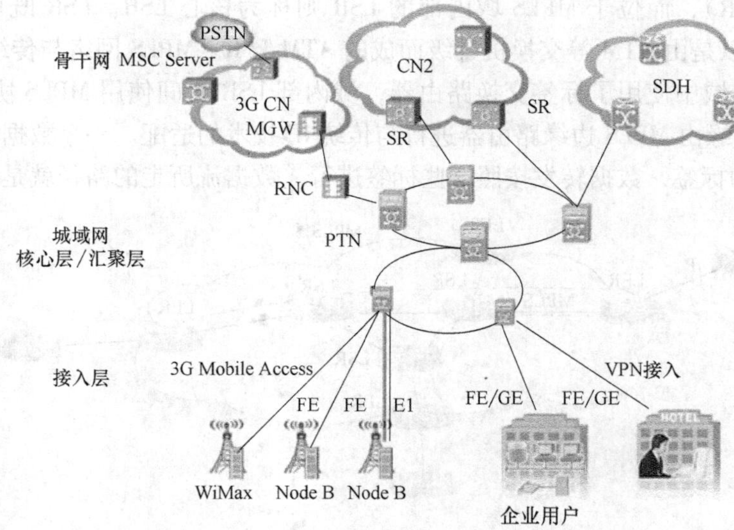

图10-15　PTN作为高质量城域分组传输网络

PTN技术与其他技术的比较见表10-6。

表10-6　PTN技术与其他技术的比较

性能指标	PTN	IP城域网	MSTP/SDH
数据业务支持	支持	支持	较差
保护恢复	1+1/1：N，保护时间<50ms	FRR/路由协议收敛/以太环网，保护时间为100ms	SDH保护机制
多业务支持	TDM、Ethernet、ATM	以数据业务为主	TDM、ATM、Ethernet
时钟同步	频率同步和时间同步	不支持	频率同步
OAM能力	类似SDH的端到端的OAM机制	IP/MPLS维护配置复杂，以太网OAM能力差	OAM能力完善
QoS	MPLS/Diffserv	轻载/Diffserv	严格保证

10.3.3　PTN的关键技术

1. 多协议标签交换(MPLS)

多协议标签交换(Multi-Protocol Label Switching, MPLS)支持多种三层协议，如IP、IPv6. IPX等；在报文打上标签，以标签交换取代IP转发。

在MPLS域中报文转发是基于标签的，IP包在进入MPLS网络时，MPLS入口的边缘路由器分析IP包的内容并且为这些IP包选择合适的标签，然后MPLS域中的中间节点都是依据这个简短标签来作为转发判决依据。当该IP包最终离开MPLS网络时，标签被出口的边缘路由器分离。

MPLS网络的典型结构如图10-16所示。其中，LSR(Label Switch Router)为标签交换路由器；LER(Label Edge Router)为标签边缘交换路由器；图中虚线路径表示LSP(Label Switch Path)，意为标签交换路径。MPLS的基本组成单元是MPLS标签交换路由器(LSR)。由MPLS LSR构成的网络区域称为MPLS域，位于MPLS域边缘与其他网络或用户相连的LSR

称为边缘 LSR(LER)，而位于 MPLS 域内部的 LSR 则称为核心 LSR。LSR 既可以是专用的 MPLS LSR，也可以是由 ATM 等交换机升级而成的 ATM-LSR。MPLS 网络与传统 IP 网络的不同主要在于 MPLS 域中使用了标签交换路由器，域内部 LSR 之间使用 MPLS 协议进行通信，而在 MPLS 域的边缘由 MPLS 边缘路由器进行与传统 IP 技术的适配。一个数据流，在不同的节点被赋予确定的标签，数据转发按照这些标签进行。数据流所走的路径就是 LSP。

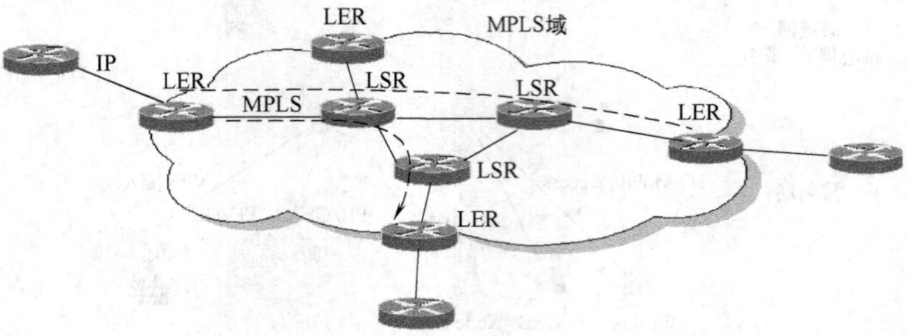

图 10-16　MPLS 网络的典型结构

报文在 MPLS 域内进行标签交换的时候是通过唯一确定的 LSP，在 IP 网络中报文转发路径是不确定的，可能同时存在多条路径。

2. 端到端的伪连线仿真(PWE3)

端到端的伪连线仿真(Pseudo Wire Emulation Edge to Edge, PWE3)是在 IP 或 MPLS 等 PSN 包交换网络上模拟如以太网、ATM、TDM 等电信业务的关键技术。随着 IP 网络的发展，IP 网络本身的可拓展、可升级以及兼容互通能力非常强。而传统的通信网络的升级、扩展、互通的灵活性则相对比较差，受限于传输的方式和业务的类型，并且新建的网络共用性也较差，不宜于互通管理。因此在传统通信网的升级和拓展过程中，应考虑是建立重复的网络还是充分利用现有或公共网络资源。

PWE3 正是将传统通信网络与现有分组网络结合而提出的解决方案之一，PWE3 网络模型如图 10-17 所示，图中涉及的主要专业术语解释如下。

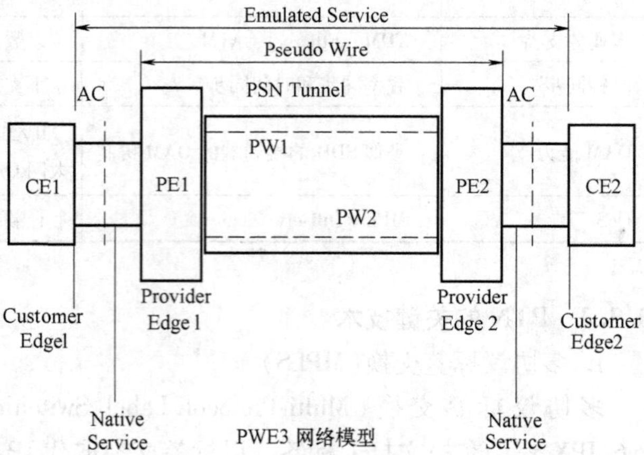

图 10-17　PWE3 网络模型

1）PW(Pseudo Wire)——伪连线，从一端 PE 传送仿真业务到 PSN 网络对端 PE 的一种机制。

2）CE(Customer Edge)——用户边缘设备，发起或终结业务的设备，CE 不能感知也不需要感知正在使用的是仿真业务还是本机业务。

3）PE(Provider Edge)——供应商边缘设备，向 CE 提供 PWE3 隧道传输机制的设备。通常指骨干网上的与 CE 相连的设备，负责 VPN 业务的接入。PE 负责完成报文从私网到公网隧道、从公网隧道到私网的映射与转发。

4）AC(Attachment Circuit)——接入链路，连接 CE 和 PE 的物理电路或虚拟电路。ATM

VPI/VCI、以太网接口、VLAN、MPLS LSP 都可以作为 AC 链路。

5）Tunnel——隧道，隧道技术是在网络上透明承载信息的一种机制，例如隧道用于承载 PW。隧道是一条本地 PE 与对端 PE 之间的直连通道，完成 PE 之间的数据透传。一条隧道上可以承载多条 PW，一般情况下为 MPLS 隧道。如果将 PWE3 与 MPLS Tunnel 的关系和 SDH 传输技术中的虚容器 VC12 与 VC4 之间的关系作简单的类比的话，PW 可以看做是 VC12，MPLS Tunnel 可以看做是 VC4。

6）PSN（Packet Switching Network）——包交换网络。

PWE3 是一种二层业务承载技术，主要用于在分组交换网络 PSN 中尽可能真实地模拟 TDM 电路、ATM、帧中继、以太网和 SONET/SDH 等业务的基本行为和特征。通过 PWE3 技术可以将传统的 TDM 网络与分组交换网络互连起来，从而实现资源的共享和网络的拓展。PTN PWE3 支持三个业务接口：TDM（E1）、ATM 和 Ethernet。

为了使两个客户 CE 设备能够在 PSN 网络上面通信，两个 PE 设备（PE1、PE2）之间需要提供一个或者多个 PW 伪连线通道。对于核心网络来说，PW 是不可见的，对于 CE 设备来说，核心网络也是透明的。原始数据单元（比如比特、信元、数据报文等）通过 AC 传送而到达 PE，并且被封装进 PW 报文，然后通过下层 PSN 网络承载。PE 设备的功能是对 PW 报文进行封装、解封装，以及其他像报文顺序或者定时等 PW 伪连线技术需要的功能。

3. 虚拟专用网（VPN）

虚拟专用网（Virtual Private Network，VPN）是利用公共网络来构建的企业专用网络。其特点是：

（1）专用性　VPN 资源只能被该 VPN 的用户使用，不能被网络中其他用户所使用，并且可以提供 QoS 功能，对 VPN 用户提供不同等级的服务质量保证。

（2）安全性　VPN 数据受到安全保护，不会受到窃听和攻击破坏。

（3）虚拟性　VPN 用户内部的通信是通过一个公共网络进行的，而公共网络不是专用的。

VPN 可以按照网络协议模型层次划分为 L1VPN、L2VPN 和 L3VPN，其中，PWE3 特指 LDP、RSVP 建立的点到点的 L2VPN；VPLS 特指 LDP、BGP 建立的多点到多点的 L2VPN，L2VPN、PWE3. VPLS 都属于 L2VPN；L2VPN 特指 CCC、SVC、BGP 方式的点到点的 L2VPN。L2VPN 技术模型如图 10-18 所示。

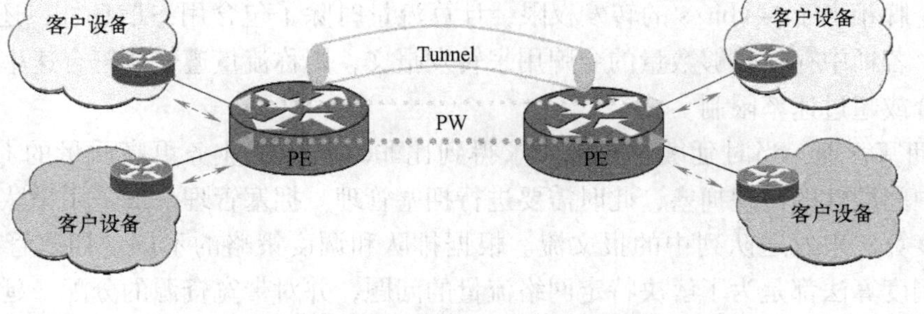

图 10-18　L2VPN 技术模型

L2VPN 技术是为了充分利用 IP/MPLS 网络资源来支持数据业务而推出的，用 IP/MPLS 网络为二层数据链路包（如 ATM 信元、FR 帧、以太网帧）提供传送通道，以便实现 IP 网和数据网的融合。从用户的角度来看，这个 PSN 网络就是一个二层的交换网络，通过这个网络可以在不同站点之间建立二层的连接。

4. 服务质量(QoS)

服务质量(Quality of Service,QoS)是指网络通信过程中，允许用户业务在丢包率、延迟、抖动和带宽等方面获得可预期的服务水平。

随着网络技术的飞速发展，互联网中的业务越来越多样化，目前互联网中传输的数据不再是当初的 Email、FTP、WWW 等简单的业务，多媒体业务、电子商务等新业务迅速发展，一些实时性强的业务如涉及语音和视频的 IP 电话、在线电影、多媒体游戏等要求网络有足够的带宽和低的转发时延。网络的普及，业务的多样化，使互联网流量激增，产生网络拥塞，转发时延增加，严重时还会产生丢包，导致业务质量下降或不可用。如何解决日益增长的流量在有限的带宽上产生的拥塞，如何在有限的带宽上提供有效的服务，如何在网络中控制不同业务的流量，如何为语音、视频等实时性业务提供低时延的转发，成为当今网络技术的重要课题。这些问题都直接影响着业务提供的质量，QoS 技术就是在这种背景下发展起来的，QoS 技术在当今的互联网中应用越来越多，其作用越来越重要，如果没有 QoS 技术，业务的服务质量就无法保证。

QoS 目标包括避免并管理网络拥塞；减少报文的丢失率；调控网络的流量；为特定用户或特定业务提供专用带宽；支撑网络上的实时业务。

QoS 实现的关键技术包括：

（1）数据包分类及标记　使用数据包类型或者是内容对数据包进行分类，以便这个数据包能够适合网上的 QoS 服务，应用数据包分类可以将为网络上的数据流分成多个层次的优先级或者服务等级。网络管理者可以设置报文分类规则，可以依据 MAC 地址、IP 地址、物理端口号、协议类型以及协议端口号等规则为数据包分类。

（2）流分类方式　PTN 设备支持两种流分类方式：简单流分类、复杂流分类。

（3）流量监管　流量监管(Traffic Policing,TP)就是对流量进行控制，通过监督进入网络的流量速率，对超出部分的流量进行“惩罚”，使进入的流量被限制在一个合理的范围之内，从而保护网络资源和运营商的利益。PTN 设备借助令牌桶机制来实现流量监管。令牌桶可以看做是一个存放令牌的容器，它有一定的容量，桶中的令牌数目决定了允许进入的流量速率。PTN 设备按设定的速率向令牌桶中放置令牌，通过控制投放令牌的速率来实现承诺访问速率。当桶中令牌满时，多出的令牌溢出，桶中令牌不再增加。使用令牌桶控制流量速率时，一个令牌相当于 64kbit/s 的转发权限，计算流量时除了包含用户信息外，还包括 VLAN 帧头信息。若桶中存在足够数量的令牌用来转发报文，则称流量遵守或符合速率限制，否则称为不符合或超过速率限制。

（4）拥塞管理　当时延敏感业务要求得到比非时延敏感业务更高质量的 QoS 服务时，而且网络中间歇性的出现拥塞，此时需要进行拥塞管理。拥塞管理一般采用排队技术，使用不同的调度算法来发送队列中的报文流。根据排队和调度策略的不同，拥塞管理技术也不同。每种调度算法都是为了解决特定网络流量的问题，并对带宽资源的分配、延迟、抖动等有着十分重要的影响。网络拥塞时，保证不同优先级的报文得到不同的 QoS 待遇，包括时延、带宽等。将不同优先级的报文入不同的队列，不同队列将得到不同的调度优先级、概率或带宽保证。

5. 电路仿真业务(CES)

电路仿真业务(Circuit Emulation Service,CES)业务是一种二层业务承载技术，它可以在分组交换网络传输中尽可能的仿真 TDM 信号，CES 业务模型如图 10-19 所示。PTN 支持通过 PWE3 技术仿真 TDM 业务，即在源节点接入 TDM 业务，将 TDM 信号封装在 PW 中传送至宿节点，再还原出 TDM 信号，完成 TDM 业务的仿真。

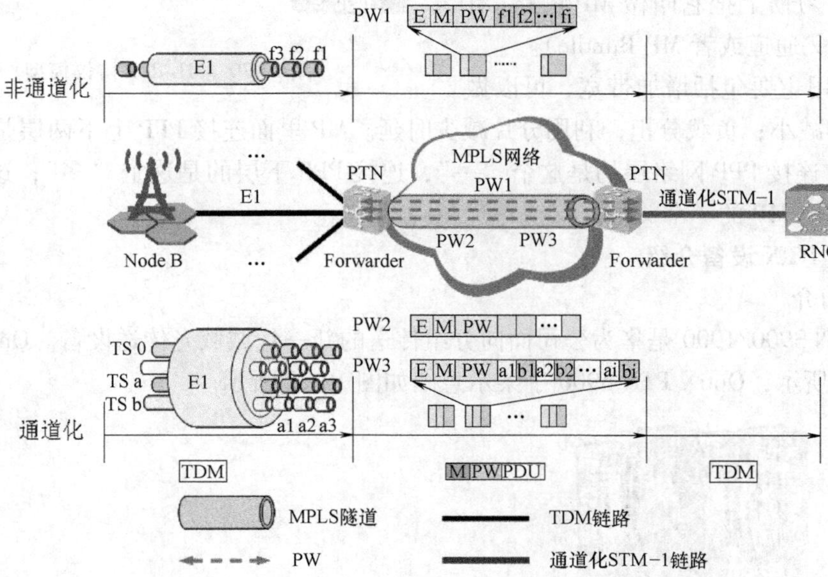

图 10-19　CES 业务模型

在图 10-19 中，E1 表示 2G/3G 无线接入业务帧。PDU(Protocol Data Unit)表示仿真 TDM 业务的原始分组，PW 表示 PWE3 帧头，M 表示 MPLS 帧头。接入链路 AC 为 TDM 电路，可以是 E1 专线。从 BTS(或 Node B)节点发出的数据流为 TDM 格式，一帧包含多个时隙。本端 Forwarder 将接收到的 TDM 时隙按照一定数目捆绑为分组，并先后封装两层标签，内层标签用于标识 PW，外层标签用于标识 MPLS 传输的 Tunnel 隧道。然后 Forwarder 将其转发给 PSN 网络内的下一台 PTN 设备。PSN 网络中间的 PTN 设备接收到分组后，只根据外层 MPLS 标签进行转发，并不解析内层标签。对端的 Forwarder 接收到分组后，弹出封装的两层标签并将分组解封装，重建 TDM 流，转发给目的接收者 RNC。

6. 多链路点到点协议(ML-PPP)

多链路点到点协议(Point-To-Point Protocol,PPP)作为一种提供在点到点链路上承载网络层数据包的链路层协议，处于 TCP/IP 协议体系的第二层，主要被设计用来在支持全双工的同异步链路上进行点到点之间的数据传输。我们可以将 IP 包放在各种数据链路层中进行传输，数据链路层可以是 SNAP、PPP、Ethernet 等。如果利用 PPP 协议，可以在 1.5Mbit/s 的 T1 以及 64kbit/s 的 ISDN B 通道上传输 IP 包。

PPP 协议是在串行线 IP(Serial Line IP,SLIP)协议的基础上发展起来的。由于 SLIP 协议只支持异步传输方式、无协商过程(尤其不能协商如双方 IP 地址等网络层属性)、只能承载 IP 一种网络层包文等缺陷，在以后的发展过程中，逐步被 PPP 协议所替代。

多链路点到点协议(MultiLink PPP,ML-PPP)是出于增加带宽的考虑，将多个 PPP 通道捆绑使用产生的，ML-PPP 协议模型如图 10-20 所示。这多个 PPP 通道捆绑成一条 PPP 链路使用，从网络层来看就只是一个逻辑通道、一条 PPP 链路。这种处理方法有些类似于 SDH 中的 VC4 级连。这里的 PPP 通道，习惯上把它叫做 MP 通道，这里的逻辑通道（PPP 链路），习惯上把它叫做 MP 链路（有时也叫做 MP 父通道或者 MP Bundle）。

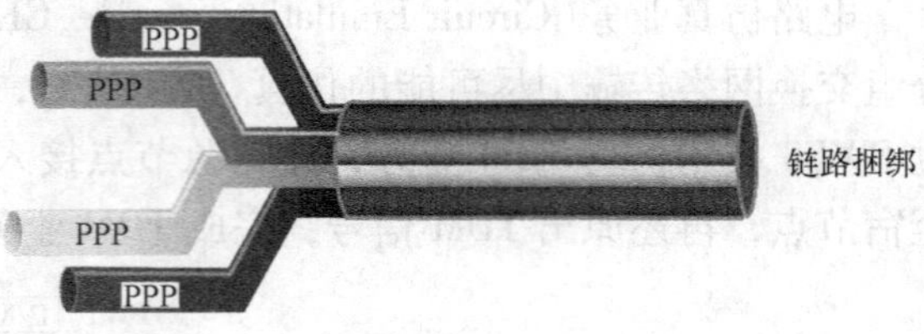

图 10-20　ML-PPP 协议模型

MP 的作用主要包括增加带宽，可以做到动态增加与减小；负载分担；利用分片减少时延。MP 里面连接 PPP 上下两层是个“一对多”的结构，连接 PPP 网络层的是这个“一”，连接 PPP 下层的是这个“多”；这个层次结构的理解是理解 MP 的一个关键。

10.3.4　典型 PTN 设备介绍

1. 设备简介

OptiX PTN 3900/1900 是华为公司面向分组传送的新一代城域光传送设备。OptiX PTN 设备如图 10-21 所示，OptiX PTN 3900 子架示意图如图 10-22 所示。

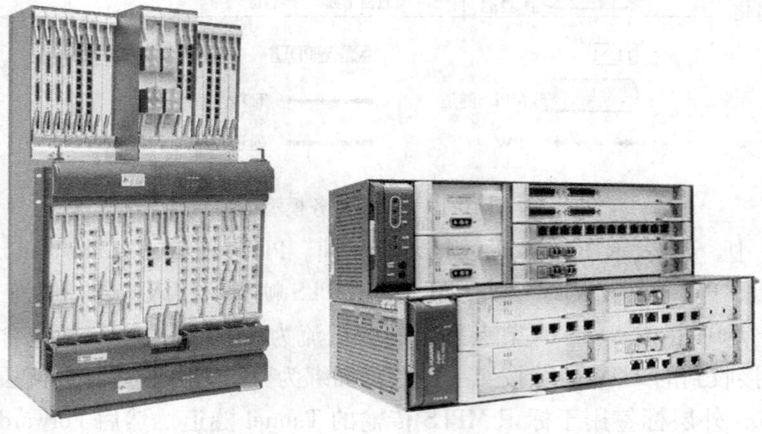

a) OptiX PTN 3900设备外形　　b) OptiX PTN 1900设备外形

图 10-21　OptiX PTN 设备

OptiX PTN 3900 主要定位于城域传输网中的汇聚层和核心层，负责分组业务在网络中的传输，并将业务汇聚至 IP/MPLS 骨干网中。

OptiX PTN 1900 主要定位于城域传输网中的接入层，负责将用户侧的以太网/ATM/CES 业务接入到以分组为核心的传输网中。

OptiX PTN 硬件系统架构如图 10-23 所示，OptiX PTN 设备的系统功能模块包括业务处理模块、管理和控制模块、散热模块以及电源模块。

1）业务处理模块包括客户接口、网络接口、时钟模块以及交换平面。通过客户接口，设备能够在设备侧接入 CES E1、IMA E1、ATM STM-1、FE/GE 等多种信号；通过网络接口，设备能够在网络侧接入 POS、GE、ML-PPP E1 等多种信号。业务也能够通过多业务数字接入（Multiple Digital Access，MDA）卡上的接口接入。设备侧和网络侧接入的信号，通过交换平面进行处理。时钟模块为系统各单板提供系统时钟，为外时钟接口提供时钟信号。时钟

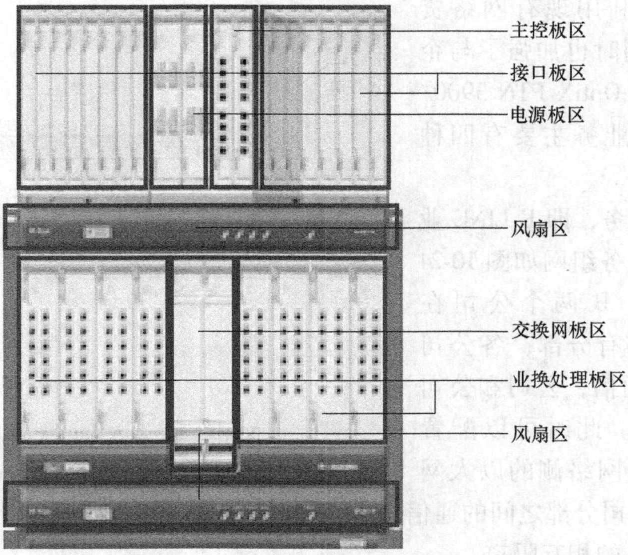

图 10-22　OptiX PTN 3900 子架示意图

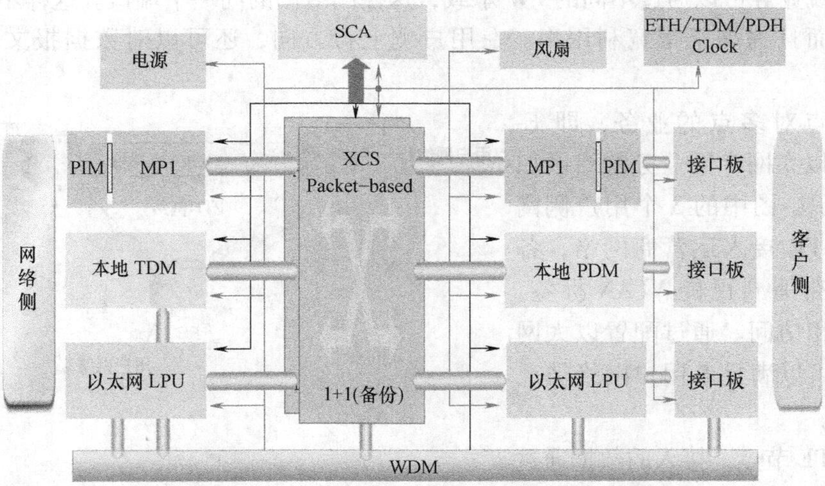

图 10-23　OptiX PTN 硬件系统架构

模块支持处理和传递 SSM(同步信息状态字)。

2）管理和控制模块通过多套总线对系统进行管理和控制。管理和控制模块通过总线实现板间通信的管理、单板制造信息的管理、开销管理以及主控和单板之间的通信管理；支持带内 DCN 管理、NSF(不中断转发)等功能；提供完备的辅助管理接口，包括网管接口、告警输入输出接口、告警级联接口、F&f 等。

2. OptiX PTN 3900/1900 支持的业务类型

（1）以太网业务　OptiX PTN 3900/1900 支持多种形态的以太网业务，提供了完善的 L2VPN 解决方案。VPN(Virtual Private Network)即指利用公共网络构建的私人专用网络。L2VPN 就是基于链路层技术实现的 VPN。在公共网络上组建的 VPN 可以跟企业现有的私有网络一样提供安全性、可靠性和可管理性。对于服务提供商而言，向企业提供 VPN 这种增值服务，可以充分利用现有网络资源，提高业务量，同时也加强了与企业的长期合作关系。OptiX PTN 3900/1900 提供的以太网业务主要有四种形态：

1）点对点的业务，即 E-LINE 业务。点对点以太网业务组网如图 10-24 所示，在图中，A、B 两个公司在 City1和 City2 两地均有分部，各公司分部之间需要进行通信，公司和公司之间业务需要隔离。此时可以配置 PW 承载的用户侧到网络侧的以太网业务来满足 A、B 公司分部之间的通信需求，同时由于不同的业务采用不同的 PW 承载，也做到了公司之间业务的相互隔离。

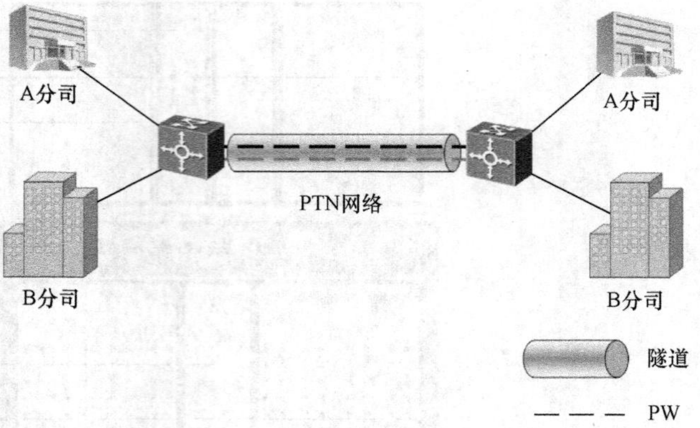

图 10-24　点对点以太网业务组网

在这种情况下，用户侧接入的公司业务被封装到 PW 中，然后由 Tunnel 承载。由于不同公司的专线业务可以通过不同的 PW 承载，送往网络侧的同一个端口。这样不仅节省了网络侧端口，而且提高了带宽利用率。在用户侧上行方向，还可以对数据报文进行层次化的 QoS。

2）多点对多点的业务，即 E-LAN 业务。以太网专网业务的组网如图 10-25 所示，图中的 3 个用户侧网络分别通过 FE 接入运营商网络，各用户侧网络带有自己的 VLAN 标签，要求能够互相访问。通过配置以太网专网业务，可以满足各用户网络彼此通信的要求。

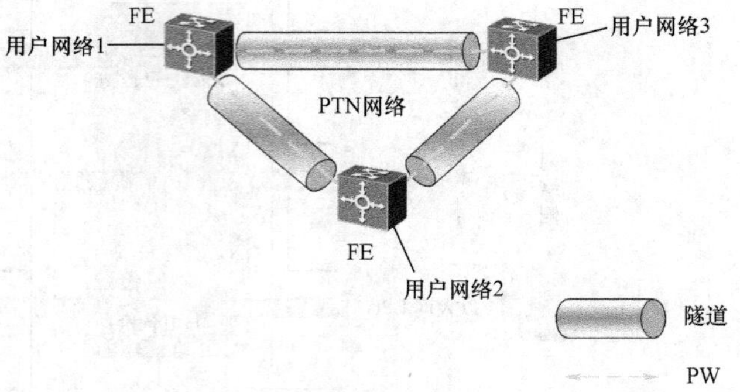

图 10-25　以太网专网业务的组网

在每个 PE 节点，接入的数据通过目的 MAC 地址或者目的 MAC 地址 + VLAN 进行转发。数据在网络侧通过已经创建的 MPLS Tunnel 透传到对端 PE 设备。

在这种情况下，整个传输网络相当于一台二层交换机，对于不同的用户侧数据进行交换。即传输网络对于其用户侧网络而言是透明的。在每个 PE 节点的用户侧上行方向，可以对数据报文进行复杂流分类，并基于流分类使用不同的 QoS 策略。

3）点对多点的业务，即 E-Tree 业务。E-Tree 业务的组网如图 10-26 所示，需要通过以太网提供 IPTV 服务。IPTV Server 提供的视频业务流通过 BRAS（Broadband Remote Access Server）连接至 OptiX PTN 3900/1900，接入以太网。PTN 产品将视频业务流进行多播，直到送至每一个 IP DSLAM/L2 DSLAM，最终达到 IPTV 用户。

4）多点对点双向汇聚业务，即 E-Aggr 业务。E-Aggr 业务组网如图 10-27 所示，建设 3G 网络，需要将各 Node B 的业务汇聚并传送到 RNC 处。每个站点连接的 Node B 的业务在站点汇聚到网络侧的 PW 上，汇聚有多个站点的 Node B 业务的 Tunnel 在连接 RNC 的站点再

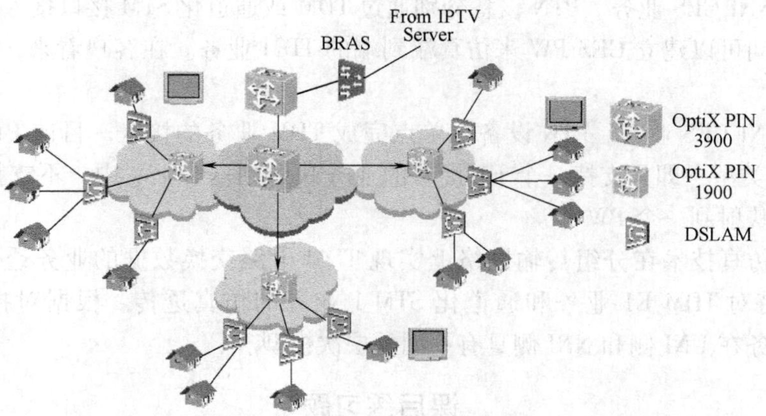

图 10-26　E-Tree 业务的组网

次汇聚，传送给 RNC。

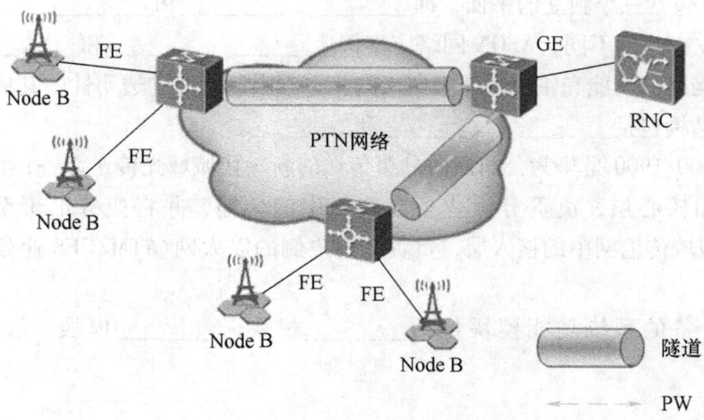

图 10-27　E-Aggr 业务组网

（2）CES 业务　CES 业务主要应用在无线业务和企业专线业务中，CES 业务组网如图 10-28 所示，包括 UNIs-NNI 和 UNI-UNI 两种业务类型。

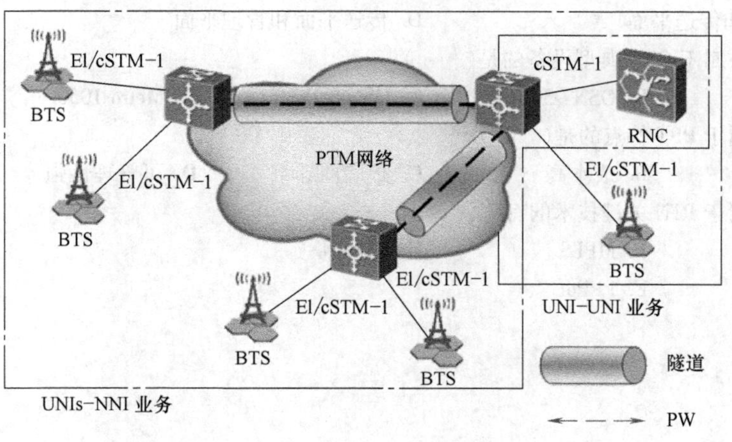

图 10-28　CES 业务组网

1）UNIs-NNI CES 业务。PTN 设备分别通过 TDM 或通道化 STM 接口接入客户的 TDM 业务，PTN 设备间可以建立 CES PW 来仿真端到端的 TDM 业务。在客户看来，与真实的 TDM 业务近似。

2）UNI-UNI CES 业务。PTN 设备在单点完成 TDM 业务的接入。目前 PTN 只支持点到点的 CES 业务类型，即只支持一个 E1 接口的业务映射到一个 PW 中，不支持多个 TDM 接口的业务汇聚映射到一个 PW 中。

CES 电路仿真技术在分组传输网络上实现 TDM 电路交换数据的业务透传。OptiX PTN 3900/1900 支持对 TDM E1 业务和通道化 STM-1 业务的仿真透传。根据对接设备的不同，PTN 设备的业务在 UNI 侧和 NNI 侧具有不同的层次模型。

课后练习题

1. 填空题

（1）ASON 是________的英文简称，ITU-T 的 G. 8080 和 G. 807 规范定义了一个与具体技术无关的智能光传输网分层结构，它包括三个独立的平面，即________、________和________。

（2）根据连接建立方式的不同，ASON 网络应支持________、________和________三种网络连接类型。

（3）OTN 是根据网络的功能和主要特征来定义的。它不限制网络的透明性，其最终目标是________。

（4）OTN 的分层结构包括________、________和________。

（5）OptiX PTN 3900/1900 是华为公司面向分组传送的新一代城域光传送设备，________主要定位于城域传输网中的汇聚层和核心层，负责分组业务在网络中的传输，并将业务汇聚至 IP/MPLS 骨干网中；________主要定位于城域传输网中的接入层，负责将用户侧的以太网/ATM/CES 业务接入到以分组为核心的传输网中。

（6）OptiX PTN 设备的系统功能模块包括________模块、________模块、散热模块以及________模块。

2. 选择题

（1）（　　）是整个 ASON 的核心部分。

A. 接入平面　　B. 控制平面　　C. 管理平面　　D. 传送平面

（2）ASON 的功能结构中，CCI 是（　　）之间的接口。

A. 接入平面和传送平面　　B. 控制平面和管理平面

C. 控制平面和传送平面　　D. 传送平面和管理平面

（3）以下设备属于 OTN 典型设备的是（　　）。

A. OSN 2000　　B. OSN 9500　　C. OSN 8800　　D. Metro 1050

（4）以下不属于 PBT 特点的是（　　）。

A. 安全可靠　　B. 成本高　　C. 扩展性好　　D. 可管理性强

（5）以下不属于 PTN 关键技术的有（　　）。

A. PWE3　　B. MPLS　　C. L3VPN

D. ML-PPP　　E. PPPoE

3. 名词解释

（1）PTN

（2）PBT

（3）MPLS

（4）PWE3

（5）L2VPN

（6）QoS

（7）CES

（8）ML-PPP

4. 简答题

（1）请对 T-MPLS 与 PBT 技术进行简单比较。

（2）简述 L2VPN 技术的特点。

（3）简述 OptiX PTN 3900/1900 设备支持的业务类型。

参 考 文 献

[1] 李方健. SDH 光传输设备开局与维护[M]. 北京：科学出版社，2011.

[2] 刘业辉，方水平. 光传输系统(华为)组建、维护与管理[M]. 北京：人民邮电出版社，2011.

[3] 何庆. 光纤通信系统与网络(修订版)[M]. 北京：电子工业出版社，2010.

[4] 何一心. 光传输网络技术——SDH 与 DWDM[M]. 北京：人民邮电出版社，2008.

[5] 陈海涛. 光传输线路与设备维护(华为版)[M]. 北京：人民邮电出版社，2011.